U0392171

河北省社会科学院创新工程学术出版资助项目

时润哲 著

长江经济带水资源生态补偿协同机制研究

——基于空间正义视角

人民出版社

目　　录

序　言

长江是我国最长的河流,也是世界上最长的内河,干流全长近 6400 千米。其发源于青海省,流经西藏、云南、四川、重庆、湖北、湖南、江西、安徽、江苏、上海等 11 个省区市,最终注入东海。长江流域面积约为 180 万平方公里,是我国重要的水资源和经济发展区域。长江水量丰富,每年的径流量在全球河流中排名第三,根据历史水文观测数据,年均径流量约为 9600 亿立方米。水资源是地球生命系统里重要的基础性生态资源,支撑着人类社会的发展,长江流域水资源对于沿岸地区乃至全国的生态环境和经济发展具有重要影响,充沛的水量为全国不同地区的农业灌溉、航运和水力发电等提供了良好的条件。为了更好地管理长江水资源,保护生态环境,实现可持续发展,我国采取了一系列措施,包括水资源调度、生态环境保护和水污染治理等。同时,对于长江的科学研究和监测也在持续进行,以加深对长江水量变化规律的了解,为水资源管理利用和防洪减灾提供科学依据。

长江经济带是党中央重点实施的“三大战略”之一,是具有全球影响力的内河经济带、东中西互动合作的协调发展带、沿海沿江沿边全面推进的对内对外开放带,也是生态文明建设的先行示范带。长江经济带与长江之间存在紧密的关系,长江作为经济带的重要支撑和发展动力,为长江经济带的农业、工业、航运、能源等方面提供了丰富的水利资源和便利条件,长江经济带的发展也带动了长江流域的经济繁荣和社会进步。长江经济带覆盖 11

省市,面积约205万平方公里,占全国的21%,人口和经济总量均超过全国的40%,它横跨我国东中西三大区域,具有独特优势和巨大发展潜力,是我国重要的经济增长极和对外开放的重要窗口。

为了保护并改善长江流域的经济生态,实现长江经济带生态与经济高质量发展,近年来,习近平总书记先后到长江上游、中游、下游,四次召开座谈会聚焦长江经济带高质量发展。2016年1月,习近平总书记在重庆召开推动长江经济带发展座谈会并发表重要讲话,全面深刻阐述了长江经济带发展战略的重大意义、推进思路和重点任务。强调当前和今后相当长一个时期,要把修复长江生态环境摆在压倒性位置,共抓大保护,不搞大开发,把长江经济带建设成为我国生态文明建设的先行示范带、创新驱动带、协调发展带。2018年4月,习近平总书记深入调研了湖北、湖南两省,实地考察了长江沿岸生态环境和发展建设情况,深入了解了长江流域生态保护与经济发展情况,并主持召开了深入推动长江经济带发展座谈会,强调新形势下推动长江经济带发展关键是要正确把握整体推进和重点突破、生态环境保护和经济发展、总体谋划和久久为功、破除旧动能和培育新动能、自我发展和协同发展的关系,坚持新发展理念,坚持稳中求进工作总基调,坚持共抓大保护、不搞大开发,加强改革创新、战略统筹、规划引导,以长江经济带发展推动经济高质量发展。2020年11月,习近平总书记赴江苏考察调研并主持召开全面推动长江经济带发展座谈会,提出使长江经济带成为我国生态优先绿色发展主战场、畅通国内国际双循环主动脉、引领经济高质量发展主力军。释放出全面推动长江经济带高质量发展、加快构建新发展格局的强烈信号。2023年10月,习近平总书记在江西省南昌市主持召开进一步推动长江经济带高质量发展座谈会并发表重要讲话,强调要完整、准确、全面贯彻新发展理念,坚持共抓大保护、不搞大开发,坚持生态优先、绿色发展,以科技创新为引领,统筹推进生态环境保护和经济社会发展,加强政策协同和工作协同,谋长远之势、行长久之策、建久安之基,进一步推动长江经济带高质量发展,更好支撑和服务中国式现代化。习近平总书记围绕长江经济带发展这一区域重大战略,从"推动"到"深入推动""全面推动",再到"进一步推动长江经济带高质量发展",对长江经济带发展总体谋划、分步推进,指引长江经济带步入高质量发展的轨道。

同时,我们也需要注意到长江经济带发展还面临诸多亟待解决的困难和问题,主要是生态环境状况形势严峻、长江水道开发存在瓶颈制约、区域发展不平衡、产业转型升级任务艰巨、区域合作机制尚不健全等。长江经济带不同空间区位地理的差异性与区域间生产要素资源配置的不平衡性,使得上下游地区间生态状况、经济发展水平存在较大差异,而目前长江经济带水资源生态补偿机制尚不完善,不能有效地改善沿线社会经济发展与水资源生态修复之间的利益失衡关系。水资源短缺和水环境恶化制约了可持续发展。党的二十大报告指出,推动绿色发展,促进人与自然和谐共生。明确提出统筹水资源、水环境、水生态治理,推动重要江河湖库生态保护治理,完善生态保护补偿制度的重要要求。长江流域作为我国水资源主要供给来源,涉及全国生态建设、民生福祉与区域经济发展,建立健全水资源生态补偿机制,实现更为科学合理的水资源利用与保护,功在当下,利在千秋。

2024年4月30日,中共中央政治局召开会议,习近平总书记主持会议,会议审议了《关于持续深入推进长三角一体化高质量发展若干政策措施的意见》。会议强调,推动长三角一体化发展是以习近平同志为核心的党中央作出的重大战略决策。要始终紧扣一体化和高质量两个关键,着力推进长三角一体化发展重点任务。要加快突破关键核心技术,统筹推进传统产业升级、新兴产业壮大、未来产业培育,在更大范围内联动构建创新链、产业链、供应链。要加快完善体制机制,打破行政壁垒、提高政策协同,推动一体化向更深层次更宽领域拓展。要率先对接国际高标准经贸规则,积极推进高层次协同开放,塑造更高水平开放型经济新优势。要坚持底线思维,统筹好发展和安全,加强生态环境共保联治和区域绿色发展协作。在此背景下,建立健全长江经济带水资源生态补偿协同机制,推动长江经济带经济——社会——生态协调发展,有利于进一步推动长江经济带高质量发展,走出一条生态优先、绿色发展之路,让中华民族母亲河永葆生机活力,真正使黄金水道产生黄金效益,以高品质生态环境支撑高质量发展;有利于挖掘中上游广阔腹地蕴含的巨大内需潜力,促进经济增长空间从沿海向沿江内陆拓展,形成上中下游优势互补、协作互动格局,缩小东中西部发展差距;有利于打破行政区划之间的阻隔和市场壁垒,推动经济要素自由流动、资源高效配置、市场统一融合,促进区域经济协同发展;有利于优化沿江产业结构和城镇化布局,建设陆海双向对外开放新走廊,培育国际经济合作竞争新优势,促进经济提质增效升级;对长江经济带发展总体谋划、分步推进,指引长江经济带步入高质量发展的轨道;对于实现"两个一百年"奋斗目标和中华民族伟大复兴的中国梦,具有重大现实意义和深远历史意义。

本书的可能创新之处在于将空间正义视角和水资源生态补偿纳入协同机制框架的范畴,是统筹一盘棋实现长江经济带经济——社会——生态高质量协同发展与区域间协调发展的重要实践创新与机制探索,遵循习近平总书记提出的继续推进生态文明建设,正确处理高质量发展和高水平保护、重点攻坚和协同治理、自然恢复和人工修复、外部约束和内生动力、"双碳"承诺和自主行动五个重大发展关系。具体而言,本书从空间正义视角对水资源生态补偿机制如何影响、改善长江经济带流域水资源生态保护与经济社会协调发展这一问题进行了深入研究,在长江经济带水资源生态补偿协同机制的研究框架设计、构建等方面展开了详尽论述。全书从长江经济带整体区域空间发展的平衡性、要素资源配置的效率与公平、整体利益与长远利益等角度展开论述,指出在长江经济带水资源生态补偿机制优化演变过程中,主体参与、空间结构布局以及补偿方式的协同作用在其中发挥的重要作用,力图为水资源生态补偿机制构建提供理论支持和决策参考。

前　　言

　　长江流域水资源是我国经济社会可持续发展的命脉,能否合理开发、利用与保护,不仅关系着长江经济带能否实现长期高质量发展,也关系着全国经济社会发展的大局。随着社会经济不断发展,长江经济带上中下游之间水资源利用与保护之间的矛盾凸显,而水资源生态补偿机制是协调长江经济带内经济发展与水资源生态保护之间利益矛盾的有效举措,能较好地协调长江流域上中下游之间的利益冲突,实施合理的水资源生态补偿机制,无论是对促进生态环境保护还是协调区域经济、社会发展均具有重要作用。目前,长江经济带水资源生态补偿机制多处于割裂状态,缺乏统一性框架与全局动态管理;补偿方式、补偿资金来源相对单一;水资源生态补偿主体之间存在利益冲突,生态产品服务价值和保护成本未能充分体现,机制评价标准存在分歧。溯其本源,长江经济带生产要素资源配置在地区之间的不平衡与主体利益不匹配,使得上下游地区间经济发展水平、生态保护状况存在较大差异,现有的水资源生态补偿机制不能较好地改善长江经济带社会经济发展与水资源生态修复之间的利益失衡关系,促发了水资源生态补偿机制存量、增量利益表达的不公平不正义性。要解决长江流域水资源补偿机制存在的问题,须要立足长江经济带全局,关注上中下游经济发展与生态保护的协同性,缩小长江经济带不同地区水资源生态补偿机制绩效与效率的差距,明确指导并规范各级政府的合理干预等。引入空间正义理论能较好

1

地解决以上问题,更好地提升水资源生态补偿机制运行效果,进而实现长江经济带整体利益均衡且个体发展的平等。因此,本书以空间正义理论视角审视长江经济带生产、分配、消费、生态关系中的不正义性,从整体上检验长江经济带水资源生态补偿机制绩效失衡、效率错配的问题。在统筹长江经济带社会经济发展、生态保护与公平正义多重目标下,基于空间正义视角下的水资源生态补偿协同机制构建可以实现经济效益、社会效益与生态效益的帕累托最优状态。

本书以长江经济带水资源生态补偿机制为主要研究对象,以空间正义为研究视角,着眼于长江经济带区域发展的平衡性、要素资源配置的效率与公平、整体利益与长远利益,通过测度长江经济带 11 省市水资源承载力水平、水足迹、灰水足迹,对长江经济带水资源利用与保护现状进行分析,从经济增长与水资源利用与保护的关系层面分析其脱钩协调特征,并在此基础上提出当前长江经济带水资源生态补偿面临的问题与机制困境。为了完善长江经济带水资源生态补偿机制评价标准,将水资源生态补偿机制效果表征为绩效与效率两组能够量化的构面,构建水资源生态补偿机制绩效评价体系与水资源生态补偿机制效率投入产出关系,采用全局主成分分析方法和产出角度的双目标决策序列参比 Malmquist-Luenberger 指数方法对水资源生态补偿机制的绩效与效率分别进行评价测度。机制影响因素分析方面,通过对空间正义理论的解构可知,空间正义视角着眼于生产关系、分配关系、消费关系与生态关系的利益协调,是改善水资源生态补偿机制的重要抓手。研究将空间正义分解为生产性正义、分配性正义、消费性正义与生态性正义四个维度,选择相对应的变量相继考察空间正义因素对水资源生态补偿机制绩效与效率的影响,通过固定效应模型、广义矩估计方法(GMM)与空间计量等实证方法考察空间正义对长江经济带水资源生态补偿绩效与效率的影响关系,并根据水资源生态补偿机制绩效的评价体系,构建水资源生态环境保护投入能力、经济——社会——生态环境综合效益、水资源环境质量状况三个子系统的长江经济带水资源生态补偿耦合协同模型,通过评估三个子系统的耦合协调度,将其纳入水资源生态补偿机制提升分析的实证模型,检视空间正义视角下水资源生态补偿协同水平对长江经济带水资源生态补偿机制的改进关系。在此基础上,研究还对长江经济带水资源生态补偿协同机制的演化博弈情况进行分析,通过对长江经济带上下游地区之间的行动与决策的现实情境模拟,验证长江经济带水资源生态补偿协同机制策略的有效性,为长江经济带水资源生态补偿协同机制构建提供必要的理论支撑和政策参考,并从主体参与绿色化、协同化发展,城乡、产业、制度协同,兼顾效率与公平的政策工具,循序渐进形成多层次多阶段一体化协同等方面提出长江经济带水资源生态补偿协同机制构建的政策建议。

本书主要形成如下研究结论:

(1)通过对长江经济带水资源利用、保护现状测度分析可知,长江经济带东部地区、中部地区的水资源承载力水平普遍高于西部地区水资源承载力水平;2004—2018年间,长江经济带水足迹、灰水足迹变化呈现出先上升后下降的趋势,呈现倒"U"型变化特征,水资源消耗与污染速度低于同期经济增长平均速度,符合长江经济带水资源利用、保护与经济发展脱钩的协调状态。通过对长江经济带水资源生态补偿机制现状、问题的分析与梳理,提出长江经济带水资源生态补偿利益表达不协调、利益机制失衡,流域水污染治理难以形成合力,缺乏适配的政策工具与手段,缺乏全局协同性等关键问题。

(2)通过对空间正义视角下长江经济带水资源生态补偿协同机制基本框架分析可知,长江经济带水资源生态补偿机制评价标准可通过水资源生态补偿绩效与效率来衡量,它们分别代表水资源生态补偿利益机制中的存量利益与增量利益;从空间正义视角维度划分来看,可以将空间正义分解为生产性正义、分配性正义、消费性正义、生态性正义四个维度来审视其对水资源生态补偿机制的影响;从机制完善的形式与手段来看,水资源生态环境保护投入能力、经济——社会——生态环境综合效益、水资源环境质量三者之间的有机协同,能够实现水资源生态补偿机制的优化。

(3)通过对空间正义视角下长江经济带水资源生态补偿机制的绩效评价及其影响因素分析可知,2004—2018年间,长江经济带11省市水资源生态补偿综合绩效总体呈上升趋势,呈现出东部偏高,中、西部偏低的分布态势;从空间正义各个维度影响关系分析可知,生产性正义和生态性正义指标能够对长江经济带水资源生态补偿绩效产生促进作用;生态性正义的空间权重项的回归系数在地理、经济距离嵌套的空间权重矩阵下存在对水资源生态补偿绩效积极的溢出效应。

(4)通过对空间正义视角下长江经济带水资源生态补偿机制的效率测度及其影响因素分析可知,2004—2018年间,从2005年起,反映长江经济带11个省市水资源生态补偿效率变化的Malmquist-luenberger指数变动呈"W"型波动特征,并呈现出东部高、中西部偏低的分布格局;从效率的影响因素分析结果来看,消费性正义与生态性正义指标对长江经济带水资源生态补偿效率的提升具有积极作用,生产性正义与分配性正义指标对长江经济带水资源生态补偿效率有显著的负向影响。

(5)通过对空间正义视角下长江经济带水资源生态补偿机制的协同优化分析可知,2004—2018年间,长江经济带水资源生态补偿协同水平呈现出平稳上升趋势,东部地区水资源生态补偿协同程度高于经济带中西部地区;通过协同耦合机制干预的调节作用实证模型分析可知,水资源生态补偿协同水平正向调节了生产性正义、分配性正义与水资源生态补偿效率的影响关系。

(6)通过构建三种具有现实可操作性的长江经济带上下游地区政府主体之间演化博弈策略,借助数理推导与数值模拟方法分析可知,在加入政府奖励机制的合作博弈策略下,构建协同机制能提升长江经济带水资源生态补偿整体合作收益,协同机制的构建提升了水资源生态补偿机制的整体利益。

在已有研究成果的基础上,本书可能的创新主要体现在以下三个方面:

(1)研究视角创新。过去对于水资源生态补偿机制的研究缺乏明确的空间正义理论内涵,本书首次将空间正义理论引入水资源生态补偿机制的优化提升研究中,研究视角上具有一定的延展性与创新性。具体来说,本研究根据空间正义理论的涵义,在水资源生态补偿领域的限定范围内,将其因素解构为生产性正义、分配性正义、消费性正义、生态性正义等四个维度,通过量化分析检验空间正义因素对长江经济带水资源生态补偿机制影响的逻辑关系,实现了长江经济带不同区域之间要素配置效益与效率提升,同时兼顾了整体利益、发展利益与生态利益的公平正义,能够更好地发挥长江经济带水资源生态补偿机制的作用。

(2)研究对象创新。本书创新地采用整体视角对长江经济带的水资源生态补偿机制优化提升问题开展研究。过去对长江经济带水资源生态补偿机制的研究缺乏整体性与协同性,无法更好地解决长江经济带水资源生态补偿利益不平衡不匹配的矛盾。本书研究对象则是基于长江经济带水资源生态补偿机制的分析,着眼于长江经济带经济功能与生态功能实现的整体性,推动长江经济带水资源生态补偿机制的整体利益的协同提升。

(3)研究内容创新。一方面,本书创新构建了水资源生态补偿协同机制发展路径。从绿色发展与协同提升的角度构建了兼顾水资源生态环境保护投入能力、经济——社会——生态环境综合效益、水资源环境质量状况三个维度的水资源生态补偿协同机制模型,测度了水资源生态补偿协同耦合水平,并将水资源生态补偿协同耦合水平作为调节变量纳入长江经济带水资源生态补偿机制提升分析的实证模型中,将空间正义视角与水资源生态补偿绩效、效率以及协同机制进行有机结合,拓展了空间正义理论在水资源生态补偿机制研究的应用边界。另一方面,本书创新地通过绩效(Performance)与效率(Efficiency)双重角度评估长江经济带水资源生态补偿机制的利益关系,拓展了水资源生态补偿机制评价的维度与内容。其中,绩效评估可以有效反映水资源生态补偿机制的存量利益,而效率测度更有助于揭示水资源生态补偿机制的增量利益,二者共同表达水资源生态补偿机制的真实利益。弥补了现有关于水资源生态补偿绩效与效率研究相对单一、未构成统一分析框架的不足。

综上,本书基于空间正义理论的研究视角,较为详尽地评价分析了长江经济带水资源生态补偿机制利益得失,构建了长江流域水资源生态补偿协同机制,回应了追求"创新、协调、绿色、开放、共享"的制度机制的构建目标与愿景。

第一章 绪 论

水资源是人类赖以生存和发展的物质基础,长江流域水资源是事关国家水资源安全的重要战略资源,它既是"绿水青山就是金山银山"发展理念下的重要一环,也是实现长江经济带乃至全国长期可持续发展的基本保障。长江经济带在发展经济的同时,自身的生态资源也遭到了一定的破坏,不仅如此,长江经济带水资源状况及水生态环境的多样性、流域上中下游经济社会发展状况的差异性,导致了长江经济带内不同地区的生态利益冲突和经济发展矛盾。水资源生态补偿机制是协调当前长江经济带内空间社会发展进程中经济发展同水资源生态利益之间矛盾的一种有效机制,实施合理的水资源生态补偿机制,无论是对促进生态环境保护还是协调区域经济、社会发展均具有重要作用。但目前长江经济带水资源生态补偿机制面临着资金来源与手段单一、政策的协调性不足、全流域水资源生态补偿机制缺乏等制度困境。不合理的水资源生态补偿机制不仅不利于长江经济带协同发展的可持续推进,也加剧了长江经济带各省市经济——社会——生态环境发展利益的不平衡性。

因此,为实现长江经济带经济发展与水资源生态保护的高质量协同发展,亟需从整体出发,兼顾公平与发展利益,统筹"一盘棋"思想,完善长江经济带水资源生态补偿机制,实现错位发展、协调发展,形成整体合力,提高生产要素在长江经济带上中下游的运转效率,在经济利益与生态利益的动态转化过程中实现长江经济带空间生产关系、分配关系、生态关系的再平衡。在坚持统筹协调、生态优先、绿色发展的基本要求下,如何更好地实现水资源生态补偿机制提质增效,是未来长江经济带发展规划中面临的重要而迫切的现实问题。

第一节　研究背景

一、长江经济带是我国重大区域发展战略之一

千百年来,长江以水为纽带,连接着上下游、左右岸和干支流,给予人们灌溉之利、舟楫之便、鱼米之裕,长江流域水资源的长期可持续利用在我国经济、社会发展中始终占有举足轻重的地位。新中国成立以来,特别是改革开放之后,长江流域的经济发展迅猛,综合实力快速提升,已逐渐成长为我国经济增长的重心所在、活力所在。党中央、国务院在把握时代发展变革的大趋势之下,引领全国经济发展新常态,科学谋划长江经济带发展战略。随着建立生态走廊、打造长江流域"黄金水道"的需求日益迫切,长江经济带的发展具有重大的历史意义,有利于实现国内国际双循环互为促进发展。

第一,长江经济带发展有利于推进新时期西部地区的发展。长期以来,中国经济发展侧重东部地区,西部处于开放的末端,长江经济带具有服务东西双向开放的优势,长江经济带与"一带一路"相得益彰,已经逐步成为连结我国东中西部、南北方地区发展的内外经济走廊。

第二,长江经济带高质量协同发展,有利于促进相对落后地区的发展,有利于激发内陆地区实现"弯道超车"发展的潜力。

第三,由于国际形势风云突变,内需潜力需要进一步释放,内陆开放也是长江经济带经济增长的潜力所在。因此,无论是促进生态治理还是经济发展方面,在未来均是长江经济带这一国家级重大区域发展战略的工作重

心。当前,长江经济带最突出的问题是发展不平衡不充分,2016 年 9 月,《长江经济带发展规划纲要》正式印发,盘活长江经济带经济发展活力,有利于扩大内需和整个中西部地区的产业升级,完成新旧动能转换,有利于东中西部协调发展,使长江经济带各地区之间形成平衡发展的格局,改善我国东中西部地区区域要素资源配置不平衡的现状。

二、长江经济带社会经济发展需遵循生态大保护的要求

党的二十大报告提出,推动绿色发展,促进人与自然和谐共生的基本发展方略,要求统筹水资源、水环境、水生态治理,推动重要江河湖库生态保护治理,完善生态保护补偿制度。近年来,习近平总书记先后四次召开长江经济带高质量发展座谈会,全面提出了长江经济带经济社会高质量发展与生态保护的基本要求。2016 年 1 月,习近平总书记在重庆召开推动长江经济带发展座谈会并发表重要讲话,全面深刻阐述了长江经济带发展战略的重大意义、推进思路和重点任务,强调当前和今后相当长一个时期,要把修复长江生态环境摆在压倒性位置,共抓大保护,不搞大开发,把长江经济带建设成为我国生态文明建设的先行示范带、创新驱动带、协调发展带。2018 年 4 月,习近平总书记深入调研了湖北、湖南两省,实地考察了长江沿岸生态环境和发展建设情况,深入了解了长江流域生态保护与经济发展情况,并主持召开了深入推动长江经济带发展座谈会,强调新形势下推动长江经济带发展关键是要正确把握整体推进和重点突破、生态环境保护和经济发展、总体谋划和久久为功、破除旧动能和培育新动能、自我发展和协同发展的关系,坚持新发展理念,坚持稳中求进工作总基调,坚持共抓大保护、不搞大开发,加强改革创新、战略统筹、规划引导,以长江经济带发展推动经济高质量发展。2020 年 11 月,习近平总书记赴江苏考察调研并主持召开全面推动长江经济带发展座谈会,提出使长江经济带成为我国生态优先绿色发展主战场、畅通国内国际双循环主动脉、引领经济高质量发展主力军。释放出全

面推动长江经济带高质量发展、加快构建新发展格局的强烈信号。2023 年
10 月,习近平总书记在江西省南昌市主持召开进一步推动长江经济带高质
量发展座谈会并发表重要讲话,强调要完整、准确、全面贯彻新发展理念,坚
持共抓大保护、不搞大开发,坚持生态优先、绿色发展,以科技创新为引领,
统筹推进生态环境保护和经济社会发展,加强政策协同和工作协同,谋长远
之势、行长久之策、建久安之基,进一步推动长江经济带高质量发展,更好支
撑和服务中国式现代化。四次座谈会体现了习近平总书记对长江经济带生
态、社会、经济协调发展这一议题的纵深性思考与战略性谋划,释放出进一
步推动长江经济带高质量发展、加快构建新发展格局的强烈信号。水资源
的管理是生态环保的重点,长江流域的水资源也理应坚持走生态优先、绿色
发展之路,树立、践行绿水青山就是金山银山的生态保护理念,关注并解决
长江经济带水资源生态补偿过程中存在的生态利益与发展利益不平衡与机
制障碍的问题,进一步建立健全符合水资源生态服务价值与促进发展利益
协同的水资源生态补偿制度机制,是长江经济带高质量可持续发展的重要
前提。在这样的背景下,着力解决制约长江经济带水资源生态补偿机制完
善优化难题的现实意义日益凸显。

三、完善长江经济带水资源生态补偿机制符合空间正义理念

从理论基础上看,空间正义(Spatial Justice)指的是从空间的角度对社
会公正与正义的追求,通过相应的价值指引、制度安排、政策制定和规划来
实现空间发展成果由社会共享。列斐伏尔(1974)认为,社会主义的空间生
产优于资本主义的空间生产,社会主义的空间生产是以"空间取用"取代资
本的"空间支配",注重的是空间协同发展而非空间剥夺。西方空间经济地
理学派代表人物大卫·哈维认为,空间正义是社会正义的一种价值理念,能
够对特定空间生产进行价值评价,由于区域间要素流动、资源配置的不均衡
导致了局部空间资本的匮乏,不公平现象愈加明显,进而使社会矛盾冲突加

深。越来越多的空间不正义现象也呼吁更多的关于空间正义的关注和思考,追求空间正义的目的在于观察、辨别、缓解和消除空间生产过程中的不正义问题。在社会发展不断转型的背景下,空间正义理论的研究在社会科学中的地位越来越重要。随着可持续发展理念的兴起,环境正义的概念随之出现,并逐渐被纳入空间正义的分析框架之下,主要研究议题包括社会与经济排斥、工业污染以及自然灾害等,这为本研究提供了理论基础和现实依据。

从实际空间上看,长江经济带空间地理分布的差异,表现为水资源质量状况及水生态环境的多样性、上中下游经济社会发展情况的差异性,生态效益及相关的经济效益在保护者与受益者、破坏者与受害者之间的不公平分配问题凸显(李文华等,2010),完善长江经济带水资源生态补偿机制,使长江经济带上、中、下游地区的利益连结机制成为一种社会分工和利益互补的关系,利用空间正义视角分析长江经济带水资源生态补偿机制的利益提升路径,有利于促进长江经济带水资源生态补偿空间经济——社会——生态利益的多元协调,增加人民的福祉,从而实现整个长江经济带的经济——社会——生态可持续发展与公平正义。

四、现有生态补偿协作机制的借鉴价值

国际方面,对地区生态合作机制实践探索有了较早的例证,《阿尔卑斯公约》是关于阿尔卑斯山地区可持续发展的国际性领土条约,由欧盟与欧洲八个国家共同参与,旨在超越国界限制,打造具有本区域独特的生态文化产品特点的生态合作机制试点。

国内方面,新安江流域生态补偿机制试点是我国具有代表性的跨区域生态补偿机制实践。2012 年,国家多部委牵头启动国内第一个跨省域水资源生态补偿机制的试点,由中央财政出资 3 亿元,安徽、浙江两省分别出资

1亿元,作为补偿基金,通过"水质对赌"的模式,开展我国首个跨省域的水资源生态补偿机制试点。2015年起,皖浙两省又启动为期三年的第二轮试点,除中央财政资金支持外,皖浙两省出资均提高到2亿元。2018年两省又开展第三轮试点,新安江流域经过三轮跨省域水资源生态补偿机制试点工作,使得浙皖两省实现了环境效益、经济效益、社会效益多赢。由此可见,国内外生态补偿合作机制例证为长江经济带跨区域水资源生态补偿协同机制构建提供了实践参考。

第二节　研究目的与意义

一、研究目的

完善长江经济带水资源生态补偿机制是协调长江上中下游空间利益冲突的关键所在。为实现社会——经济——生态可持续发展,对长江经济带水资源从空间正义视角采取的一系列修复、保护、治理等措施,具有经济、自然、社会多重属性。长江经济带上中下游之间存在着水资源生态利益与经济利益的连结关系,从空间正义视角来看,当前长江上中下游空间的经济、社会、生态发展水平并不匹配,现有的水资源生态补偿机制不能妥善解决长江经济带内水资源经济生态补偿利益的效益公平与资源配置效率问题。水资源是连结整个长江经济带的直接纽带,其水资源生态补偿机制的实践与探索不能仅停留在割裂区域内部的试点层面,对于长江经济带水资源生态补偿机制的进一步优化研究,应将长江经济带视为一个空间内有机分布的整体,充分厘清长江经济带水资源生态补偿机制的整体利益,以保证长江经济带水资源生态价值服务系统功能与价值实现的完备性与可持续性。

通过空间正义视角对长江经济带水资源生态补偿机制的影响进行实证检视,综合考量经济带经济、社会与生态发展情况,通过公平合理的政策调控解决区域之间水资源生态补偿绩效与效率发展不充分不匹配的问题,从而优化长江经济带内水资源生态补偿机制设计与制度安排,寻求最优合作机制,系统地把长江经济带的高质量发展理念、资源配置效率的提升、区域利益发展的协调、公平正义的利益实现、技术及制度等要素的协同治理要求纳入研究长江经济带水资源保护与利用关系之中,构建具有空间正义内涵的长江经济带水资源生态补偿协同机制,为进一步健全长江经济带水资源生态补偿机制提供理论参考。

二、研究意义

(一)理论意义

区域发展的不平衡不充分已经成为长江经济带发展迫切需要解决的问题,长江经济带内落后地区的发展利益迫切要求与发达地区对生态利益的追求重新匹配,实现经济利益与生态利益在空间内部均衡转化。通过评价并测算长江经济带水资源生态补偿机制存量利益——绩效与增量利益——效率及其影响因素,能够综合、客观地把握当前长江经济带内水资源生态补偿机制运行效果,做到有的放矢;关注经济带各地区水资源生态补偿协同水平,可以更加系统全面地揭示经济带内水资源生态补偿的发展质量与驱动机理,发现问题,认识差距,补漏洞、强弱项;通过分析、解构空间正义理论在长江经济带水资源生态补偿研究问题上的理论适用范围与作用维度,扩展了空间正义理论的研究领域。通过空间正义理论指导的水资源生态补偿机制设计,探索长江经济带水资源生态补偿过程中资源配置效率与绩效提升的合理路径,合理构建长江经济带自然系统与社会系统相协调的水资源生态补偿协同机制。

(二)现实意义

基于习近平新时代中国特色社会主义思想特别是习近平生态文明思想

重要理论指导的要求,需要共同促进长江经济带各地区自然、经济与社会的可持续发展,从长江经济带全局思维上把握水资源生态补偿机制设计,统筹好一盘棋,实现高质量协同发展,通过对长江经济带水资源生态补偿机制的优化设计,实现对长江经济带水资源的合理配置,促进水资源利用与保护的效率提升与生态补偿的公平性,有利于提升区域间水资源生态补偿协同机制的构建水平。这是在新时代社会基本矛盾转变背景下,进一步推动长江经济带水资源生态补偿机制健全与优化的需要,也是新时代生态文明建设的重要体现,呼应了《中华人民共和国民法典》中绿色原则的发展要求。因此,本研究更具有现实意义与前瞻价值,相关结论能够为政府机构与立法部门进行科学决策提供重要的参考依据。

第三节　文献回顾

结合本书研究目的,引入空间正义理论视角,充分考虑长江经济带水资源生态补偿协同机制构建的基本要求,从水资源生态补偿相关研究及应用、空间正义理论的形成与应用、水资源生态补偿协同机制等三个主要方面的研究对国内外相关研究的文献予以梳理,并进行简要评价,以期使本研究具备现实内容的针对性与逻辑结构的系统性。

一、水资源生态补偿相关研究及应用

生态补偿的目的是在资金约束条件下获取最大的环境效益,其本质是通过经济手段实现经济利益外部性的内部化,是对重要区域的保护性投资(卢新海、柯善淦,2016)。生态补偿作为一种将外在的、非市场环境价值转为对当地生态系统服务功能提供者的财政激励(戴其文等,2009),能够较好协调区域经济发展与生态保护参与主体之间的利益关系(普书贞等,2011)。同样,水资源是人类赖以生存和发展的物质基础,积极探索合理的

水资源生态补偿机制,无论是对促进生态环境保护还是协调区域经济、社会发展均具有重要作用(时润哲、李长健,2021)。有学者提出水资源生态补偿的三个阶段,即生态补偿缺失阶段、生态补偿启动阶段和生态补偿发展阶段(胡雪萍等,2015),三个阶段的不断完善体现了水资源生态补偿机制构建的必要性与相关机制演变的阶段性特征。

长江流域上、中、下游存在紧密的区位联系与经济关系,其中不仅涉及了上下游对水资源的破坏或保护,还存在着不同生态区域的利益机制与联系。流域作为独特的地理单元,是科学研究的重点领域,流域生态补偿机制绝不只是简单的上下游之间的补偿,更重要的是要实现上下游的绿色发展与优势互补,这也是流域生态补偿机制的应有之意。参考已有研究,流域生态补偿机制主要包括四个方面:水资源生态服务价值评估、水资源生态补偿手段与标准评价、水资源生态补偿绩效和水资源生态补偿效率。

(一)水资源生态服务价值评估

水资源生态服务价值的评估是开展水资源生态补偿的前提,可以了解水资源生态补偿机制构建的目标价值与真实需求。由于生态系统具有极高的价值,与人类生活关系密切,因此,合理评价生态系统服务价值、生态服务有偿使用等政策执行的迫切需求尤为突出(谢高地等,2015)。学界目前对流域水资源生态系统服务功能价值评估的相关研究包含范围极广,除了研究流域水变化、水净化等内容外,还关注了流域水资源对人类生活的影响,包括食品、污水处理、娱乐等(纳里克等,2012),有学者利用当量因子法评估流域的生态服务价值(王奕淇、李国平,2019)。更多情况下,水资源的生态价值评估体现在水资源的不同功能中,即对有形的、无形的可以以比价形式量化的商品中。而消费者购买物品的同时也需要购买水资源提供的价值就是近年非常流行的水资源价值评估的新形式,逐渐形成了虚拟水等概念(阿兰,2010)。准确评价水资源生态服务价值能对关键的水资源利用与保护情况有客观的认识,也有助于更好地了解水资源生态补偿利益损益。

(二)水资源生态补偿方式与标准

开展流域生态补偿是协调上中下游之间经济发展与生态保护的重要经济机制,包含着人类活动对流域环境的利益关系(郑海霞等,2006)。不同的角度下对生态补偿的划分各不相同,从补偿资金来源上可以分为国家补偿和社会补偿,从补偿途径上看可分为直接补偿和间接补偿,从补偿尺度上看则分为区域补偿和部门补偿(张婕等,2017)。从理论比较上看,有学者对庇古税的征收和污染权交易两种思路的利弊进行比较分析,得出了二者混合策略是实施生态系统补偿机制的最优解(李长健,2010)。这为我国流域水资源生态补偿标准与机制优化方式的确定提供了良好的研究经验,有利于实现补偿的持续性与灵活性。

水资源生态补偿标准研究方面,在建立模型的过程中,遵循水资源生态经济价值的转移规律(罗帕等,2012)。外国学者研究生态补偿标准的主要方法有机会成本法、支付意愿、受偿意愿、成本收益比较等。国外的生态补偿标准设置十分灵活,考虑到方法选择的同时,也十分注重区域间经济发展与生态环境的异同,有差别地设置补偿标准,在测度生态补偿标准时,会在通过理论模型计算得出最优结果的基础上设置灵活的范围(柯林斯,2012)。有学者认为,水足迹与灰水足迹的测度能够较好地反映水资源生态系统服务价值标准(刘红光等,2019;张吉辉,2012;李宁,2018;时润哲、李长健,2021)。总的来说,生态补偿标准则需根据不同经济社会发展阶段、不同生态压力来确定,是一个受时空变动关系影响较大、不易把握的动态变量,难以形成一个绝对标准。

(三)水资源生态补偿绩效

对于水资源生态补偿绩效研究,有学者提出生态补偿绩效是生态补偿政策实施的结果和主体行为的综合绩效（虞慧怡等，2016），系统地评价生态补偿绩效是正确指导政策设计和实施的前提（曾贤刚等，2019）。已有文献对生态补偿绩效的研究主要集中于生态补偿绩效指标体系的构建与评价等方面（蓝庆新等，2013；邓远建等，2015）。水资源生态补偿绩效是生态保护、资本、劳动力等要素投入的综合体现，单一的指标维度不能完全体现出水资源生态补偿机制的实施效果。鉴于水资源生态补偿具有生态保护与经济补偿的双重属性，又承载着社会和谐与公平的价值体现，为了更准确、全面地测算水资源生态补偿绩效，有必要将经济——社会——生态发展情况纳入指标体系中（蒲向军，2017）；生活用水、农业用水以及工业废水中大量的污染物排放，必然会对水资源环境质量造成巨大压力，因此，也应当在水资源生态补偿绩效的评价中纳入反映水资源绿色化水平的指标（陈晓、车治辂，2018）。

根据研究空间尺度不同，学术界生态补偿绩效相关评价研究成果可分为三类：一是利用 AHP 方法为主的主观评价法（李秋萍，2015；蓝庆新等，2013），二是利用熵权法对指标体系进行赋权（徐大伟、李斌，2015；王彩明、李健，2019），三是利用主成分分析方法计算指标权重（宋叙言、沈江，2015；周江燕、白永秀，2014；姜蓓蕾等，2014）。对于生态补偿绩效影响因素的研究包括经济因素、社会因素、文化因素、生态因素等（徐大伟、李斌，2015；李秋萍，2015）。总体上看，对于水资源保护与生态补偿绩效影响因素等相关问题的研究，主要聚焦于水资源利用效率、水资源生态环境保护情况、环境污染治理效果评价研究等。

（四）水资源生态补偿效率

根据现有文献对水资源生态补偿效率的研究，学者们主要集中在水资源生态补偿效率的评价方法与测度（李秋萍，2015）和海洋生态补偿效率评价方面（石晓然等，2020），而对于生态补偿效率的研究则集中在生态足迹与生态补偿之间损益的分析（章锦河等，2005）、建立生态补偿标准后模拟补偿措施以及生态补偿环境效率评价(李云驹等,2011)等方面。从研究方法上看,曲超等(2020)认为区域经济活动与生态活动的投入与产出关系能够衡量生态补偿效率,相应的,区域经济活动与水资源生态活动的投入与产出关系也反映了水资源生态补偿效率。长江经济带水资源生态补偿增量利益的主要来源是经济系统与生态系统全要素生产率水平的双重提升。生态补偿效率的测度方法方面,已有文献主要运用的是数据包络分析(DEA)和方向性距离函数(DDF)等径向的效率评价方法(汪克亮等,2015;张健等,2016)。佟金萍等(2015)利用超效率 DEA 模型和 Malmquist 指数方法测度了长江经济带 10 个省市农业用水效率;卢曦等研究利用三阶段 DEA-Malmquist 指数法,测算和分析了长江经济带 11 省市水资源全要素生产率及其分解的指数;也有学者基于长江经济带 108 个城市 2003—2013 年数据,使用非期望产出——超效率 SBM 模型对绿色经济效率进行了测度(郝国彩、徐银良,2018)。Malmquist 指数分解的研究方面,有学者运用 DEA-Malmquist 指数分析方法,将转型期中国农业全要素生产率增长分解为技术进步、纯技术效率变化和规模效率变化三部分(李谷成,2009)。由此,长江经济带水资源生态补偿效率的贡献构成可依据全要素生产率方法分解研究。

二、空间正义理论的形成与应用

本书在研究水资源生态补偿机制问题时,以区域协调发展利益为空间正义理论视角的切入点,关注空间正义问题对长江经济带水资源生态补偿机制的影响,因此本书研究运用空间正义视角主要探索空间正义理论的缘起与发展、空间正义的研究维度、空间正义研究的应用领域与水资源生态补偿问题的衔接等问题。

(一)空间正义理论的缘起

从柏拉图、亚里士多德到牛顿、笛卡尔,空间一直被视为本身不具备任何特性的容器而备受漠视,到 20 世纪 60 年代的城市危机产生了一种关于地理、正义和城市状况的思潮,空间转向开始得到了国内外学术界的广泛重视。与之相应的则是空间视角在各学科和领域中的扩散,从地理学到经济学、社会学和哲学,都在谈论空间,都发展出各自的空间理论(巴尼·沃夫,2009),代表人物如列斐伏尔、卡斯特尔等。在他们看来,马克思的研究虽然强调了时间或历史的优先性,但从另一方面也就相对忽视了空间性构建的历史唯物主义(强乃社,2011)。法国马克思主义哲学家和城市社会学家列斐伏尔力图纠正传统的理论对空间机械而错误的看法,认为空间具有社会属性,且空间也并不是静止的,空间也具备动态的演化过程,并且可以生产新的空间,这种空间认识的转向使空间与社会正义的研究结合起来。

空间正义的概念最早可追溯到戴维斯对"领地正义"的研究,在此研究基础上,大卫·哈维创造性地将"领地正义"发展为"领地再分配式正义"的认识维度,并且提出了新的命题,认为社会资源应当以正义的方式实现空间上的合理分配,并且要从结果和分配的过程中体现正义性。"空间正义"一词最早由皮里明确提出,并在社会正义与领地正义相关研究的基础上对空间正义进行了概念化的界定分析,认为空间正义是基于空间维度中的社会正义(皮里,1983)。21 世纪以来,空间正义的研究开始兴起,美国学者迪克奇对空间正义的认识跳出了"领地再分配正义"的认识维度,转而关注空间的社会生产,并把空间区隔性视为可造成社会不正义的重要影响因素。以美国地理学家爱德华·索亚为代表的洛杉矶学派在空间正义的研究中作出了杰出贡献,索亚认为,空间的不公是人为的,通过政策和规划能够改变空间的不正义性,同时强调应该从地理学与空间维度来理解正义。

(二)空间正义的内涵

国外对空间正义的研究多基于对环境正义研究的空间延伸,有学者在环境正义研究中认为简单地理和空间形式不足以完全揭示不平等问题,需要多维地了解环境正义和地理学相互结合的各种方式。不同形式、不同事物和不同尺度的空间问题需要对当代环境正义问题与补偿的多重性进行分析,这种认识的宽度将涉及的空间从简单的局部邻近扩展到更复杂的空间尺度流动关系,并提出了民生福祉、环境脆弱性等问题在空间上相互交织的多种方式,鉴于可利用的空间多样性,认为寻求系统地确定环境正义框架应该考虑时间、空间的演变(史密斯,2008)。国内有学者从主体视角研究认为空间正义是一种符合主体伦理精神的空间形态与空间关系,强调的是空间生产关系中主体(特别是弱势群体)选择的自由、机会的均等和主体全面发展(王志刚,2012)。

空间正义作为建立在正义原则基础上并且融合主体对空间实践中正义诉求的思想,伴随着空间失衡维度的正义话语批判而不断延展。党的十九大以来,习近平总书记关于社会主要矛盾的重要论述、马克思主义正义观、国土空间规划以及统筹好一盘棋区域发展战略的重要论断中均涵盖了空间正义理论的思想,相关空间正义的重要论述充分体现了党和国家对公平正义的追求(郭世英、赵东海,2020),从不同视角阐释我国社会发展的主要矛盾,是中国特色社会主义空间理论的新发展。近年来,随着可持续发展理念的兴起,环境正义的概念随之出现,并逐渐被纳入空间正义的分析框架之下,主要研究议题包括社会与经济排斥、工业污染以及自然灾害等。

(三)空间正义的研究领域

关于空间正义的研究领域,学界多基于对城市规划问题与环境正义研究的空间延伸,主要研究议题包括种族歧视、社会与经济排斥、工业污染以及自然灾害等等(靳文辉,2021;任平,2020;王志刚,2017;曹现强、张福磊,2012)。在环境正义研究中,简单地理和空间形式不足以完全揭示不平等问题,需要多维地了解环境正义和地理学相互结合的各种方式(张京祥、胡毅,2012),不同形式、不同事物和不同尺度的空间问题需要对当代环境正义问题与补偿的多重性进行分析,这种认识的宽度将涉及的空间从简单的局部邻近扩展到更复杂的空间尺度流动关系,并展示了民生福祉、环境脆弱性等问题在空间上相互交织的多种方式。鉴于空间利用的多样性,有学者认为应该在系统的环境正义框架内考虑时间、空间的演变(雷纳等,2008),也有学者基于社会公正视角提出了流域生态补偿的制度构建分析(钱水苗、王怀章,2005)。

从国外对空间正义的相关研究来看,基于行动者——网络理论(ANT)启发的人与自然关系相关研究的网络思想,比克斯塔夫等学者(2009)通过关注英格兰东北部环境正义(EJ)制定过程中所蕴含的多维度动力学关系,扩展了对空间政治学的研究。有学者研究发现城市绿地的空间正义问题,如公园、森林、绿色屋顶、溪流和社区花园,这些"城市绿地"提供了重要的生态系统服务。绿色空间的建立也促进了城市居民的身体活动、心理健康,有助于提升公众健康。但是,通过梳理美国关于城市绿地空间、公园的相关文献,并对这些城市绿地的研究进行了比较,结果显示,这种空间的分布往往不成比例,更倾向白人居住区和更富裕的社区(盖瑟,2014)。有学者以德国空间规划指南为例,探讨两种现行政策框架之间的关系,把德国的空间规划政策中实施社会公正作为可持续发展的支柱之一。实证分析表明,德国空间规划报告以地域性视角关注社会空间的方式,促进了社会正义的经济学视角和截断性视角,促进了区域竞争全球资本的新自由主义理念,减少了社会空间矛盾。还有研究分析了空间正义的创新发展,通过挖掘区域间与区域内个体特征的空间敏感性来体现相互之间的关系(文斯特拉,2007)。空间正义理论的应用研究已更多地转向社会经济与地理经济的交叉领域。随着空间正义理论的不断成熟与发展,对于水资源生态补偿问题的研究不能绕开空间正义理论,因此,本书以空间正义为理论抓手,继承空间正义理论,从时间、空间发展布局与平衡统筹战略的角度对长江经济带水资源生态补偿问题进行剖析,意在充分了解不同地理空间关系中的空间正义因素对长江经济带水资源生态补偿机制效果的影响,以及长江经济带水资源生态补偿制度机制的时空间协调发展问题。

三、水资源生态补偿协同机制相关研究

长江经济带是我国三大区域发展战略之一,新时期长江经济带发展最为关键的是要把握好生态环境保护与经济发展的关系(常纪文,2018),实现长江经济带高质量协同发展。有研究基于 1988 年、2001 年、2012 年长江经济带的城市影响力指数及交通路网数据,运用 Kernel 密度分析法、分形理论、修正引力模型等方法对长江经济带城市规模结构演变、城市等级结构演变及城市体系演变进行深入分析(冯兴华、钟业喜,2017),这些研究都是以长江经济带高质量协同发展为目标。因此,从长江经济带协同发展的要求来看,长江经济带水资源生态补偿机制的构建也应注重经济发展和生态保护的协同性,将水资源作为长江经济带生态产品价值实现的重要媒介。

(一)水资源生态补偿机制与模式相关研究

水资源生态补偿机制策略发轫于两种主要的理论,庇古的观点认为,可根据造成污染的程度对排污主体征税,通过税收的方式弥补排污主体生产的私人成本和所造成的社会成本间的差距;而科斯的观点认为,外部性的存在并不必然要求政府以税收和补贴形式进行干预,在产权清晰的条件下,就可以将外部性问题内部化,通过当事人的资源谈判与交易找到对外部性情形的帕累托最优解决办法。流域生态补偿的机制构建不能回避流域破坏、流域保护、正常使用对流域的影响等问题,环境破坏者对流域保护者的补偿、正常使用应支付的价格也都应该纳入到流域生态补偿的机制研究中,流域生态补偿机制存在的基础是生态服务提供者可以得到一定的补偿,其收益应该是其对生态服务的修复价值与生态破坏者对其付出的费用总和(里德,2012)。印度许多城市开始将灌溉用水转用于非农业用途,并尝试推行

"为生态系统服务付款"的机制作为将灌溉用水再分配到城市用途的回报模式,以得到非零和博弈结果,为农村村民、城市消费者和政府提供补偿(扎哈里等,2012)。学者们还试图模拟隐藏信息和隐藏行为,研究发现信息不对称会导致较高的补偿水平(董晓红,2015),避免出现对高机会成本进行低补偿、低机会成本进行高补偿的状况。

　　归纳目前我国水资源生态补偿机制与实践模式,流域生态补偿机制已从最初以惩治负外部性污染行为逐渐向激励正外部性整治与修复行为转变,出现了绿色转型发展生态补偿政策(于法稳,2017),这是生态补偿发展的进步。目前,我国已探索出多种生态补偿实践模式,而各省的生态补偿具有不同的特点,如政府财政转移支付补偿模式、生态资源开发者的支付补偿模式、生态破坏补偿模式和生态资源税征收补偿模式,每种模式都有其特点和潜力(郑海霞,2010)。而随着地方政府逐步意识到水资源环境的重要性,一些经济发达省份通过省财政转移支付或者流域县、市政府之间的谈判等形式来实现上、中、下游之间的补偿,如水权交易、异地开发、水资源费等,能够在一定程度上缓解中央财政在参与地方政府的流域生态补偿项目上的财政支持压力(李秋萍,2015),因此,市场导向机制建设对于流域水资源生态补偿机制完善与补充显得极为重要。市场主导型生态补偿机制在我国还属少见,其表现形式主要是上下游政府间的协商合作。相比于水权交易模式,异地开发模式对经济发展相对落后的上游地区来说有更大的作用和意义,其原因在于异地开发给上游地区所带来的预期税收收入和发展潜力相当可观(赵璧奎、黄本胜,2014)。综上,强化政府主导型流域水资源生态补偿机制,发展市场主导型补偿机制,实现两者互动共促,是当前学界对水资源生态补偿机制策略的基本共识。

(二)协同机制的相关研究与动态

　　对于水资源生态补偿协同机制的研究,国外有学者着眼于水资源生态服务的协同性,并划分为供给服务、调节服务、支持服务与文化服务,这四种服务彼此相关(希尔等,2011),且表现出复杂、动态、非线性的变化关系。流域水资源生态系统服务的协同不仅发生在同种或不同种服务之间,而且也具有明显的时空尺度特征(保罗等,2005)。生态系统服务协同关系可以从3个方向来分析:空间尺度(局部与整体)、时间尺度(长期与短期)与可逆性(可逆与不可逆)(戴利等,2009)。然而,仅将时间与空间尺度分别划成两种类型是无法满足研究与应用需求的,水资源生态系统服务之间协同关系发生在不同级别的时空尺度上,从微观到宏观、从个体到全球、从瞬时到上百年(戴利等,1997)。因此,洞悉不同时空尺度上各种生态系统服务之间的协同作用,有助于合理制定科学的流域水资源生态补偿政策,从而促进水资源生态系统更好地为人类社会提供服务。水资源生态系统服务协同作用主要是由人类社会系统与流域自然生态系统相互作用制定的管理决策引起的,如在景观尺度上,流域水资源生态系统的供给服务与几乎所有的调节服务与文化服务存在此消彼长的关系(赫恩等,2010)。有研究比较分析了流域水资源生态系统服务协同作用的三种研究方法,分别为地图对比法、情景分析法及基于优化景观权衡分析法,并指出空间对比与情景分析是目前研究生态系统服务之间竞争权衡的有效方法(斯温等,2010)。此外,有关使用博弈演化方法应用于水资源生态补偿协调抑或协同机制的研究较为广泛,陈华东等从府际协调的角度对区域水资源生态补偿协调机制进行了研究。

多元协同参与保护和建设生态环境(毛春梅,2016),实现经济——社会——生态的协调发展和可持续发展(赵银军等,2012),这一思想已经根植于长江经济带的发展实践中。生态文明建设作为基本方略,在地区发展中的作用不可替代,造福了地区内居民,引领了社会可持续发展的潮流(严立冬等,2011)。而构建多元共治的水资源生态保护补偿机制、吸引社会资源共管共治应作为政策方向(于鹏,2019)。有学者认为,绿色发展强调经济发展与保护环境的统一与协调(胡鞍钢,2012),并且需要在不突破生态环境容量和资源承受能力的情况下,通过生态保护与经济利益实现机制的协同,实现生态环境的保护与合理的经济发展(王玲玲、张艳国,2012)。

四、文献述评

从已有文献来看,现阶段对于空间正义理论应用以及水资源生态补偿机制均有相关研究。本书结合当前长江经济带发展研究重点方向,可与空间正义理论应用相融合,配合长江经济带协同发展的政策契机,提出空间正义视角下长江经济带水资源生态补偿协同机制研究这一问题,目的是更好地弥补长江经济带水资源生态补偿机制对经济——社会——生态正向反馈作用不足的短板,以空间正义为理论抓手试图解决长江经济带水资源生态补偿机制绩效与效率差距带来的机制利益发展失衡的问题,进而构建水资源生态补偿协同机制、提升水资源生态补偿机制效果。

通过梳理已有文献可知,已有研究较多关注生态补偿中的生态系统服务功能间的框架构建,并初步形成一定的研究体系,如基本内涵、基本维度以及基本方法等系统性研究脉络。水资源生态补偿资源配置研究方面,学者对水资源生态补偿的研究多集中于对水资源优化合理配置及补偿方式的探索、生态补偿标准的计量界定等方面,部分地区进行了有效的水资源生态补偿实践探索,并验证构建生态补偿机制对水资源的保护与修复起到的积极作用,有关生态补偿绩效与效率评价也逐渐从主观评价进入到数学定量化研究阶段:"在水资源生态补偿设计的确立上要充分考虑差异性,以防机制运行出现低效甚至失效"以及"发挥政府和市场的双重作用是区域水资源生态补偿机制持续运转的重要保障"等方面的问题基本达成一致观点,但对于长江经济带水资源生态补偿绩效评价与效率测度的研究,其方法运用与指标体系构建等方面学界未形成相对认同的范式。水资源生态补偿机制研究方面,鉴于日益严峻的水资源生态问题与统筹好一盘棋的经济协调发展要求,学者们已经开始关注长江经济带水资源生态补偿机制与生态文明建设与大保护的要求,通过资本输入、资源合理配置、资源补偿等机制,催生社会——经济——生态协同发展的绿色发展之路。

对于空间正义理论的研究与应用,学界较早出现的有关空间正义一词主要源于区域经济发展与空间生产关系方面的内容,对于区域空间环境的研究多聚焦于环境正义问题,也关注了空间异质性导致的空间不正义现象,并从空间不正义的社会问题上去看待造成该区域(城乡)间经济——社会——生态系统发展不平衡的问题。长江经济带包含了长江整个流域上中下游空间,长江流域上、中、下游存在着紧密的空间区位联系与经济关系,更是涉及了上中下游对水资源的破坏或保护的关系,而且不同区域的生态与经济发展利益联系亦存在其中。从人类福祉与社会公平角度看,基于空间正义的水资源生态补偿机制的研究目的在于实现水资源生态系统服务最大化与发挥区域经济发展的利益协调,这也是人类活动的重要目标。从长江经济带近年颁布的发展政策纲要以及党的十八大以来关于长江生态保护的相关要求来看,控制性开发与大保护的理念已经深入人心,而区域发展的不平衡是长江经济带最主要的经济社会特征,长江经济带内落后地区的发展利益要求与发达地区对生态利益的追求需要重新匹配,基于空间正义视角的长江经济带水资源生态补偿机制优化建设就显得更具有前瞻价值。

长江经济带水资源生态补偿协同机制研究方面,学者们从早期研究侧重区域经济发展的协同联动逐渐向区域间经济——社会——生态一体化协同联动转向,不仅从数量上对协同机制的优势进行比较,也更加重视协同机制在发展质量上的作用与贡献。机制与制度协同构建方面,国外对其研究主要是侧重于构建出立体化的补偿模式,而国内的相关研究则是集中于区域间的差异化制度的具体实施与运行,流域水资源生态系统服务的协同不仅发生在同种或不同种服务类型之间,而且也具有明显的时空尺度特征。从协同机制构建的补偿策略来看,长江经济带水资源生态补偿机制绝不是简单的上游下游之间补偿,需要以区域联动与跨域合作的水资源生态补偿机制为导向,实现长江经济带上中下游协调发展与生态——经济——社会之间的优势互补才是长江经济带水资源生态补偿的应有之意,能够最大限度地发挥长江经济带水资源生态补偿机制效果。

总体来看,国内外学者对于空间正义、水资源生态补偿概念、生态补偿绩效、水资源生态补偿效率以及水资源生态补偿机制的理论现状与实践动态都做了大量的研究,取得了众多有价值的研究成果,现有文献为空间正义视角下水资源生态补偿协同机制的研究提供了丰富而准确的参考,但仍存在以下缺口亟待完善:

(一)水资源生态补偿机制研究忽视了空间正义理论的内涵,缺乏匹配协调经济带发展的政策工具

从空间正义视角来看,长江经济带水资源生态包含一个时空调控的概念,已有研究大多着眼于时间或空间单一维度的差异,缺乏对长江经济带水资源生态补偿的时空间关系协调审视。从空间上看,长江经济带内包含"流域、城市、乡村"地理空间。从时间上看,长江经济带不同地区又随着经济、社会、政治不同时期的境遇,呈现出不同的发展状况与态势。从长江经济带不同地区经济发展水平上看,流域上下游间环境保护成本和收益的区域错配问题严重影响了长江经济带整体发展的公平与效率,水资源利用的协调与水质修复是未来长江经济带水资源利用与发展所面临的重要问题,而国家倡导的挖掘长江经济带发展的新动能的内核就是实现资源错配再平衡的实践发展过程。引入空间正义视角进行必要的政策干预,以更好地通过水资源生态补偿机制助力实现区域经济协调发展、社会正义的多元化功能,改善现有水资源生态补偿政策工具不适配的问题。

由于水资源具有的公共物品属性,市场调节易产生市场失灵问题,使得市场不能很好地解决水资源生态补偿过程中上下游之间补偿交易中出现的问题,缺乏公平的保障,需要引入空间正义视角作为协调宏观政策的现实抓手,以实现水资源开发利用的公平。要注意在生态环境容量不突破的前提下,注重协调生态补偿利益主体间的权益关系,生态优先、绿色发展,使绿水青山产生巨大生态效益、经济效益、社会效益;同时开放流域内和流域间水资源生态补偿形式,以协调自然系统与社会系统之间不能仅简单通过市场机制调节的水资源生态补偿的矛盾;强调良好的生态福利为全民所有,要求生态利益均衡共享。由于从施策角度缺乏空间正义的考量,缺少在一定区域空间内经济——社会——生态利益如何实现利益协同发展的研究,忽视了区域发展空间正义问题以及由此衍生的时空修复与空间生产关系问题,导致水资源生态补偿机制中的经济社会功能未能充分体现,因此,亟需在检视空间正义对长江经济带水资源生态补偿机制效果影响的基础上,提出有针对性的政策建议。

(二)对于水资源生态补偿机制的评价标准不一,对水资源生态补偿绩效、效率认知与评价存在分歧

现有研究中,学者对水资源生态补偿机制运行效果评价的理解不同或者侧重角度不同,导致学界对水资源生态补偿机制的评价标准不一。有学者研究水资源生态补偿绩效,认为绩效是水资源生态补偿机制好与坏的评价标准,有学者侧重研究水资源生态补偿效率,认为效率提升分析是探索水资源生态补偿机制优化的路径。本书认为水资源生态补偿机制的评价标准可以由绩效与效率两个方面组成,绩效与效率分别代表水资源生态补偿利益中的存量利益与增量利益,如何用好存量利益、扩展增量利益,是水资源生态补偿机制构建与优化的最终目标。现有研究对于水资源生态补偿绩效、效率认知与评价方面,存在一定的混淆。首先,水资源生态补偿绩效与效率是两个不同概念,两者虽有联系,但并不相同,二者可以共同表现为水资源生态补偿的综合效果,其中绩效(performance)为存量概念,是对现实补偿机制呈现结果的评估;而效率(efficiency)则为增量概念,表示了每一个阶段内水资源生态补偿利益变化情况,二者之间存在"融合互通"的关联关系,共同反映了水资源生态补偿机制的运行效果。总的来说,目前研究以客观定量评价水资源生态补偿绩效、测度效率水平的研究较少,且已有研究较少对水资源生态补偿绩效与效率进行区别,导致水资源生态补偿绩效与效率的研究在一定程度上存在概念辨析缺失与测评方法混用的问题。

具体来说,对于水资源生态补偿绩效的研究,国内外学者通过运用经济学、管理学理论、实践层面研究对流域水资源生态补偿绩效进行了测算,但因学者们理解不同、目标不同而存在多种指标体系。因此,亟待从水资源生态补偿机理剖析角度出发,结合长江经济带水资源的科学配置与管理实践,统筹一盘棋发展的要求,创新构建适合的理论框架和技术体系,以便形成相对成熟的水资源生态补偿绩效评价体系。

对于水资源生态补偿效率的研究,现有对于水资源生态补偿的"泄露"(环境破坏的损益转移分析)与破除"不恰当激励"(唯经济效益优先)研究还不充分,基于双目标决策(正向利益最大化、负向影响最小化)的研究尚显不足,导致无法准确指导水资源生态补偿机制设计。因此,需要根据长江经济带水资源生态保护与经济发展实际,合理配置相关要素资源,提升水资源生态补偿相关要素的资源配置效率,实现长江经济带生态利益与经济利益协调发展。

(三)长江经济带水资源生态补偿机制的整体性研究相对缺乏,经济带内水资源生态补偿协同机制尚未建立

我国正在逐步迈入生态文明社会的进程中,《中华人民共和国民法典》提出的绿色原则是世界首创的"中国方案",具有引领全球治理体系的重大

意义,这一系列措施共同造就了资源环境治理与经济发展和谐共生的基础,即在现有资源环境的约束下,坚持绿色发展、可持续发展,切实提高资源利用效率,改善生态环境。从目前长江经济带水资源生态补偿研究来看,在绿色原则的总体要求下,长江经济带内生态补偿协同机制尚未提出,尤其是跨流域跨省域间的水资源生态补偿机制的探索不够,多以省内与流域内的探索为主,缺乏较高层级、宏观层面的水资源生态补偿机制探索实践,长江经济带水资源生态补偿机制的整体性研究相对缺乏,而本研究从理论上为构建长江经济带流域生态补偿协同机制提供理论参考,以绿色原则为根本,兼顾空间正义理念,协调经济——社会——生态的协同发展,促成长江经济带水资源生态补偿协同机制的构建,着眼于目前水资源生态补偿机制短板,以填补长江经济带水资源生态补偿协同机制的研究空白。

基于上述研究存在的不足,本书进一步提出如何在兼顾长江经济带水资源生态补偿机制的生态利益与经济利益的同时,审视长江经济带内不同空间地区的水资源生态补偿机制绩效与效率的差异性,为加强长江经济带水资源生态补偿的空间连贯性、协调性、公平性,适时地将空间正义视角引入长江经济带水资源生态补偿机制这一问题的研究,从源头上发现长江经济带水资源生态补偿机制绩效与效率发展不平衡不充分的问题,探索涵盖空间正义思考的制度导向。重视长江经济带水资源工程建设选址、低污染低能耗高新技术企业的引进、人才吸引政策设计、水污染处理技术的推广、加大水资源环境保护资金支持力度等,实现生态补偿绩效与效率洼地对于政策可达性、公共资源质量、区域(城乡)协同发展水平的提升,并从机制构建上通过对市场与政府的双重调节,实现水资源生态补偿的资源合理配置,结合完成长江经济带发展的新旧动能转换,构建长江经济带集"创新、协调、绿色、开放、共享"一体化的水资源生态补偿机制。

第四节 研究思路、内容与方法

一、研究思路

长江经济带水资源生态补偿机制优化的过程,既是重新协调长江经济带生态利益与经济发展利益的过程,也是改善长江经济带自然资源与资本要素合理配置的过程。而长江经济带水资源生态补偿机制的运转效果,不仅反映出不同区域生态系统服务功能的发展水平,也反映出水资源生态补偿政策的实施效果。由于目前长江经济带没有形成水资源生态补偿协同机制,本书对协同机制的研究是以"协同"为水资源生态补偿机制效果的提升手段,故而本书研究的是长江经济带水资源生态补偿机制利益提升与协同机制优化问题。本着长江经济带整体推进、协同发展的要求,以整个经济带水资源生态补偿机制构建优化为目标,从量化关系上对长江经济带水资源生态补偿机制从绩效与效率两个方面进行评价,分析空间正义因素对长江经济带水资源生态补偿的绩效与效率提升的影响关系,进而探索长江经济带水资源生态补偿协同机制作用关系与价值实现路径,并从实现空间正义的合理角度提出长江经济带水资源生态补偿机制的提升设计建议。

具体操作过程如下:

(1)梳理国内外文献,掌握相关研究动态,并对本研究所涉及的一些概念和理论进行归纳总结,确保相关理论研究的根基稳固。

(2)分析长江经济带水资源利用现状,从水资源承载力水平、水足迹、灰水足迹三个角度对长江经济带各省发展情况进行全面的剖析,对现有的水资源利用与经济发展之间的脱钩情况进行评价,指出长江经济带水资源利用、保护与经济发展之间存在的矛盾与问题,阐释水资源生态补偿机制构建优化的现实性、合理性与必要性,进一步提出长江经济带水资源生态补偿机制存在的缺陷与问题。

（3）分析空间正义视角下长江经济带水资源生态补偿协同机制机理，构建以空间正义视角分析水资源生态补偿利益与利益机制的框架，其中涵盖空间正义视角的研究对象、作用维度与相关机制构建要点，以厘清后续实证研究内容的基本框架与脉络。

（4）着眼于水资源生态补偿机制分析中存量利益与增量利益的两个重点方面，分别测算长江经济带各省水资源生态补偿绩效与效率，通过空间基本理论对空间正义进行理论分解，检视空间正义对水资源生态补偿绩效与效率的影响因素，从而对长江经济带水资源生态补偿机制的利益损益进行深入剖析。

（5）对空间正义视角下长江经济带水资源生态补偿协同机制构建进行分析，对长江经济带省市的水资源生态保护投入能力、经济——社会——生态综合效益、水资源生态环境质量三个系统协同情况进行评价，构建系统协同耦合指标，测算长江经济带各省水资源生态补偿的协同情况，进一步分析协同水平与空间正义变量的交互机制对水资源生态补偿效率的影响，在此基础上，提出协同机制优化构建的方向。

（6）在实证分析的基础上，从演化博弈角度提出长江经济带水资源生态补偿协同的机制策略，推导其演化稳定策略，并对不同博弈策略进行数值模拟仿真。

（7）在本书研究的基础上，提出有针对性的机制构建对策与建议，以期为构建长江经济带水资源生态补偿协同机制提供必要的数据支撑与政策参考。

二、研究内容与技术路线

本书分九个方面详细阐述，主要包括现实问题的提出、研究意义、方法与本书主要研究的科学问题；主要概念的界定、研究涉及的理论基础等；长江经济带各省市水资源利用情况与经济发展现状与问题;空间正义视角下长江经济带水资源生态补偿协同机制框架分析;长江经济带水资源生态补偿绩效测度与空间正义对水资源生态补偿绩效影响的检视;长江经济带水资源生态补偿效率测算与空间正义对效率影响的检视;水资源生态补偿协同系统的耦合协调水平对于水资源生态补偿机制提升的调节效应实证检视;长江经济带水资源生态补偿协同机制的演化博弈分析以及针对本研究的政策优化与推进机制等。具体设置如下:

第一章是绪论部分。首先阐述本研究的选题背景与选题依据,针对现实痛点问题深入剖析,并对其相关理论背景进行充分的介绍,在此基础上,展示研究的目的与意义。其次,通过梳理国内外相关文献,了解当前的研究动态,充实并佐证本研究的重要性与必要性,然后深入探究与分析本研究的思路、主要内容、技术路线,并简要陈述本研究采用的研究方法,提出全书拟解决的关键问题,最后提出研究可能的创新。

第二章是概念界定与理论基础部分。一方面,基于已有研究与个人科研经历,对本研究选题所涉及的核心概念——水资源生态补偿、水资源生态补偿绩效、水资源生态补偿效率、水资源生态补偿协同机制分别进行界定,以确保研究对象的专业性与针对性。另一方面,简要回顾与本书所述长江经济带水资源生态补偿协同机制研究相关的理论,如空间正义理论、水资源价值理论、市场失灵理论、政府干预理论、生产函数理论、全要素生产率理论、利益机制相关理论等,明确其应用内涵、基本特征与发展轨迹,梳理理论研究框架,以便为本书的开展提供必要的理论支持。

第三章是长江经济带水资源利用、保护与水资源生态补偿机制现状、问题分析。针对长江经济带 11 省市的经济——社会——生态发展现状,分别从长江经济带整体与经济带各省市把握长江经济带水资源利用情况与保护情况,目的是在了解水资源利用与保护现状的基础上,发现并捕捉关键性问题,分析当前长江经济带水资源生态补偿机制建设过程中所面临的生态问题与发展困境。从现实问题角度出发,根据长江经济带水资源利用、保护情况与水资源生态补偿机制现状,有针对性地提出当前长江经济带水资源生态补偿机制存在的问题。

第四章是空间正义视角下长江经济带水资源生态补偿协同机制的框架分析。着眼于长江经济带水资源生态补偿机制存在的问题展开研究,分析本书研究涉及的关于视角与内容的相关研究客体,阐释本研究引入相关正义视角的正当性与必要性,创新提出空间正义视角在研究水资源生态补偿机制相关问题中的作用维度,明确研究对象,并提出了水资源生态补偿机制构建的框架与主体利益关系。在具体研究脉络中,提出把能够量化衡量水资源生态补偿机制效果的两个重要方面——绩效与效率的分析作为实证研究的对象,提出把协同机制作为提升水资源生态补偿利益机制的合理路径,为本书的实证研究部分提供坚实的理论基础与研究依据。

第五章是长江经济带水资源生态补偿绩效评价及其影响因素分析。本章在参考国内外相关研究的基础上,全面咨询长江经济带水资源生态补偿研究的专家,科学地编制长江经济带水资源生态补偿绩效评价体系。在此基础上对长江经济带水资源生态补偿绩效进行全面的核算,并分析其时空特征,从而增强本研究对当前长江经济带水资源生态补偿绩效的基本宏观认识,更重要的是为后续检视空间正义对长江经济带水资源生态补偿的影响提供必要的数据支撑。在此基础上,基于空间正义视角的检视,探究长江经济带水资源生态补偿绩效影响因素。从空间正义理论出发,结合长江经济带水资源生态补偿研究的适用性,将空间正义分解为四个维度,对长江经济带水资源生态补偿绩效进行检视,其中四个维度分别为生产性正义、消费性正义、分配性正义和生态性正义。生产性正义从生产资料投入视角,选择人均固定资产投资存量指标表示,反映区域经济发展状况因素;分配性正义以城乡可支配收入比这一指标表示,反映城乡收入不平衡因素;消费性正义用城乡消费支出之比表示,反映城乡消费差距与消费结构因素;生态性正义则使用人均灰水足迹指标作为因素选择条件,以此探究检视空间正义视角下影响长江经济带水资源生态补偿绩效的因素,为未来长江经济带水资源生态补偿机制构建提供参考依据,并从空间邻接距离、地理距离与经济距离特征出发,构建不同的空间结构权重矩阵。通过对比地理特征矩阵与经济距离矩阵对长江经济带水资源生态补偿绩效的影响,探寻其空间变化情况,在建模描述长江经济带水资源生态补偿绩效的影响因素时就不能忽略空间相关性的影响。加入空间矩阵后,检视空间正义对长江经济带水资源生态补偿绩效的影响,以便从空间因素更加充分地了解当前长江经济带水资源生态补偿机制构建过程中的空间溢出性对水资源生态补偿存量利益的影响因素。此部分为检视空间正义对长江经济带水资源生态补偿绩效的影响机制分析,以验证长江经济带水资源生态补偿机制构建过程中需要注意的存量利益的影响因素。

第六章是长江经济带水资源生态补偿效率测度并探究空间正义对效率的影响分析。基于双目标决策的 DEA-SBM 方法,对长江经济带水资源生态补偿效率进行测度与分解。首先,对本研究拟采用的相关方法进行较为详尽的介绍,包括水资源生态补偿效率、考虑期望产出和非期望产出角度的双目标决策 DEA-SBM 方向性距离函数、Malmquist-Luenberger 指数分解等方法;接下来对长江经济带水资源生态补偿投入变量与产出变量进行界定,并阐述数据来源及其处理方式;然后,对长江经济带水资源生态补偿效率进行测度并分析其时空演变规律;在此基础上,还要找到长江经济带水资源生态补偿效率提升的机制并对其作用机理进行分析讨论,进一步检视空间正义对长江经济带水资源生态补偿效率的影响,为后续空间正义视角下长江经济带水资源生态补偿协同机制构建的实证分析提供数据与数理统计分析基础。

第七章是实证检视空间正义对长江经济带水资源生态补偿机制影响分析。旨在验证长江经济带水资源生态补偿协同机制构建过程中的空间正义因素对水资源生态补偿增量利益的影响关系。本章在第五章绩效评价的基础上测算长江经济带水资源生态补偿协同水平,目的是将绩效与效率通过耦合协调度进行有机连结,更好地解释协同机制在本研究中的合理作用关系。不仅关注绝对绩效(数量)的变化,也注意到了绩效内部耦合协调关系(发展质量)的变化,同时也通过构建回归模型,分析空间正义因素与耦合协调水平的交互实现水资源生态补偿存量利益的结构优化程度对水资源生态补偿增量利益的影响关系。

第八章是基于第五、六、七章实证分析结果的演化博弈建模与数值模拟分析。通过模拟现实状态下长江经济带上下游地区之间的博弈行为,审视长江经济带上、下游府际水资源生态补偿协调机制策略,提出了三种水资源生态补偿合作机制策略。一是缺少上级政府参与的合作博弈策略,二是加入政府奖励机制的合作博弈策略,三是加入政府奖励机制并强化绿色协同发展机制的合作博弈策略,通过对三种博弈策略的演化分析找到最优的稳定演化均衡策略,并基于数值模拟对策略选择进行仿真。此部分是在实证分析结果基础上的进一步探索研究,基于对不同策略的动态演化分析,探索合理的上、下游水资源生态补偿机制。

第九章是全书结论与政策建议部分。主要包括三个方面:第一,系统地总结本书的研究结论;第二,提出对解决现实问题有针对性、可操作性的政策建议,第三,指出研究中可能存在的不足之处,并提出研究的前景。

基于上述研究,本研究采取整体把握、重点突出以及分类归纳的思路,本书以空间正义为理论抓手,着眼于当前长江经济带水资源生态机制尚不完善、不健全的问题,结合经济学、管理学、法学学科的研究方法,从理论探索性分析和实证验证层面探究空间正义对长江经济带水资源生态补偿绩效、生态补偿效率以及协同机制效果的影响,在此基础上,提出长江经济带水资源生态补偿机制构建的优化策略。基于以上内容将整个研究分为以下阶段,本书的技术路线如图所示:

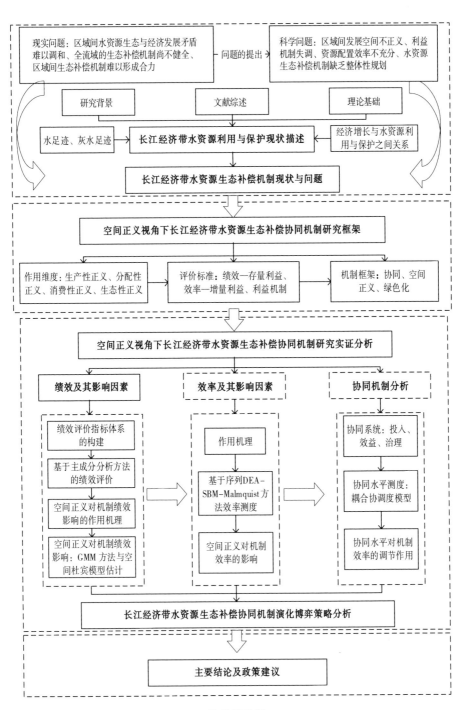

技术路线图

三、研究对象、研究方法

(一)研究对象

本研究以长江经济带整体水资源生态补偿机制优化问题为主要研究对象,以空间正义为研究视角,分别检验水资源生态补偿机制的存量利益(绩效)与增量利益(效率)的影响关系,进一步综合分析空间正义因素在协同机制的调节作用下对长江经济带水资源生态补偿机制的影响效果,结合相关政策布局的需要,提出最优的水资源生态补偿机制策略。需要指明的是,水资源生态补偿绩效(performance)关注的是长江经济带长久以来水资源生态补偿制度、政策对当前水资源生态补偿利益的积累,是一定时期内主体行为结果的综合表现,是水资源生态补偿利益量化的存量利益体现;不同于水资源生态补偿绩效,水资源生态补偿效率(efficiency)侧重区域水资源生态补偿投入与取得的成效(产出)之间的变动关系,是水资源生态补偿机制运行效果量化的增量利益体现。

为了体现长江经济带水资源生态补偿研究的空间整体性,本研究在长江经济带内分别选取东中西(即长江上、中、下游)部地区展开相应的实地调研,充分了解不同地区的经济社会——生态——发展情况。在了解长江经济带水资源利用与保护情况时也涉及了长江经济带 11 省市的水资源承载力指标、水足迹、灰水足迹等指标的测度。考虑到数据的可得性和研究过程的需要,本书需要构建长江经济带水资源生态补偿绩效评价指标体系,选取三个子维度,共二十一项指标来对长江经济带 11 省市的水资源生态补偿机制研究进行定量研究,并通过测算三个子维度之间耦合协调水平表征水资源生态补偿机制的协同水平。此外,本研究还涉及长江经济带水资源生态补偿效率评价,需要明确相关的投入产出指标,获得本书实证分析的基础性数据。至关重要的是,为了研究空间正义视角下长江经济带水资源生态补偿机制的绩效与效率的影响机理,还将测度空间正义指标并进行实证检视,通过实证结果分析,以明确长江经济带水资源生态补偿协同机制的构建机理。

(二)研究方法

1. 文献查阅法

一方面,尽最大可能全面地收集与本研究相关的文献资料,通过阅读国内外文献,充分了解水资源生态补偿、空间正义相关研究的成果,包括成果的研究水平、所用的研究方法、研究过程值得借鉴的经验、存在的问题与不足、尚未解决的问题等,在此基础上,合理运用经济学、管理学、社会学、法学等相关理论与方法,对不同类型的水资源生态补偿机制的发展路径进行比较研究,讨论不同案例的优缺点与实施方案的可行性,辅助本研究做出最优决策。另一方面,查阅各级政府和相关部门关于水资源生态补偿问题的统计资料与政策法规等;梳理国内外有关水资源生态补偿的理论与实践、水资源生态补偿绩效、效率及其影响因素、生态补偿机制等相关研究进展。

2. 调查、访谈与实地考察法

通过调查、访谈与实地考察三种方式进行基本数据资料收集,着重调查以下两方面的情况:一方面,落实水资源生态补偿政策情况、量化长江经济带水资源生态补偿效果情况、下游经济相对发达地区反哺中上游欠发达地区情况、创新长江经济带水资源生态保护的管理协调机制的现状等,实地了解区域内环境立法的合作、水资源质量共享环境监测信息情况、重大环境事件的通报机制建立情况、污染整治工作的协作机制建立、区域联合执法机制落实情况等。另一方面,选取关键人物访谈 50 余人次与实地考察数十次:访谈过程中收集对调查地自然、经济水平、人文地理概况的感知情况、调查对象生命历程中参与流域水资源生态补偿政策修订与立法情况的口述资料和专题访谈材料,访谈对象为调研地区政府官员、水利与环境执法主管部门负责人、社区干部等,并将调研结果汇报给研究水资源生态补偿问题的相关专家,以座谈会的形式听取专家意见建议,并形成会议记录资料,以充实完善本研究。

3.计量经济学方法

本书根据研究的目的与研究内容的需要,简明扼要地介绍各研究部分采用的计量分析方法。

对于水资源生态补偿绩效评价,本书采用的是全局主成分分析法。主成分分析法(PCA)是把一组研究数据的相关变量通过数学变换的方法变为不相关的一组变量,并将转换后的变量按照方差递减的顺序选出比原始数据变量个数少且能解释大部分数据所含信息的若干新变量,用以解释原数据内容的综合性指标。具体地,本书参考刘明辉与卢飞(2019)、任娟(2013)以及乔峰与姚俭(2003)的研究,采用全局主成分分析法进行综合评价,通过对多地区、长时间相关数据的整合,以达到时间与空间调控相统一的研究目标。研究对各指标无量纲化处理后的样本进行全局主成分分析,首先需要通过 KMO(Kaiser-Meyer-Olkin)检验与 Bartlett's 球形检验,之后通过各指标在其子系统内的载荷系数和对应特征根来计算线性组合系数矩阵,线性组合系数分别与方差解释率相乘后累加,并且除以累积方差解释率,得到综合得分系数,将综合得分系数进行归一化处理得到各指标权重值,再将子系统所占权重加权平均,最终得到各个指标在整个系统内的权重,作为水资源生态补偿绩效测度的依据。

研究长江经济带水资源生态补偿效率时,采用非参数方法测度生态补偿效率,基于双目标决策的 DEA-SBM 方向性距离函数,Malmquist-Luenberger 生产率指数等方法探求、分析长江经济带水资源生态补偿效率。数据包络分析(DEA)方法是对被评价对象之间的相对比较,属于非参数分析方法,该方法的具体操作是将不同的决策单元(DMU)作为被评价对象,以投入与产出指标的权重关系测算得出有效生产前沿面,而后比较分析各决策单元与有效生产前沿面间的距离,判断各决策单元有效性,作为技术效率的测度依据。序列参比 Malmquist 模型是由 Shestalova 于 2003 年提出的一种 Malmquist 指数测算方法,其特点为各期的参考集包括之前所有时期的参考集,由于序列参比的前沿是由本期及所有以前各期的 DMU 构成,构建 t+1 期前沿的 DMU 中包括了 t 期的 DMU,所以 t+1 期的前沿与 t 期相比肯定不会后退,保证了技术变化值不会小于 1,即呈现出技术进步。由于序列 Malmquist 模型的特征,在计算序列参比 Malmquist 指数时同时存在两个前沿,本书使用的方法是将两个 Malmquist 指数的几何平均值作为被评价 DMU 的 Malmquist 指数,即序列前沿交叉参比方法。

关于水资源生态补偿耦合协同水平的评价,采用的是系统耦合协调度评价方法。本书分别测度水资源生态保护投入能力、水资源生态补偿经济——社会——生态综合效益、水资源环境保护状况三个子系统的协同系统的评价函数及综合评价指数,通过耦合协调度模型测度公式计算得到的系统耦合协调度介于 0—1 之间,取值越大则说明系统的协调发展程度越高,反之则越低。

检视空间正义影响因素对长江经济带水资源生态补偿绩效影响分析时,采用 GMM(Genneralized Method of Moments)广义矩估计的方法,用于动态面板数据分析。研究在对具体内容的分析中通过差分处理和加入工具变量,用以控制未观测的时间、个体效应,并将前一期的自变量和滞后一期的因变量作为该模型的工具变量,以克服估计模型内生性问题。在此基础上,分析长江经济带各省市水资源生态补偿绩效的分布格局,构建空间计量模型,将空间正义因素与水资源生态补偿绩效的空间自相关性同时纳入计量模型,分析空间正义对长江经济带水资源生态补偿的影响。构建的空间计量模型将经济带内各省水资源生态补偿绩效作为被解释变量,从多个维度出发对空间正义变量进行测度,使用空间杜宾模型探究空间正义对长江经济带水资源生态补偿绩效的影响,并通过设置多组空间地理距离、经济距离及其二者加权距离对研究的稳健性进行充分验证。

检视空间正义影响因素对长江经济带水资源生态补偿机制效率影响分析时,本书采用德里斯克尔和克雷(1998)提出的方法获得异方差——序列相关——截面相关稳健性标准误的估计方法,对误差项的自相关、异方差和截面相关的问题一并加以处理,对于模型可能存在的内生性问题,考虑主要源于技术进步效应,可能与水资源生态补偿效率之间产生互为因果关系,即技术进步与扩散能够提高水资源生态补偿效率,水资源生态补偿效率的提升也会影响与水资源生态补偿相关领域的技术进步与技术扩散的积极性,因此采用解释变量的一阶滞后项作为工具变量对模型进行 IV 估计,检验方法为"杜宾——吴——豪斯曼检验"(Durbin-Wu-Hausman 检验)。

第五节　拟解决的关键问题与研究假设

一、拟解决的关键问题

长江经济带地理空间分布的不同,导致了长江水资源状况及水生态环境的多样性,而流域上中下游经济社会发展状况也呈现出较大的差异,空间的不正义性普遍体现在生产、分配、消费、生态关系中,而现有的水资源生态补偿机制不能较好地改善长江经济带社会经济发展与水资源生态修复之间的利益失衡关系,促发了水资源生态补偿利益存量、增量的双重失衡。为了更好地提升水资源生态补偿机制效果,需要通过空间正义视角从改善经济、社会、生态发展的正义性、协调性方面解决长江经济带的区域空间发展不平衡与上中下游之间生产要素资源配置效率差异过大的问题,进而解决长江经济带上中下游之间的生态利益与经济利益不均衡的问题,由此,科学地提出改善路径,合理调节当前长江经济带水资源生态补偿效益与效率的错配问题。通过空间正义视角研究长江经济带生态补偿机制的相关问题具有较

强的针对性和实用性。本书拟解决的关键性问题如下:

(一)理论层面如何对空间正义这一抽象概念与水资源生态补偿机制研究进行合理嵌入与解释

针对空间正义理论应用价值,探索长江经济带水资源生态补偿机制适用维度这一问题,目的是通过分析空间正义视角下长江经济带水资源生态补偿机制的内在利益逻辑,构建利益协调机制。长江经济带内空间区域经济社会发展水平不尽相同,导致水资源生态补偿研究不能避开空间视角进行研究论证,长江经济带水资源生态补偿机制的空间异质性存在的原因有明显的经济发展差异、技术差异、人力资源差异、生态保护政策重视程度差异等。从顶层设计要求来看,长江经济带的发展须树立一盘棋思维,这就要求重新审视原有的长江经济带区域间发展不平衡不充分的生产关系、分配关系、消费关系、生态关系。因此,本书结合已有研究与具体问题研究的适用维度,对空间正义视角下的长江经济带水资源生态补偿机制分析从整体上涵盖了生产性正义、分配性正义、消费性正义、生态性正义四个维度的考量。

(二)长江经济带水资源生态补偿的重点利益及利益机制如何构成

长江经济带流域上下游间环境保护成本和收益的区域错配问题严重影响区域整体发展的效率与社会公平,亟待资本向欠发达地区的倾斜,发挥空间修复功能,实现资本的有效率配置。生态补偿是对生态系统与经济系统质量改进的补偿,空间正义对长江经济带水资源生态补偿制度设计起到了价值指引作用,可以解决因市场的自发调控导致的"买卖做不成"的问题,提高市场效率,引导政府合理补位。因此,应当重视对长江经济带水资源生态补偿协同机制构建,阐明主体、原则到基本框架,提出空间正义视角下长江经济带水资源生态补偿协同机制构建的重点方向与措施。长江经济带水资源生态补偿的重点利益与利益机制的构成包含水资源生态补偿存量利益及其增量利益,两种利益分别为长江经济带水资源生态补偿绩效与效率,两种利益综合体现了长江经济带水资源生态补偿机制效果。

(三)评价长江经济带水资源生态补偿机制的两组核心标准——绩效与效率如何测度

水资源生态补偿绩效是对存量利益的考察,长江经济带水资源利用与保护情况不同,尤其是因为经济发展水平、技术进步情况、人力资源水平、政府对生态保护投入强度、水污染治理情况等因素的长期累积,导致不同地区水资源生态补偿绩效有较大的空间差异,需要客观地从经济社会生态发展现实状况出发,评价长江经济带 11 省市水资源生态补偿绩效,构建长江经济带水资源生态补偿政策绩效评价指标体系,并将评价指标分为三层,由生态保护投入能力、经济——社会——生态综合效益指标、水资源质量状况指标 3 个二级指标和 21 个三级指标构成,通过测度可以分析绩效在不同时期的水资源生态补偿存量利益以及其异质性特征。

不同于水资源生态补偿绩效的评价方式,水资源生态补偿效率不仅能体现水资源生态补偿增量利益,同时也能体现水资源生态补偿相关投入与相关产出的关系,故可以根据全要素生产率测算方法运用 DEA-SBM 投入产出模型对长江经济带各省市资本、人力、水资源的投入与经济效益生态效益的产出效率进行测算。为了更好地研究与水资源相关的产出指标,本书也加入了灰水足迹作为非期望产出指标测度 Malmquist-Luenberger 指数。

(四)其中涉及的空间正义的适用维度的解构与测度如何实现及如何检验空间正义对水资源生态补偿机制的影响

为了准确探究长江经济带水资源生态补偿机制的空间正义内涵,在兼顾效益与正义的原则下,通过实证研究分析长江经济带水资源生态补偿空间正义视角下的生态补偿机制的影响因素及其作用机理,提出适配的水资源生态补偿运行机制优化的政策建议。本书采用空间正义视角对长江经济带水资源生态补偿绩效与效率的影响进行研究,不仅需要解释空间正义对水资源生态补偿绩效与效率的理论关系,也需要对长江经济带水资源生态补偿绩效与效率相关联的空间正义指标进行合理的解释与测度。对于空间正义的测度,根据前人对空间正义的测度研究与维度分解,本书认为资源配置效率、公共资源质量决定了是否存在利益的溢出,二者能够综合表征生产正义、分配正义、消费正义与生态正义。本书空间测度研究对象为长江经济带不同地区的资本投入情况(生产性正义,本书使用的是人均固定资产投资存量)、城乡人均可支配收入比(分配性正义),城乡人均消费支出比(消费性正义),水资源保护程度(生态性正义,本书使用的是人均灰水足迹指标)等不同维度的空间正义指标。此外,大卫·哈维、爱德华·索亚等相关空间正义研究学者认为,技术资源与人力资源差异也是导致空间发展不平衡的因素之一。综合前人的研究,本书用创新驱动与人才集聚(技术市场成交额指标)表征技术要素。通过对不同核心解释变量和控制变量指标测度,分别检视空间正义对长江经济带水资源生态补偿绩效与效率的影响。

(五)水资源生态补偿协同关系构成及空间正义视角下长江经济带水资源生态补偿协同机制构建

"水资源生态补偿机制的协同关系如何构成"这一问题则是对水资源生态补偿绩效评价体系的进一步深入,根据绩效评价体系系统内部协调耦合关系建立了水资源生态补偿协同系统,测算长江经济带水资源生态补偿协同耦合协调度水平,了解各省市水资源生态补偿机制的协同水平。空间正义视角下长江经济带水资源生态补偿协同机制研究则需要进一步构建实证模型分析其作用关系与路径,具体来说就是分析空间正义视角下水资源生态补偿协同水平对机制效率的影响关系,这一问题串联起空间正义因素、绩效与效率之间的影响关系,能更好地解释空间正义视角下长江经济带水资源生态补偿协同机制的构建路径。

(六)长江经济带水资源生态补偿协同机制是否是最优选择及模拟、分析不同情境下长江经济带水资源生态补偿机制的策略选择

从长江经济带水资源生态补偿协同机制的构建依据来看,首先是要使双方合作成为博弈的最终稳定演化策略,因此本书需要在不同情境下分析长江经济带上、下游主体之间的博弈关系,具体情形包括无上级政府参与机制、加入上级政府奖励的机制、协同机制介入上下游水资源生态补偿机制,经过构建相关博弈矩阵,分析其博弈的演化稳定均衡策略,通过构建梳理模型,推导不同策略的稳定均衡策略的收益,目的是找到最优的长江经济带水资源生态补偿机制,模拟、分析不同情境下长江经济带水资源生态补偿机制的博弈策略选择。

二、本书的研究假设

水资源是人类赖以生存和发展的物质基础,长江经济带水资源是事关国家水资源安全的重要战略资源,既是绿水青山就是金山银山发展思路下的重要一环,又是人类可持续发展的基本保障。水资源生态补偿协同机制的构建与发展是经济——社会——生态发展存量利益与增量利益持续向好的重要标志,长江经济带不同省市水资源补偿利益——绩效、效率差异是由于区域发展的不平衡性而产生的,并且其不平衡性不仅仅是由空间地理位置差异所决定,这种不平衡不充分性还表现在生产关系、分配关系、消费关系、生态关系中,这一系列关系契合了空间正义概念的引入条件,在对其内涵及应用领域进行适当延伸的基础上,形成了从生产性正义、分配性正义、消费性正义、生态性正义等因素检验长江经济带水资源补偿绩效与效率影响相关实证分析的理论基础。而长江经济带水资源生态补偿机制能否在绿

色化协同作用下,实现经济增长、生态建设、社会公平正义的三重目标,是赋予长江经济带水资源生态补偿协同机制构建最为关注的重要问题。基于此,本书提出以下五点假设:

第一,空间正义因素能显著促进长江经济带水资源生态补偿机制绩效提升。在不同维度空间正义视角下,随着生产性正义、分配性正义、消费性正义、生态性正义的提升与向好,能够促进长江经济带水资源生态补偿绩效的提升。

第二,水资源生态补偿绩效存在空间的溢出效应,长江经济带各省份之间存在空间相关关系,水资源生态补偿绩效将通过经济、经济距离嵌套等空间权重产生空间溢出效应。

第三,水资源生态补偿绩效存量的形成过程概括了多种要素流动累积并与绩效表现存在空间集聚性,在空间正义视角下,生态性正义因素(生态要素)与水资源生态补偿绩效在空间上具有正向空间溢出影响。

第四,空间正义能促进长江经济带水资源生态补偿效率增长,在空间正义视角下,生产性正义、分配性正义、消费性正义、生态性正义的提升与长江经济带水资源生态补偿效率存在显著正向或负向相关关系。

第五,基于"环境库兹涅茨曲线"假说,空间正义可否通过长江经济带水资源生态补偿协同水平的调节作用,进而促进长江经济带水资源生态补偿机制效率的提升。

三、研究的可能创新点

从研究视角上看,过去对长江经济带水资源生态补偿问题的研究大多着眼于某一特定地区或某特定流域内部的生态补偿问题,从整体上研究长江经济带水资源生态补偿机制体系的文献并不多见。本书以空间正义为视角,把解决长江经济带各地区经济——社会——生态发展不平衡不充分的问题作为研究水资源生态补偿协同机制构建的介入端口,充分地检视空间正义因素对长江经济带水资源生态补偿绩效与效率的影响。正确的空间正义的研究应是从过去时间(历史)研究向空间研究的转向,是基于时间(历史)维度向空间维度的拓展,关注长江经济带水资源生态补偿利益与利益机制。从评价方法上看,以往对于水资源生态补偿绩效的测度多停留在主观评价研究层面,以定性研究为主,缺少相关实证检验,而本书则构建了水资源生态补偿绩效评价体系,分析方法则结合相关理论从量化分析角度进行了测度。在测算水资源生态补偿效率时,以经济增长的期望产出与生态破坏的非期望产出导向为切入点,通过双目标决策的 DEA-SBM 方法,考虑非期望产出测算水资源生态补偿效率;通过对空间正义理论的深入挖掘,创新地从空间正义视角检视水资源生态补偿绩效与效率的影响因素,与既有研究相比,这是一个创新的尝试,也是首次对空间正义这一抽象概念实体化的尝试,在一定程度上显示了本研究视角的新颖度。本书的创新点主要体现在以下三个方面:

(一)关于研究视角,本书首次将空间正义理论引入水资源生态补偿机制的优化提升的研究中,创新地引入空间正义理论辨析了长江经济带水资源生态补偿机制优化的路径

实证检视长江经济带水资源生态补偿机制的影响因素,因而研究视角具有一定的延展性与创新性。过去对于水资源生态补偿机制的研究缺乏明确的空间正义理论内涵,引入空间正义理论深化了对于长江流域水资源生态补偿机制优化施策的正义性的考量,并对当前水资源生态补偿机制政策实践的正义性展开反思。具体来说,本研究根据空间正义理论的涵义,在水资源生态补偿领域的限定范围内,将其因素解构为生产性正义、分配性正义、消费性正义、生态性正义等四个维度,通过量化分析检验空间正义因素对长江经济带水资源生态补偿机制影响的逻辑关系,实现了长江经济带不同区域之间要素配置效益与效率提升,同时兼顾整体利益、发展利益与生态利益的公平正义,能够更好地发挥长江经济带水资源生态补偿机制的作用,也为解决长江经济带水资源生态补偿过程中存在的不平衡与机制障碍的问题,提供了符合当前我国经济——社会——生态协调发展要求的理论依据。

根据已有研究,空间正义已逐渐在经济学、管理学、社会学等领域得到重视和运用,它不仅能够解决现有空间的人与人、人与自然、人与社会、社会与社会、社会与自然等不同要素之间的协同有效可持续发展的问题,还可解决发展空间、人为生产空间下的相关平等、有序、协同等长期可持续发展的问题,为长江经济带水资源生态补偿政策实施与立法活动提供正义性的参考,更是在新时代新社会矛盾转变下妥善审视长江经济带水资源生态补偿机制制度研究的需要。

(二)关于研究对象,本书创新地采用整体视角对长江经济带的水资源生态补偿机制优化提升问题开展研究

现有研究对长江经济带水资源生态补偿机制研究缺乏整体性与协同性,无法更好地解决长江经济带水资源生态补偿利益不平衡不匹配的矛盾。长江经济带是实现生态功能与经济功能统一的载体,着眼于长江经济带整体的水资源生态补偿机制的协同提升研究,能够更好地实现长江经济带水资源生态补偿机制的整体利益的协同提升。

(三)关于研究内容,本书创新构建了水资源生态补偿协同机制发展路径

创新地从绿色发展与协同提升的角度构建了兼顾水资源生态环境保护投入能力、经济——社会——生态环境综合效益、水资源环境质量状况三个维度的水资源生态补偿协同机制模型,并将水资源生态补偿协同机制水平作为调节变量纳入到长江经济带水资源生态补偿机制提升分析的实证模型中,将水资源生态补偿绩效、效率以及协同机制研究进行有机结合,模拟了协同机制介入的水资源生态补偿机制的演化博弈策略,拓展了空间正义理论在水资源生态补偿机制研究的应用边界。长江经济带水资源生态补偿协同机制研究有益于揭示经济带内各地区经济、社会、生态综合发展之间的相互影响,其理论内涵丰富,包括了长江经济带水资源生态补偿涉及主体协调、方式手段、政策效果等相关问题的时空调控理念,更为全面地回应了长江经济带水资源生态补偿协同机制追求"创新、协调、绿色、开放、共享"的机制构建的建设目标与发展愿景。

此外,本书创新地通过绩效(performance)与效率(efficiency)双重角度评估长江经济带水资源生态补偿利益机制,拓展了水资源生态补偿机制评价的维度与内容。其中,绩效评估可以有效反映水资源生态补偿机制的存量利益,而效率测度更有助于揭示水资源生态补偿机制的增量利益,二者交互共同表达水资源生态补偿机制的真实利益。以往研究过于关注水资源生态补偿政策制定的直接效应,并且对水资源生态补偿机制的评价标准存在理解上的不同,过往研究多处于"割裂状态",未构成统一分析框架,本书弥补了现有研究关于水资源生态补偿绩效与效率相对单一的不足。从利益机制关系上看,绩效(performance)与效率(efficiency)分别可以表示为水资源生态补偿存量利益与增量利益,二者之间存在本质的不同。

长江经济带水资源生态补偿绩效是对长江经济带水资源生态补偿机制存量利益的反映,是一个包含多元目标在内的概念。水资源生态补偿绩效关注的是长江经济带长久以来水资源生态补偿制度、政策对当前水资源生态补偿利益的积累,是一定时期内主体行为结果的综合表现,是水资源生态补偿利益量化的存量利益体现。从研究方法上看,考虑到时空调控作用对长江经济带水资源生态补偿绩效的影响,评价时采用了全局主成分分析方法。

长江经济带水资源生态补偿效率是对长江经济带水资源生态补偿机制增量利益的反映,不同于存量利益绩效的评价,效率的测度在本研究中关注的是资本、劳动力、水资源等投入要素与产出要素水资源生态补偿绩效（期望产出）、经济效益（期望产出）、水污染（非期望产出）之间的关系，从研究方法上看，采用产出角度的双目标序列 DEA-SMB-Malmquist-Luenberger 指数测算方法，通过不同时间阶段的动态变化比较，能够客观评价长江经济带水资源生态补偿效率变化损益，这是对水资源生态补偿效率测度方法运用的内容创新与拓展。

第二章 概念界定与理论基础

本章重点阐述本书的研究对象的概念与研究使用的理论。本章在参考已有研究的基础上,分别对基础性概念——水资源生态补偿,核心的衍生概念——水资源生态补偿绩效与效率、水资源生态补偿协同机制等进行科学的界定,以多组理论基础为研究的理论依据展开理论与实际的有机对接,从而凸显本研究的基本理论内核。对研究可能涉及的一些重要经济、管理、社会学等理论进行较为系统的回顾与阐述,明确其内涵、基本特征、发展轨迹与本研究的联系等。本章共有四节,主要涵盖以下内容,第一节为相关概念界定,对空间正义视角下长江经济带水资源生态补偿绿色化协同机制研究相关的基础性概念进行必要的阐述;第二节为理论基础,对后续研究可能涉及的一些经济学、管理学、社会学理论进行归纳与总结,提出理论借鉴依据;第三节从研究的主要脉络出发,基于不同理论应用的典型化事实,进一步梳理本研究涉及理论的基本框架;第四节为本章小结。

第一节 主要概念界定

一、水资源生态补偿

水资源生态补偿是生态补偿在水资源利用、水环境保护方面的具体体

46

现形式,所以想要厘清、界定水资源生态补偿的概念首先要正确界定生态补偿概念。生态补偿(Eco-compensation)是一种将生态外部成本(收益)内部化的经济手段(毛显强等,2002;丁爱中等,2018)。经过近年来的发展,学者们对生态补偿研究已经从过去的主要惩治环境的负外部性行为,逐渐延伸转向为激励正外部性,逐步完善了生态补偿概念的外延。集合当前学界共识,生态补偿是具有经济激励作用的生态保护政策/机制(法利、安德森,2011),可以将环境的外部性和非市场价值转化为真实的经济激励,是一种能够调节一定时空内部经济发展与环境保护参与主体之间利益关系的制度机制。

水资源生态补偿是生态补偿的一种类型,追溯其概念,不能脱离生态补偿的概念框架。开展水资源生态补偿的目的是实现水资源合理配置与高效利用,促进区域(流域)内经济——社会——生态系统的协调发展。我国学界已对水资源生态补偿的基本原则形成基本共识,即"谁破坏谁恢复、谁开发谁保护、谁受益谁补偿",在此基础上制定水资源生态补偿政策,构建起水资源生态补偿的整体机制。这一原则深刻地体现出我国生态保护与修复的重要目标,兼顾了效率与公平的基本准则,使得受益方承担起有偿使用水资源的责任,供给方则得到了合理的经济补偿,有效提升了各方主体参与生态、经济建设的积极性。水资源生态补偿是在保护水资源和合理利用水资源的前提下,以经济手段调节利益相关主体之间的关系,以激励各方水资源生态保护的积极性,具有生态保护与经济协调的双重作用。

本书将水资源生态补偿问题的研究界定于长江经济带水资源生态补偿机制上,其评价标准则与其绩效评价与效率测度挂钩,并通过空间正义视角审视这一利益关系,目的是将长江经济带水资源生态补偿机制充分地结合经济带经济——社会——生态发展实际,兼顾效率与公平的同时,协调好长江经济带内水资源利用与保护之间的利益关系。

二、水资源生态补偿绩效

水资源生态补偿绩效(Ecological compensation performance of water resources)是水资源生态补偿机制存量利益的重要体现,关注的是一定时期内主体行为结果的综合表现,是水资源生态补偿机制存量利益的体现,而存量市场是指当前市场状态下的可以确定的市场份额,因此,水资源生态补偿绩效也可被解释为一定时期内水资源生态补偿机制的存量利益。水资源生态补偿机制作为公共政策,在公共政策评价方面,绩效是一个包含多元目标在内的概念。已有研究对生态补偿绩效的概念进行了界定,认为生态补偿绩效是生态补偿政策/机制实施的结果和参与主体行为表现的综合绩效(虞慧怡等,2016)。水资源生态补偿绩效关注的是长江经济带长久以来水资源生态补偿制度、政策对当前水资源生态补偿利益的积累,不仅是对现实效果进行评价,也能对长江经济带水资源生态补偿机制运行效果进行全局把控。水资源生态补偿绩效属于综合评价,需要通过对其经济效益、社会效益、生态效益等多层次系统的指标的评价,得到最终的水资源生态补偿绩效测度反馈。本研究在已有研究生态补偿绩效评价的基础上形成了水资源生态环境保护投入能力、水资源生态补偿经济——社会——生态综合效益、水资源环境质量状况三个子维度,全面地评价长江经济带水资源生态补偿绩效。此外,通过分析近年来学术界对于水资源生态补偿绩效、生态补偿绩效影响因素等问题的研究,归纳总结出生态补偿绩效影响因素包括经济因素、社会人口特征因素、社会文化因素、生态因素等。

三、水资源生态补偿效率

水资源生态补偿效率是水资源生态补偿机制增量利益的重要体现,在经济学的解释中,效率也就是配置效率(allocative efficiency)。水资源生态补偿效率关注的是水资源生态补偿结果和相关资源要素投入付出的比率,关注的是技术效率与规模效率提升对资源配置的效率的优化过程,而增量市场代表了在新环境与既定环境下可以激发的新的市场份额,因此,水资源生态补偿效率也可被解释为水资源生态补偿机制增量利益的体现。在本书中,水资源生态补偿效率可界定为单位资本、人力、水资源等要素资源投入所获得的水资源生态系统服务价值损益与经济效益多寡。

作为一种处理环境与经济问题的政策工具,生态补偿的目的是在有限的资金条件下获取最大的环境效益(崔广平,2011)。如何提高生态补偿的实施效率,注重低碳经济效率的提高,在特定预算下实现生态系统服务作用最大化是必须考虑的问题(王勇,2010;张俊飚,2017)。从水资源生态补偿效率的投入产出效率来看,衡量实际生产过程中某一单位总投入所创造的总产出的生产率指标为全要素生产率(Total factor productivity,TFP),全要素生产率核算有两类方法,第一种参数方法,是基于索洛余值思想,将除了由资本和劳动力要素投入对经济增长的贡献以外的部分都归入全要素生产率对经济增长的贡献,水资源生态补偿效率的测算除资本和劳动力之外,还有影响全要素生产率的其他因素,例如水资源的投入等。第二种非参数方法,DEA-Malmquist方法是将DEA方法与Malmquist指数相结合用以测度全要素生产率。基于非参数方法全要素生产率理论的应用拓展,本书中所指的水资源生态补偿机制效率主要通过考查资本、劳动力、水资源投入约束下的水资源生态补偿机制效率的变动特征,从而实现水资源生态补偿机制效率的测度由定性研究向定量分析的跨越。在本书中,水资源生态补偿效率的实质就是利用全要素生产率思想考查经济要素与生态环境要素投入约束下的生态补偿主体之间的利益变动关系,水资源生态补偿机制带来的增量利益的核心在于水资源生态补偿效率的提升,而这又依赖于社会经济与生态环境资源、水资源的配置效率的提升。

在具体研究中,为了体现水资源生态补偿的特征,在产出指标选择上与传统的生产率效率研究有比较明显的区别。研究宏观层面生产率,特别是涉及"多产出""非期望产出"等情况时,一般会采用非参数 DEA 方法展开实证分析。李俊和徐晋涛(2009)在对全要素生产率计算中纳入了表征环境变化的变量,将其作为体现经济发展质量的指标。根据对长江经济带水资源生态补偿效率测度研究可知,因经济发展水平、人力资源发展水平、政策调控作用效果、公共资源的质量等因素会导致不同地区水资源生态补偿效率有较大的空间差异。在本书中,水资源生态补偿效率可界定为单位资本、人力、水资源等要素资源投入所获得的水资源生态系统服务价值损益与经济效益多寡。具体操作中,水资源生态补偿效率可以通过资本、人力、水足迹作为成本投入,以资本收益、灰水足迹、水资源生态补偿绩效作为产出收益来衡量,其中灰水足迹为表示水资源环境特征的非期望产出指标。

四、水资源生态补偿协同机制

经济社会系统与自然系统、经济利益与生态利益的协调发展是水资源生态补偿协同机制构建的目标,通过绿色化、协同化发展的路径,集多元利益主体合力,共同构建长江经济带乃至长江全流域的水资源生态补偿协同机制。长江经济带水资源生态补偿协同机制不仅能够协调经济带生态利益与经济利益,也能促进实现经济带流域系统内各要素协调流动以及不同区域产业之间的绿色、可持续的高质量发展。《中华人民共和国民法典》用 18 个条文专门规定绿色原则,绿色原则给长江经济带经济与生态协调发展提出了新的要求,迫切需要健全以绿色原则为导向的长江经济带水资源生态补偿制度机制。

德国学者赫尔曼·哈肯提出的协同学理论认为:各系统要素之间基于有意识的行为集成后,各个系统的协同运作产生的效用要大于各部分加总的效用,其中新系统内部各子系统的耦合协同关系通过各种相互作用彼此影响。研究提出的水资源生态补偿协同机制是基于对绿色原则、协同理论、耦合关系的整体性系统性认知,目的是以绿色化发展审视长江经济带在过去水资源生态环境保护与补偿的综合得失,以如何发挥好长江经济带水资源生态补偿机制带来的经济社会生态效益平衡为出发点,以长江经济带区域协同发展、多要素良性互动为循环发展系统的推动力,进而更好地达成长江经济带高质量发展、平衡发展的发展预期。

本书研究的协同机制主要关注两方面内涵:绿色和协同。绿色是指在开发的过程中注意生态环境保护和节约资源,以实现绿色化发展,走可持续发展的道路;协同是机制内部各子系统之间以及同一系统内的各要素之间的功能要优势互补,充分发挥各自的作用,实现效益最大化和成本的最小化。对于本研究来说,协同的作用在于,一方面是控制性开发,关注水资源生态保护投入与水资源环境治理成效,开发利用水资源的同时注重保护;另一方面是针对生态补偿功能,即对可能造成的经济发展不平衡的问题及时予以介入,通过财政拨款、水价调控、产业促进或水权市场等手段建立主体间协同联动的补偿机制,为长江经济带经济——社会——生态的健康平稳高质量发展提供源源不断的动力。通过绿色化与协同机制的实现,最终形成长江经济带在控制性开发利用生态资源的同时,各个主体、系统与要素之间利益形成一种动态平衡。

第二节　理论基础

一、空间正义理论

空间正义的概念最早起源于戴维斯(1968)对"领地正义"的研究,在此研究基础上,大卫·哈维创造性地将"领地"正义发展为"领地再分配式"正义,而空间正义一词则最早由皮里明确提出,并在社会正义与领地正义相关研究的基础上对空间正义进行了概念化的界定分析,认为空间正义是基于空间维度中的社会正义(皮里,1983)。空间正义理论具有丰富的内涵,其形成过程较为复杂,可通过追溯并构建空间理论的谱系与本书研究相衔接。马克思、恩格斯注意到了空间地理对资本积累和阶级形成的重要价值,并在《政治经济学批判大纲》中指出,"资本按其本性来说,力求超越一切空间界限。力求用时间去更多地消灭空间"。列斐伏尔则主张空间是政治性的,是生产关系再生产的场所。大卫·哈维开创性地将社会正义纳入其空间分析视阈,并创造性地提出了时间——空间修复理论,大卫·哈维的空间正义思想超越了传统空间正义理论,他深刻揭示了由资本主导的空间生产是造成空间分配不公的根源,主张只有改变资本主义生产关系,实现生产正义,才可能真正实现分配正义。随着可持续发展理念的兴起,环境正义的概念随之出现,并逐渐被纳入空间正义的分析框架之下。有学者提出,空间正义是在空间生产和空间资源配置中的社会正义(任平,2006),空间正义所要解决的是"地理区域差异性导致的突出的社会问题"(德尔加多,2013),空间为人类生存、生产提供了必要的场景,也承载着经济社会发展、生态保护过程中的矛盾和问题。其中,区域发展的不平衡、城乡失衡是空间研究的焦点问题(靳文辉,2021),也是空间不正义的来源,空间正义是社会正义在空间维度上的形塑(胡潇,2018)。从空间正义的理论谱系来看,空间正义是从社会正义的理论范式当中分化和衍生出来的,空间正义应当是社会正义的组成部分,也可以说是社会正义问题在空间上的投射(时润哲、李长健,2020)。从空间正义研究的体系来看,空间正义理论研究领域也在不断拓宽,已经覆盖了区域发展、社会公平、生态保护等研究问题(靳文辉,2021)。综合已有研究,空间正义理论在区域发展、社会公平、生态保护等领域应用中,既强调追求资源配置效率,也兼顾了每个群体的发展利益,并为不同群体提供均等自由的发展机会等(李敏,2013)。

通过对现有有关空间正义理论的总结与归纳,形成了空间正义视角下水资源生态补偿理论谱系。基于空间正义理论在水资源生态补偿机制问题上的延伸思考,研究需要以空间正义视角对长江经济带水资源生态补偿机制关系的影响机理与作用维度进行深入剖析,将抽象化的空间正义概念具体化,根据已有研究的理论解释,提炼出空间正义对长江经济带水资源生态补偿机制有影响关系的作用维度,并将生产性正义、分配性正义、消费性正义与生态性正义四个抽象概念具体化、可测度化。综上,为了更直观地认识空间正义的基本内涵,本研究建立的长江经济带水资源生态补偿的空间正义视角理论谱系如图。

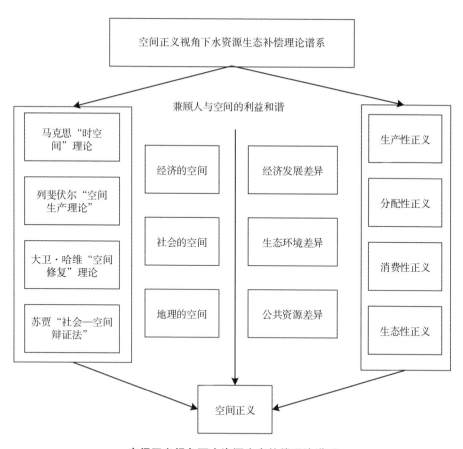

空间正义视角下水资源生态补偿理论谱系

通过对空间正义视角下水资源生态补偿理论谱系的分析可知,空间正义理论是一个复合概念,具有多重意蕴,本研究对于空间正义理论的理解基于马克思、恩格斯的空间生产理论,列斐伏尔的空间政治理论,大卫·哈维提出的空间修复理论,爱德华·索亚提出的社会与空间正义的辩证法,认同空间正义是"社会正义在空间维度的投射"这一论断(时润哲、李长健,2020)。长江经济带上、下游地区之间经济发展水平、生态保护状况存在较大差异,空间正义视角着眼于生产关系、分配关系、消费关系与生态关系的利益协调,是改善水资源生态补偿机制的重要抓手,现有水资源生态补偿机制不能较好地改善长江经济带社会经济发展与水资源生态修复之间的利益失衡关系,引入空间正义视角的目的是解决现有的生产要素资源配置的不平衡不匹配以及水资源生态补偿存量利益与增量利益的利益机制失衡的问题,追求资源分配效益与效率,也兼顾不同群体的发展利益。

二、水资源价值理论

水资源价值理论属于环境经济学理论的研究范畴,有学者提出水资源具有自然与社会两组重要的属性(李秋萍,2015),其中,水资源的自然属性指的是水资源自身在自然界的循环过程中所呈现的多种特征,具体包括水在不同样态下相互转化的特征、水生态脆弱性、水资源分布不平衡特征等,这些特征需要从保护、修复水资源生态质量的角度实现水资源的自然价值;水资源的社会属性指的是水资源在社会生活、生产中所表现的可作为维持人类必要的生存与资源投入要素的特征。本书对水资源价值理论的借鉴主要在水资源利用与保护情况的测度研究方面,主要基于水资源具有以下特点,首先水资源作为一种公共物品,具有非排他性的特点,即人人均享有基本的使用权;其次,水资源具有流动性、规模性、涵容性等自然特点,水量、水质均影响了水资源价值的判断,这些特点增加了水资源价值的识别和量化难度,也充分体现了水资源作为经济交易物品的产权不可分割性,因此,水资源也难以作为私人经济交易物品,是典型的公共物品。此外,水资源还具有供给的易变性、产出的互补性、文化价值等社会经济特点。水资源能被用于多种目的,如蓄水发电、工业生产、农业灌溉、生活供水、休闲娱乐等多方面的用水需要,生产生活用水也将水资源价值内化于必要的社会生产生活中。由此可见,如果水资源为私人所有,作为生产资料参与生产和消费的经济活动,则无法发挥其他更大的经济利用价值。正是由于水资源的这些特点,由可支付意愿所实现的交易、购买可能与其文化价值相违背(博尔丁,1980),这些特点可能会导致水市场发展不充分,市场机制不能很好地调节水资源市场供求关系,因而也需要政府进行必要的干预。

三、市场失灵理论

市场失灵是指市场机制不能充分地发挥作用而导致资源配置缺乏效率或资源配置不合理的情形。该理论认为,只有在理想状态下——即完全竞争市场条件下,市场机制能够得到资源最佳配置。由于现实市场竞争条件存在垄断、信息不完全不对称、外部性以及公共物品等问题,仅通过市场利用价格机制自发调控无法实现资源配置效率的最优状态,从而导致市场失灵,需要政府来干预。随着对市场失灵理论认识的不断加深,经济学理论界也逐步认识到市场失灵还表现在社会公平与经济稳定方面。广义的市场失灵理论认为,市场机制不能解决的社会公平与经济稳定的问题也可以通过政府干预的方式予以解决。这一认识拓宽了政府的调控边界,也赋予了市场失灵理论更深层次的研究内涵。水资源是典型公共物品,其非排他性的特点很容易造成"搭便车"的现象,本书对于市场失灵理论的借鉴在于承认水资源的公共物品属性与水资源利用/保护产生的外部效应(外部性)是水资源市场失灵的重要表现,长江经济带上游对流域水资源的保护或者破坏都将影响到下游的福利和生产成本,因而具有明显的外部性特征,即水资源生态的空间溢出效应,长江经济带作为经济社会生态集合系统,不仅在生态保护与破坏造成的外部成本和外部效益方面亟待协调,更需要通过政府主体的有效介入,通过有效的经济手段实现上下游合理的水资源生态补偿行为,从而完善并优化长江经济带水资源生态补偿机制。

四、政府干预理论

政府干预是指国家在经济运行中,为了促进市场培育与市场运行规范,对社会经济总体进行调节与控制,旨在通过对市场运用调节手段、调节机制,以实现资源配置的优化。外部性等问题带来的市场失灵问题的讨论,主要集中在市场配置资源功能的缺陷与效率原则问题上,正如保罗·萨缪尔森和威廉·诺德豪斯所言"市场并不必然能够带来公平的收入分配"。这种问题可以通过合理的干预进行矫正,政府干预能够在一定程度上弥补市场的缺陷,以解决市场经济的非效率、不公平和宏观经济问题,因为市场失灵的普遍性,则必然要求政府干预的普遍性。斯蒂格利茨认为,由于政府的强制性职能,会在纠正市场失灵方面具有相对明显的优势。本书在水资源生态补偿机制的研究中主要着眼于参与主体,原因在于水资源特点决定了政府干预的必要性,如果存在着市场机制得以很好发挥作用的条件,那么其中的经济学的基本逻辑强调的是私人的资源配置决定,这些条件包括用于交易的商品的属性以及交易市场的特点。简言之,这些条件指的是,在私人要素市场与产品市场上必须存在完全竞争。完全竞争则要求满足以下条件:①经济中各个行业是成本递增的;②生产与交易的所有商品和服务都具有排他性;③商品供给具有联合性,即一个人的消费不会减少另一个人对物品的使用(不存在公共物品);④所有买方与卖方都完全了解他们所有的可行选择及这些选择的特点;⑤所有的资源都必须是完全可移动的;⑥经济中用于交易的所有商品和服务都有明确的所有权。很显然,无论是水这种商品,还是现实的水权交易市场,都没有满足上述条件。实际上,长期以来,水市场是初级的且无组织,缺乏相关交易手续、中介机构和交易地点的不规范的市场(布朗,1982)。由于水资源市场不具备市场机制得以很好发挥作用的条件,那么水资源生态补偿过程中出现的市场失灵问题就需要政府制定合理的政策来干预。

五、生产函数理论

生产函数是指在生产过程中,在给定技术水平的一定时期内,生产要素的投入量与最大产出量之间的关系。水资源作为不可交易的商品,可通过估计其需求函数估计水资源价值,由于水资源可以作为中间商品,其边际生产函数就是需求函数,并且是可从水资源价值角度来测度的生产函数的一阶导数(Allen V.Kneese,2009)。有农业生产相关研究在估计水资源的利用变化影响因素时,就采用了生产函数估计,即可以通过一个短期边际产值清单实现(海克斯姆,1978)。因此,如果将水资源生态补偿绩效作为目标函数,考虑资本、劳动力等要素的投入情况下,还需要考虑如何准确度量用水量,因此研究引入并测算了水足迹与灰水足迹指标。另一个问题在于把水以及与水相关的指标作为中间变量是否是影响目标函数的核心影响变量,很显然,研究把水资源生态补偿机制绩效与效率作为估计的目标具备了上述需求与生产的条件关系,并且水以及与水相关的生产成本在水资源生态补偿绩效中具有相当的部分。在影响因素研究的理论模型设计方面,由于水资源生态补偿绩效的形成过程是经济社会生态因素共同作用的结果,可看作一种特殊的生产形式。故而本书在研究水资源生态补偿机制绩效与效率影响因素问题时,可以从产值效益最大化的角度借鉴生产函数理论模型构建思想并进行估计。

六、全要素生产率理论

全要素生产率是指在各种生产要素的投入水平既定的条件下,所达到的额外生产效率。一般来说,衡量实际生产过程中某一单位总投入所创造的总产出的生产率指标为全要素生产率(Total factor productivity,TFP)。当前,全要素生产率已经成为分析经济增长源泉的重要分析方法,通过估算某地区(单位)全要素生产率识别其经济增长效率,目的是能为政府制定长期可持续的决策提供重要的参考依据。当前,对于全要素生产率的测度主要有两种测算方法,包括参数方法和非参数方法,其中参数方法对全要素生产率的测度主要基于索洛余值思想,该方法是将资本、劳动力要素投入以外的部分对经济增长的贡献归于全要素生产率,但这种方法适用范围较窄,在针对不同问题的具体研究中可能会忽略影响全要素生产率的其他因素(谌莹、张婕,2016),例如水足迹、灰水足迹等水资源要素的影响,水资源的过度开发利用与水资源污染等因素会导致生产函数模型的估计因技术无效率项的影响,导致资本和劳动要素的估计系数存在偏误,进而影响全要素生产率数值的可信度。另一种非参数方法主要是数据包络分析(Data Eevelopment Analysis,DEA)方法,由美国的查尔斯、库珀和罗兹三人于1978年首次提出,该方法善于分析存在多投入与多产出的情形,因此广泛地应用于宏观经济发展、企业管理、农业生产、能源经济、环境经济等众多领域的研究。

全要素生产率理论在分析水资源生态补偿效率增长的源泉时具有重要作用,本书将通过测算长江经济带水资源生态补偿效率增长情况,即全要素生产率变化情况,了解长江经济带水资源生态补偿效率增长的时空特征及其增长源泉,识别出水资源生态补偿效率的增长模式。长江经济带水资源生态补偿效率的变化情况能够全面地反映水资源生态补偿过程中科技进步和制度完善与技术效率的提高。当前研究在评估水资源生态补偿效率的影响因素时,往往局限于社会经济效益与生态效益本身,很少有研究通过思考如何统筹好一盘棋并能够以长江经济带整体视角对水资源生态补偿机制效率问题进行深入剖析。需要指明的是,社会经济效益、劳动和技术的效率只是影响水资源生态补偿效率的某一方面,并不能综合反映效率的长期变化与内在结构稳定性与质量好坏,水资源生态补偿效率是综合多种投入产出要素分析的结果,基于此,本书通过全要素生产率理论,在测算长江经济带水资源生态补偿效率的基础上,讨论空间正义对水资源生态补偿效率的影响机制,考察空间正义、水资源生态补偿协同水平与水资源生态补偿效率三者之间的关系。这对于理解空间正义对水资源生态补偿增量利益的影响机制及进一步制定具有空间正义内涵的水资源生态补偿政策具有重要的意义。

七、利益机制理论

不同于企业生产中的利益机制概念,在本研究中,利益机制指水资源生态补偿机制参与主体从维护自身的利益出发,对区域内水资源环境保护与经济发展产生的现象或变动的反应方式,也是制约、促进不同水资源生态补偿机制参与主体决策行为之间的影响方式。长江经济带横跨我国东中西部11省市,集聚了全国40%以上的人口,创造的地区生产总值占全国比重超过了45%。长江经济带水资源价值十分珍贵,涉及利益主体众多。随着经济活动的不断深入,生态环境愈发受到重视,如何保护长江经济带生态系统并实现生态资源可持续利用,成为当前长江经济带发展面临的重要问题。由于长江经济带内空间地理条件存在严重的经济——社会——生态发展不平衡的问题,其中涉及的利益相关主体甚多,每个利益相关者对利益的追求也不尽相同,致使长江经济带不同地区出现了水资源生态补偿存量利益与增量利益失衡的问题,长江经济带水资源生态补偿利益机制不协调情况的存在阻碍了长江经济带水资源生态补偿机制的进一步完善。

长江经济带水资源生态补偿相关政策的实施与推广涉及经济带不同地区发展利益,空间正义视角下的长江经济带水资源生态补偿制度设计涉及了多主体利益关系的改变,有助于改善长江经济带水资源生态补偿利益分配与表达机制的固有惯性,尤其是对受制于生态大保护战略而牺牲了经济发展机会的地区而言,空间正义视角下长江经济带水资源生态补偿机制能在改善区域水资源生态环境的同时,得到一定的资金补偿或倾斜的政策与制度刺激,稳固水资源生态补偿存量利益的同时,提升水资源生态补偿增量利益。而基于空间正义视角,被除过去制约长江经济带水资源生态补偿过程中的不和谐因素,科学地掌握长江经济带水资源生态补偿基本利益逻辑以及利益逻辑关系中的利益分配与表达机制,以空间正义的制度规划促进长江经济带水资源生态补偿协同机制的目标实现。

第三节　相关理论的典型化事实与逻辑框架

空间正义视角下长江经济带水资源生态补偿协同机制的根本理论逻辑在于厘清经济增长与生态保护之间的内在关系的同时,如何通过空间视角更好地实现区域平衡发展与生态保护同步发展,如何更好地实现经济增长与生态环境保护的互补发展。本书的理论逻辑框架从资本与生态关系的构成出发,讨论资本与生态关系的转化过程、关系捆绑过程与关系转移分析。全面地将空间正义视角下长江经济带水资源生态补偿协同机制涉及的理论逻辑进行具体化演绎,通过四类典型化事实的类比分析,明确本书的理论逻辑关系框架。

一、典型化事实

(一)关系的构成——水资源价值理论、市场失灵与政府干预理论

在讨论人口增长、资源耗竭、环境污染的问题时,不免联想到从马尔萨斯(1798)随人口的指数增长脱离食物供给能力的预测,到罗马俱乐部

(1972)预测"增长的极限",再到 20 世纪 70 年代开始疯狂上涨的石油价格、恶性通胀、贫困人口激增和一些发达国家经济增长放缓,让世界经济发展预期陷入了悲观,也产生了对自然资源价格因稀缺而暴升的一些预测。但到了 21 世纪,随着科学技术与农业生产技术的不断提升,曾经预测的自然资源枯竭导致人类难以继续生存的假说——破产。但是无休止地掠夺与攫取自然资源也造成了诸如资源枯竭型城市的产生,抑或因贸易条件恶化或人力资本投资不足导致"资源诅咒"现象,两种方式均无法提升自身经济增长效率。水资源是自然资源的重要组成部分,是人类社会生活生产中必不可少的要素,如何更好地实现经济增长与水资源生态环境保护的互补发展,让水资源在经济增长与发展中得到更好的保护与改善,是未来经济社会发展过程中必须审慎的问题。从本书研究的水资源生态补偿问题来看,当前我国水资源生态补偿机制主要以政策法规与政府主导的市场调节机制为主,虽然通过市场的作用也能够达到保护环境与消除贫困的双重目的(王军锋等,2011),但自然资源无法自发完成修复,经济平衡增长也不能依赖市场去自发优化生产结构,区域内生态保护与社会经济发展呈现出弱关联性,表现为生态补偿机制实施过程无法实现社会经济与生态系统的帕累托最优,因此政府干预理论也应嵌入经济增长与生态环境保护的互补发展关系中,以实现生态补偿机制功能的全面优化。在对水资源生态补偿的研究中,基于水资源的基本特点,市场失灵理论与政府干预理论的介入则成为解决资本与自然矛盾的必然理论路径。可见,任何单一手段在解决生态资源环境问题时都有一定的局限性,市场也是作为环境资源配置的重要手段。

(二)关系转化——水资源价值理论、生产函数理论与全要素生产率理论

资本与自然也存在关系的转化,正如我们正在消耗的"自然资源",实际上在资本流通和积累中内化了,比如通过生态足迹、水足迹、虚拟水等构成了新的价值流,同样灰水足迹也是由于农业、工业、服务业的生产工作产生;同样,自然环境的改善能转化为资本,比如生态旅游产生的景观价值。从这一层面看,人类社会的发展与进步离不开生产力的改进,而人类的生存(生产资料来源)也离不开自然的馈赠。因此,如何在实现经济增长的同时兼顾生态保护与发展则成为资本与自然界之间关系转化的核心目标。在经济社会生活中,生产函数理论确定了经济增长的资本与劳动投入要素,要素生产率理论则指引了经济增长的动力源泉。同样在研究长江经济带水资源生态补偿绩效与效率问题时,生产函数理论决定了水资源生态补偿绩效与效率的资本与劳动投入因素,重点在于寻求经济增长的最优路径,全要素生产率理论则能够指引水资源生态补偿效率的提升,兼顾了经济增长与生态保护的增长目标,拓展了其理论应用范围,并且能够明确水资源生态补偿过程中涉及经济效益与生态效益之间的内部转化关系。

(三)关系捆绑——利益机制理论

资本与自然的关系十分微妙,有时自然决定了资本的流向,有时资本则"绑架"了自然,从某种意义上说,资本已将环境问题转化为生意,衍生出将商品或生产过程贴上生态与绿色概念的标签的行为,借助绿色食品、或绿色材料、绿色工艺来博取更大的利益,或者靠环境问题捆绑环境技术概念在金融市场中获利。众所周知,碳交易对对冲基金获利较大,而对抑制碳排放贡献较小,更有极端环境主义者通过鼓吹环境危机以绑架市场与政府决策行为,凡此种种,自然紧紧地被资本捆绑起来,产生了众多相关利益主体,如何在兼顾多元主体利益的同时将自然从与资本的捆绑关系中剥离开来,则成为又一个具有挑战性的难题,而利益机制理论解释了自然被资本绑架的必然性,也能够揭示利益产生、表达、分配与均衡的传递过程。水资源生态补偿就是协调各相关主体利益的一种机制,尤其是在协调某一相关利益主体的外部性行为对其他主体的影响时能够发挥"惩恶扬善"的奖惩机制。因此,本书在研究长江经济带水资源生态补偿问题时,从利益机制关系上实现利益的协同与互补,从经济利益分配上实现经济利益的均衡与协调,从生态利益表达上实现生态的绿色化与协同化。

(四)关系转移——空间正义理论

自然与资本的关系的另一典型化事实还体现在两者之间通过空间转移过程实现关系转移,即使在环境恶化地区,资本完全有可能继续流通和积累,或者在本国(本地区)的生态压力下,一些落后产能与"三高"排放企业则转移到相对落后的国家(地区)继续进行以破坏环境为代价的生产活动,寻求"污染避难所"。通过切换不同的空间,我们可以看到,有毒废弃物的处理场所往往高度集中在贫穷社区(地区);有毒的电池、废旧衣物被运到亚非拉一些相对落后的发展中国家,处理方式损害了当地人的健康。当人们逐渐认识到空间生产对经济协同发展具有重要贡献时,也应对新增长空间生态环境负责。当区域生产技术与区域生态保护水平达到一定程度的协同时,经济增长将不再以牺牲环境为代价。"空间转向"给我们的研究带来了无数个不同的微观研究空间,从而从空间的生产维度增加了"新空间"无限发展的可能性。我们在研究长江经济带水资源生态补偿问题时,就要辩证地看待不同发展阶段经济——社会——生态发展的区域差异性、不平衡性。空间正义理论为水资源生态补偿机制的健全提供了注重空间均衡与整体性发展的条件,由于有些地区水资源遭到破坏后很难修复,有些地区因保护环境而丧失发展机会,更需要以空间正义视角去审视如何改善长江经济带经济利益与生态利益的协调性问题。

二、理论逻辑框架

针对本书所涉及的重要概念与相关理论,根据研究框架,绘制本章的理论逻辑框架如图。本图是以研究主题对应的理论借鉴、研究对象所涉及的要素与具体研究内容为主体构成的研究框架。

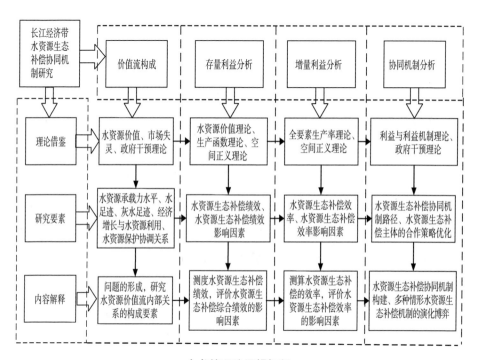

本书的理论逻辑框架

第四节　本章小结

本章在参考已有学术研究的基础上,对本书研究涉及的重要概念进行了界定。此外,研究过程中还涉及一些重要的经济学、管理学、社会学理论,本书也对其进行了较为系统的解释、归纳与阐述。在研究级别层面上,由于数据可得性的问题以及理论层面的认识囿限,以往研究往往侧重于主观评价长江经济带水资源生态补偿机制绩效与效率,且对于水资源生态补偿绩效与效率的概念界定相对模糊。本书基于水资源生态补偿、水资源生态补偿绩效、水资源生态补偿效率、水资源生态补偿协同机制等概念的界定,通过空间正义理论、水资源价值理论、市场失灵理论、政府干预理论、生产函数理论、全要素生产理论、利益机制理论,展开空间正义视角下水资源生态补偿协同机制一系列问题的研究,并通过与本研究主体相关的典型化事实分析,为研究的合理性与客观性提供了重要的事实依据。

第三章　现状与问题分析

　　水资源是长江经济带内涉及生态建设、民生福祉与区域经济发展的纽带,实现合理的水资源利用与保护,功在当下,利在千秋。随着经济的快速发展,水资源的过度开发利用使长江经济带出现了"水少、灾多、水污染和水土流失"等严重的环境问题,这不仅破坏了长江经济带的水资源和水生态系统,而且给长江经济带社会经济的可持续发展造成很大的损害。长江经济带水资源生态补偿问题集水资源开发、利用、保护于一体,任何单一维度的认识都不能准确地涵盖其作用方式与表现内涵。本章拟测算长江经济带各省水资源承载力、水资源利用情况——水足迹、水资源污染情况——灰水足迹,对长江经济带经济增长与水资源利用、水资源保护协调关系进行评价,在此基础上,全面审视长江经济带水资源生态补偿机制发展现状和面临的问题。具体而言,本章分为六节:第一节评价长江经济带各省的水资源承载力水平;第二节测算长江经济带水资源利用情况,即测算水足迹;第三节测算长江经济带水资源污染情况,即测算灰水足迹;第四节为长江经济带经济增长与水资源利用、水资源保护协调关系评价;第五节为当前长江经济带生态补偿机制的问题分析;第六节为本章小结。

第一节　长江经济带水资源承载力水平评价

一、水资源承载力水平的测算方法与数据来源

水资源既是人们赖以生存的基本物质资源,也是维持农业、工业、服务业长期可持续发展的不可替代的关键资源。研究长江经济带水资源生态补偿问题,首先要了解长江经济带水资源现状,包括水资源的分配、利用与保护情况。水资源承载力是指某一地区的水资源供给能力与其能够承载的相适应人口的能力,因此,研究首先测度长江经济带各省水资源承载力水平,了解各地区的水资源禀赋。研究采用付云鹏(2018)使用的测算方法,用地区的供水总量作为水资源供给指标,对长江经济带区域水资源所能承载的人口进行测算,公式为:

$$C_w = I_w Q_w$$

其中: C_w 表示的是测度区域水资源可承载的人口规模, I_w 表示水资源承载力指数, Q_w 表示测度地区的供水总量。地区水资源承载力指数的计算公式为:

$$I_w = \frac{Q_{RP}}{Q_{RW}}$$

其中: Q_{RP} 和 Q_{RW} 分别表示参照区人口规模和参照区的供水总量。其中,以全国的供水总量作为参照区数据,以长江经济带各省、市为测度地区的供水总量数据。

此部分研究将长江经济带 11 个省市水资源承载力水平作为研究对象,相关测算数据主要来自 2004—2018 年《中国统计年鉴》、2004—2018 年长江经济带各省市统计年鉴以及 2004—2018 年《中国农村统计年鉴》等。

二、长江经济带水资源承载力水平的结果分析与评价

根据公式,对 2004—2018 年长江经济地各区域的水资源承载力进行测算,测算结果如表所示。

2004—2018 年长江经济带各省市平均水资源承载力　（单位:万人）

地区	水资源承载力水平
上海市	2616.655
江苏省	12699.740
浙江省	4467.704
安徽省	6105.712
江西省	5404.827
湖北省	6330.478
湖南省	7420.561
重庆市	1791.027
四川省	5326.868
贵州省	2240.739
云南省	3396.911

资料来源:原始数据取自各省统计年鉴数据,本表数据为本研究测算的结果

从表中 2004—2018 年长江经济带各省的水资源承载力均值数据来看,长江经济带水资源承载人口最多的地区为江苏省（大于 10000 万人）,湖南省、湖北省、安徽省、江西省、四川省、浙江省的水资源承载力处于中间水平（4000—10000 万人之间）,而承载力相对较低的地区有云南省、上海市、重庆市、贵州省（小于 4000 万人）。从水资源承载力波动变化情况看,江苏

省、安徽省、江西省、湖北省波动变化较为剧烈。从经济带东、中、西部分布上看,东部地区(上海、江苏、浙江)、中部地区(安徽、江西、湖北、湖南)的水资源承载力水平高于西部地区(重庆、四川、贵州、云南)水资源承载力水平。

<h2>第二节　长江经济带水资源利用现状
——水足迹测算评价</h2>

一、水足迹的测算方法与数据来源

随着"水足迹"(Water Footprint)理论的提出(胡克斯特拉,2002),学界开始逐渐重视以水足迹考察水资源利用的实际量。水足迹是指在既定物质生产标准下,满足某一地区生产所需消费品与服务所消耗掉的水资源量。本研究借鉴孙才志等人(2013)与潘忠文和徐承红(2019)的研究方法,测度长江经济带11省市的水足迹,研究建立了5个水足迹账户,水足迹计算公式为:

$$WF = WF_{cs} + WF_{ip} + WF_{lif} + WF_{eco} + WF_{tr}$$

式中:WF 为地区总水足迹,WF_{cs} 为当地农业产品水足迹,WF_{ip} 为当地工业产品水足迹,WF_{lif} 为当地生活水足迹,WF_{eco} 为当地生态水足迹,WF_{tr} 为当地进出口虚拟水。

本书将长江经济带11个省市水足迹作为研究对象,相关数据主要来自2004—2018 年《中国统计年鉴》、2004—2018 年长江经济带各省市统计年鉴以及 2004—2018 年《中国农村统计年鉴》等。对于农业产品水足迹,主要农产品的单位虚拟水含量参照韩舒(2013)的研究成果,如表所示。工业产品水足迹、生活水足迹、生态水足迹数据源自中国统计年鉴数据,进出口虚拟水量依据潘忠文和徐承红(2019)的测算方式计算得出。

主要农产品虚拟水含量　　　　　　（单位：立方米/千克）

农作物	虚拟水含量	动物产品	虚拟水含量
粮食	1.5	猪肉	3.65
油料	3.15	牛肉	19.98
蔬菜	0.136	羊肉	18
棉花	10.8	牛奶	2.2
烟叶	4.66	禽蛋	8.65
糖料	1.48	禽肉	3.11
水果	1.152	水产品	5
茶叶	13.17		

二、长江经济带水足迹的测算结果分析与评价

（一）长江经济带11省市水足迹动态变化

根据以上计算步骤，得到2004—2018年的长江经济带各地区水资源足迹，结果表明，自2004年以来，长江经济带水足迹的总量从10370.09亿立方米上升到2018年的12161.36亿立方米，呈现出上升趋势。从经济带水足迹均值来看，2004—2018年间长江经济带水足迹变化呈现先缓慢增长后平稳下降的趋势。针对各省水足迹情况，高于长江经济带水足迹平均水平的有江苏省、四川省、湖南省、安徽省、湖北省，略低于长江经济带水足迹平均水平的有云南省、浙江省、江西省，而贵州省、重庆市、上海市的水足迹水平相对较低。从长江经济带各省水足迹2004年到2018年变动趋势上看，江苏省、四川省、湖南省、安徽省、湖北省、云南省、江西省处于缓慢上升趋势，其中贵州省、重庆市水足迹变化较为平缓，浙江省和上海市水足迹变化则呈现出缓慢下降的趋势。

（二）长江经济带11省市水足迹测算评价

其中，从长江经济带11省市的水足迹构成来看，如图所示，农畜产品虚

（单位：立方米）

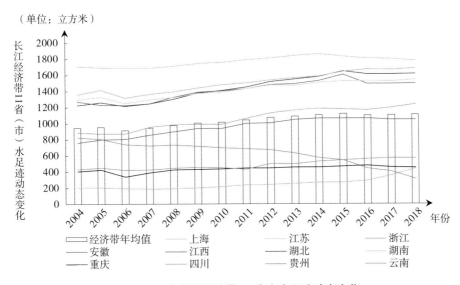

2004—2018 年长江经济带 11 省市水足迹动态变化

拟水占有量最大,农业用水水足迹占第二位,工业用水水足迹占第三位,生活用水水足迹占第四位,占比最小的是生态水足迹,以长江经济带的整体区域来看,进出口虚拟水之和为负值,即虚拟水净流出,经济带大部分省份流入与流出的虚拟水量基本相抵。由图可知,农产品虚拟水量是水足迹构成的主要部分,农业生产用水、工业生产用水与生活用水的水足迹所占比重也较为突出,而大多数省份的进出口虚拟水基本相抵,生态用水的水足迹较少。

第三节　长江经济带水资源污染现状
——灰水足迹测算与评价

一、灰水足迹测算方法与数据来源

（一）灰水足迹测算方法

灰水足迹是反映水污染情况的指标,2008 年胡克斯特拉等人提出了灰

（单位：亿立方米）

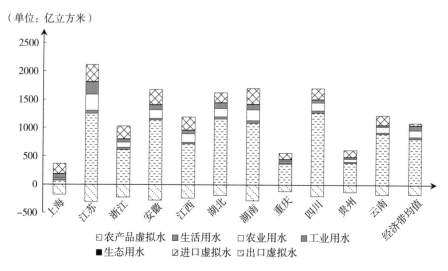

长江经济带 11 省市水足迹构成

水足迹的概念,灰水足迹是指以水资源环境质量标准为参考基准,当前水质条件下,吸收一定的污染物负荷直至达标所需的淡水水量,反映了在整个供应链中产品生产所造成的水污染的指标,为推动长江经济带绿色化高质量发展,对长江经济带的灰水足迹进行测算显得十分必要。根据已有文献的研究,曾昭、刘俊国(2013)计算出北京市 2009 年的灰水足迹约为北京当年水资源量的 2.3 倍;孙才志等人(2016)也对中国省际灰水足迹变化情况进行了分析;刘红光等人(2019)基于灰水足迹对长江经济带水资源生态补偿标准进行了研究;张鑫等人(2019)则基于时空与效率视角对汾河流域农业灰水足迹进行了分析。

目前,灰水足迹的计算和评价主要以胡克斯特拉等人(2011)提出的国际水足迹网络出版的《水足迹评价手册》为指导标准。灰水足迹采用将污染物稀释至达到环境水质标准所需水量进行衡量,其计算公式如下:

$$\mathrm{WF_{grey}} = \frac{L}{C_{\max} - C_{\mathrm{nat}}}$$

式中:$\mathrm{WF_{grey}}$ 表示灰水足迹($\mathrm{m^3/a}$),L 表示污染物的排放负荷($\mathrm{kg/a}$),

$C_{\max}$ 表示达到要求水资源质量标准时的污染物最高浓度($\mathrm{kg/m^3}$), C_{nat} 表示测量水体中污染物的初始浓度($\mathrm{kg/m^3}$)。

本章参考已有研究测算工业和生活部门的灰水足迹（$\mathrm{WF_{ind\text{-}grey}}$ 和 $\mathrm{WF_{dom\text{-}grey}}$）（曾昭、刘俊国,2013）,采用通用公式进行计算。根据现有文献的计算方法,农业部门的灰水足迹在计算时把进入水体的污染物与总施肥量中氮元素的比例设定为一个固定值,即氮肥淋失率。农业部门的灰水足迹的计算公式如下:

$$\mathrm{WF_{agri\text{-}grey}} = \frac{L}{C_{\max} - C_{\mathrm{nat}}} = \frac{\alpha \times \mathrm{Appl}}{C_{\max} - C_{\mathrm{nat}}}$$

其中:$\mathrm{WF_{agri\text{-}grey}}$ 表示农业部门产生的灰水足迹,Appl 表示化学物质施用量,α 表示水体中测度物质污染量占该物质施用量的比例。其中,在农业部门中通常采用氮元素污染量作为灰水足迹的衡量指标,此时,α 就是氮肥淋失率(通常取 $\alpha = 7\%$)。

通过灰水足迹测度方法的介绍,本章分别测度农业、工业和生活活动造成的三类灰水足迹账户（曾昭、刘俊国,2013）。计算公式如下:

$$\mathrm{WF_{grey}} = \mathrm{WF_{agri\text{-}grey}} + \mathrm{WF_{ind\text{-}grey}} + \mathrm{WF_{dom\text{-}grey}}$$

(二)数据来源

本章研究数据主要来自 2004—2018 年中国统计年鉴、中国农村统计年鉴、中国农业年鉴、水资源公报、长江经济带各省市 2004—2018 年统计年鉴以及中国水利部、各省水利厅网站等数据库。本书将长江经济带 11 个省级行政单元作为研究对象,相关各项数据的时间跨度为 2004—2018 年。本书工业、生活部门处理后的废水中的 COD、氨氮排放量总和农业部门的氮肥施用量取自《长江年鉴》和《中国统计年鉴》《中国农村统计年鉴》;因为氮肥是世界化肥生产和使用量最大的肥料品种,故氮肥施用量来源于国家统计局《中国统计年鉴》中的农用氮肥施用折纯量(万吨),氮肥淋失率选取全国平均氮肥淋失率 7%;工业废水和生活污水的废水排放量以及 COD 和氨氮排放量数据来源于《中国环境统计年鉴》;2004—2018 年长江经济各省水资源量和用水量取自《长江年鉴》与《中国环境统计年鉴》,涉及水资源污染物排放标准参考《污水综合排放标准》(GB8978—1996);受纳水体(C_{nat})的自然本底浓度参考胡克斯特拉编撰的《水足迹评价手册》文中指出的自然条件、无人为影响下水体中某污染物的浓度设为 0。

二、长江经济带灰水足迹的测算结果分析与评价

根据长江经济带灰水足迹的测算结果,长江经济带 2004—2018 年灰水足迹呈现先平稳后增长再下降的趋势,2011 年灰水足迹达到最高值 6897.15 亿立方米,而 2018 年为最低水平 5137.93 亿立方米,下降了约 25.51%,说明随着国家对长江流域水资源的保护与重视,长江经济带水资源生态建设与发展呈现出向好局面,预计未来长江经济带灰水足迹还将继续下降。

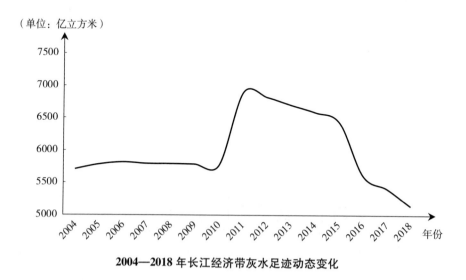

（单位：亿立方米）

2004—2018 年长江经济带灰水足迹动态变化

从长江经济带各省情况看,灰水足迹较高的省份有江苏省、湖北省、四川省、湖南省、安徽省等地,高于经济带平均水平。浙江省、江西省、重庆市、

贵州省、上海市灰水足迹处于经济带平均水平以下。而云南省在 2004—2011 年之间灰水足迹处于经济带平均水平之下,但在 2012—2018 年则超过了经济带平均灰水足迹。从变化趋势上看,江苏省、湖北省、四川省、湖南省、安徽省、浙江省、江西省、重庆市、贵州省在 2004—2018 年期间均在 2010 年出现上升拐点,并在 2011 年出现下降拐点。云南省在 2010—2015 年灰水足迹呈现上升态势,在 2005 年之后出现了下降拐点。上海市则长期保持较低的灰水足迹水平,总体上看 2004—2018 年间均处于平稳下降的态势。

（单位：亿立方米）

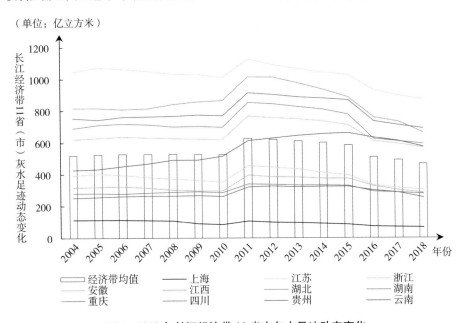

2004—2018 年长江经济带 11 省市灰水足迹动态变化

第四节 经济增长与水资源利用、水资源保护协调关系评价

一、长江经济带经济增长与水资源利用协调关系评价

水足迹与灰水足迹分别代表了地区水资源依赖程度与水资源保护程

度,是评价长江经济带水资源生态补偿好坏的依据之一,通过对长江经济带水足迹与灰水足迹的测算,结合水资源利用(水足迹)与环境保护(灰水足迹)——经济协调发展脱钩评价模型,分别考察其脱钩协调情况,以更好地认识长江经济带水资源利用与保护状况,为后续水资源生态补偿效率的评价提供坚实的评判依据。

由于水足迹的变化与经济增长之比(即脱钩指数)体现了水资源利用与经济增长之间的脱钩关系,当脱钩指数大于等于1时,表示未脱钩状态,表明经济增长依赖于水资源利用程度较高,二者处于挂钩状态;当脱钩指数介于0—1之间时,表示弱脱钩状态,表明经济增长依赖于水资源利用程度在减弱;当脱钩指数小于0时,表示强脱钩状态,表明经济增长不依赖于水资源利用增长,更有利于绿色化可持续发展。

长江经济带经济增长与水资源利用协调关系评价

年份	水足迹变化率	实际 GDP 变化率	脱钩指数	评价结果
2005	0.0110	0.1821	0.0603	弱脱钩,初级协调
2006	−0.0408	0.1556	−0.2622	强脱钩,优质协调
2007	0.0322	0.1871	0.1722	弱脱钩,初级协调
2008	0.0334	0.2140	0.1560	弱脱钩,初级协调
2009	0.0310	0.1061	0.2922	弱脱钩,初级协调
2010	0.0106	0.1901	0.0557	弱脱钩,初级协调
2011	0.0254	0.2149	0.1182	弱脱钩,初级协调
2012	0.0303	0.1233	0.2460	弱脱钩,初级协调
2013	0.0129	0.1167	0.1103	弱脱钩,初级协调
2014	0.0146	0.0987	0.14827	弱脱钩,初级协调
2015	0.0133	0.0746	0.1788	弱脱钩,初级协调
2016	−0.0169	0.1087	−0.1553	强脱钩,优质协调
2017	0.0017	0.1021	0.0169	弱脱钩,初级协调
2018	0.0042	0.1456	0.0287	弱脱钩,初级协调

从表中可知,整体上看,2004—2018 年间,长江经济带的经济增长水平与水足迹变化之间的关系呈现出弱脱钩的初级协调,2004—2018 年间,长江经济带 GDP 保持 14.339% 的年均增长率,水足迹年均上升 1.145%,长江经济带水资源利用与经济增长强脱钩的优质协调状态主要出现在 2006 年和 2016 年。2016—2018 年间,长江经济带经济发展基本稳定,年均增长率达 11.880%,水足迹年均增长率为 -0.366%,这一变化得益于生态文明思想和新发展理念的提出与政策指导实践,但从综合情况看,还未达到协调发展的最理想状态,评价结果见表。

长江经济带 11 省市经济增长与水资源利用协调关系评价

地区	水足迹变化率	实际 GDP 变化率	脱钩指数	评价结果
上海	0.0570	0.1181	0.4825	弱脱钩,初级协调
江苏	0.0028	0.1453	0.0193	弱脱钩,初级协调
浙江	-0.0680	0.1269	-0.5358	强脱钩,优质协调
安徽	0.0118	0.1548	0.0765	弱脱钩,初级协调
江西	0.0232	0.1473	0.1577	弱脱钩,初级协调
湖北	0.0200	0.1569	0.1275	弱脱钩,初级协调
湖南	0.0124	0.1455	0.0854	弱脱钩,初级协调
重庆	0.0072	0.1551	0.0464	弱脱钩,初级协调
四川	0.0154	0.1493	0.1030	弱脱钩,初级协调
贵州	0.0194	0.1731	0.1121	弱脱钩,初级协调
云南	0.0240	0.1482	0.1618	弱脱钩,初级协调
长江经济带	0.0114	0.1434	0.0798	弱脱钩,初级协调

从长江经济带 2004—2018 年各省市平均水足迹变化率和实际 GDP 变化率看,长江经济带各省市经济增长变化与水足迹变动呈现弱脱钩的初级

协调,考察期间水足迹平均变化率为负值的是浙江省,其实际 GDP 变化为12.686%,属于强脱钩优质协调。从地区分布看,除上海市外(主要原因在于上海港作为中国最大的港口,进口虚拟水较多,属于虚拟水输入区,且本研究未计算涉及进口再出口的虚拟水含量),长江经济带东部地区水足迹增长低于经济带中部地区和西部地区,从经济发展的增速看,长江经济带东部地区年增长速度略低于经济带中部和西部地区,说明东部地区经济发展对水资源依赖程度较低,而中部、西部经济发展对水资源依赖程度较高,以保持 GDP 的高增速发展。

二、长江经济带经济增长与水资源环境保护协调关系评价

由于灰水足迹的变化与经济增长之比(即脱钩指数)体现了水资源环境保护与经济增长之间的脱钩关系,当脱钩指数大于等于 1 时,表示处于未脱钩状态,表明经济增长伴随着水资源环境的破坏,增加了水资源环境治理压力,二者处于挂钩状态;当脱钩指数介于 0—1 之间时,表示处于弱脱钩状态,表明经济增长所伴随的水资源环境破坏程度在减弱;当脱钩指数小于 0 时,表示处于强脱钩状态,表明经济增长不会伴随水资源环境的破坏,更有利于绿色化可持续发展。

从表中的整体变化趋势看,灰水足迹年均变化率在正负区间波动较大,但存在 2011 年与 2016 年异常值,使得长江经济带灰水足迹变化发生较大幅度的变化。从 2004 年到 2018 年,长江经济带灰水足迹年均下降 0.0137,长江经济带水资源利用与经济增长强脱钩的优质协调状态主要出现在2007—2010 年和 2012—2018 年。伴随生态文明思想和新发展理念的提出与实践,长江经济带灰水足迹年均增长率为 -5.085%,总体上看,长江经济带经济增长与水资源消耗呈现强脱钩的优质协调态势,具体评价结果见表。

长江经济带经济增长与水资源环境保护协调关系评价

年份	灰水足迹变化率	GDP 变化率	脱钩指数	评价结果
2005	0.0129	0.1821	0.0710	弱脱钩,初级协调
2006	0.0059	0.1556	0.0380	弱脱钩,初级协调
2007	−0.0037	0.1871	−0.0197	强脱钩,优质协调
2008	−0.0004	0.2140	−0.0018	强脱钩,优质协调
2009	−0.0011	0.1062	−0.0104	强脱钩,优质协调
2010	−0.0041	0.1901	−0.0217	强脱钩,优质协调
2011	0.1971	0.2149	0.9172	弱脱钩,初级协调
2012	−0.0111	0.1233	−0.0904	强脱钩,优质协调
2013	−0.0175	0.1167	−0.1503	强脱钩,优质协调
2014	−0.0167	0.0987	−0.1690	强脱钩,优质协调
2015	−0.0240	0.0746	−0.3218	强脱钩,优质协调
2016	−0.1278	0.1086	−1.1766	强脱钩,优质协调
2017	−0.0358	0.1021	−0.3503	强脱钩,优质协调
2018	−0.0500	0.1456	−0.3430	强脱钩,优质协调

从长江经济带各省市 2004—2018 年的平均灰水足迹变化率和实际GDP 变化率看,长江经济带各省经济增长速度较快且均为正值,所有省市均在弱脱钩及以上水平,考察期内,灰水足迹平均变化率为正值的有贵州省与云南省,处于弱脱钩初级协调状态,说明两省的水资源环境仍需改善。从地区分布看,长江经济带东部地区灰水足迹增长低于经济带中部地区和西部地区,说明长江经济带东部地区水资源环境保护意识高于长江经济带中部和西部地区。

长江经济带 11 省市经济增长与水资源环境保护协调关系评价

地区	灰水足迹变化率	GDP 变化率	脱钩指数	评价结果
上海	−0.0384	0.1181	−0.3249	强脱钩,优质协调
江苏	−0.0130	0.1453	−0.0891	强脱钩,优质协调
浙江	−0.0187	0.1269	−0.1474	强脱钩,优质协调
安徽	−0.0065	0.1548	−0.0418	强脱钩,优质协调
江西	−0.0078	0.1473	−0.0529	强脱钩,优质协调
湖北	−0.0149	0.1569	−0.0949	强脱钩,优质协调
湖南	−0.0110	0.1455	−0.0755	强脱钩,优质协调
重庆	−0.0001	0.1551	−0.0008	强脱钩,优质协调
四川	−0.0063	0.1493	−0.0425	强脱钩,优质协调
贵州	0.0011	0.1731	0.0066	弱脱钩,初级协调
云南	0.0210	0.1482	0.1419	弱脱钩,初级协调
经济带年均值	−0.0075	0.1434	−0.0522	强脱钩,优质协调

三、长江经济带水资源利用、保护现状的反思

(一)水资源的需求日益增长与供给的有限性矛盾突出

我国是一个缺水的国家,人均水资源量仅为世界平均的四分之一,而我们赖以生存的水,也正面临着日益短缺的风险。从整体上看,长江经济带水资源储备相对充裕,从绝对数量上看,尽管短期内不存在严重的水资源短缺危机,但考虑到社会经济发展的需要,水资源的需求也在逐年激增,且长江流域水资源作为全国经济社会发展的命脉,为了解决国内生产生活的用水问题,长江流域水资源已逐步成为全国地区经济发展、居民生活生产用水的供应源头,在全国范围内具备绝对战略意义上的水资源保障性功能。我国自 2002 年开展南水北调工程建设以来,逐渐改变了北方地区的供水格局,使规划区 4.38 亿人受益,也逐渐改善了调水区域的水资源生态状况,给受

水地区带来了巨大的经济与生态效益。可见,跨域调水工程也反映了水资源需求的提升与相对稀缺的水资源供给之间的矛盾,因此,协调长江经济带未来发展过程中用水需求扩大与水资源供给的有限性矛盾,需要承认水资源的相对稀缺,有规划地采取节水措施,健全水资源生态补偿机制,协调不同地区、主体的用水需求。

(二)水资源利用与水污染治理保护之间的关系待协调

在碳达峰、碳中和的现实发展要求与约束下,水资源利用与保护同样应给予关注。地球上总的水体积大约为 14 亿立方千米,其中只有 2.5% 是淡水,约 0.35 亿立方千米,而淡水资源中可用的部分不足淡水存储总量的1%。而且被污染的水会退出人类可利用水资源而循环一段时间,时间长短取决于受污染程度,基于水资源储备的有限性与淡水资源的弱可再生性,从一定意义上来说,水兼具可再生与不可再生资源的属性,全面真实反映人类活动占用水资源数量与修复质量是实现水资源优化管理的前提。而长江经济带在经济社会发展过程中势必对水资源环境造成一定的负面影响,使得水资源利用与水污染治理保护之间的关系有待协调。根据本章测度的水足迹数据可知,随着经济社会的不断发展,水资源的利用总量也有逐年提升的趋势,可以预见的是,随着经济社会的进一步发展,各个产业对水资源利用的需求量也会越来越大,若不能从根本上提升用水效率,提高水资源循环利用率,那么未来水资源状况也会不断恶化,从而出现水资源短缺或严重影响生产生活用水的问题。从长江经济带水资源利用与污染现状来看,根据本章测度灰水足迹数据可知,尽管灰水足迹即水污染情况在近年来有所缓解,但远未达到预期目标,仍需对水资源进行长期治理,以实现"水质中和"。基于此,适时提出全面的水资源生态补偿机制迫在眉睫,以更好地实现水资源利用效率,提高水资源的保护水平。

（三）水资源环境保护与经济增长之间的关系待协调

实现水资源消耗总量和强度双控目标被寄予厚望（徐依婷等，2021），"万物各得其和以生，各得其养以成"，人类社会生活与水资源环境之间的关系十分密切。长江经济带是承载经济——社会——生态系统的共同载体，长江流域作为长江经济带各省市地区的纽带，为长江流经地区的经济发展、民生保障提供珍贵的水资源。由于过去数十年中存在相对粗放的经济发展模式，导致经济发展与水资源生态环境保护之间存在利益不协调的问题，在这样的现实背景下，提出水资源生态保护与区域经济发展之间的利益协同发展，建立健全适配的水资源生态补偿机制，将长江经济带乃至整个长江流域的水资源生态补偿纳入到国家总体战略，构建长江经济带水资源生态补偿协同机制，以协同性为顶层设计要求，指导纵向补贴的合理性、区域间的横向补偿联动机制，以进一步解决欠发达地区的水资源环境治理资金缺口较大、补偿资金分散、补偿数额与范围有限的问题。

第五节　长江经济带水资源生态
补偿机制的问题分析

一、长江经济带水资源生态补偿机制现状

长江流域水资源是我国经济社会可持续发展的重要命脉，治理好、利用好、保护好长江，关系着全国经济社会发展的大局。本书通过对长江经济带水资源利用、保护问题的分析，更加深入了解了长江经济带水资源利用与保护的重大意义，国家顶层设计层面也从诸多支持促进政策上明确水资源生态保护的重要价值。党的十八大以来，党中央、国务院以及国家相关部门逐步对流域生态补偿方面更加注重关于流域生态补偿机制的整体、全面构建，

《中华人民共和国长江保护法》的出台施行构筑了保护母亲河的硬约束机制。2018年4月26日,习近平总书记在深入推动长江经济带发展座谈会上的讲话中指出,生态环境保护和经济发展不是矛盾对立的关系,而是辩证统一的关系。生态环境保护的成败归根到底取决于经济结构和经济发展方式。发展经济不能对资源和生态环境竭泽而渔,生态环境保护也不是舍弃经济发展而缘木求鱼,要坚持在发展中保护、在保护中发展,实现经济社会发展与人口、资源、环境相协调,使绿水青山产生巨大生态效益、经济效益、社会效益。长江经济带上中下游之间存在着水资源生态利益的连结关系,难免出现经济利益与经济利益、生态利益与生态利益以及经济利益与生态利益间的矛盾与冲突,健全水资源生态补偿机制能够协调长江经济带内经济发展与水资源生态保护之间利益矛盾,能够较好地调节长江经济带水资源利用与经济发展的利益矛盾,协调长江上中下游空间利益冲突。在这样的政策背景下,长江经济带水资源生态补偿机制的完备与优化的意义极为关键。目前,我国政府主导型流域水资源生态补偿机制主要有以下三种模式:一是上下游政府共同出资进行生态补偿(王军峰等,2013);二是政府间财政转移支付(肖加元、席彭辉,2013);三是基于出境水质的政府间强制性扣缴流域生态补偿,采用这种机制多数是省内跨市情况。

长江经济带水资源生态补偿机制的建立主要由相关政策规章与法律法规体现。从长江经济带水资源生态补偿机制的现有支持政策来看,流域水资源生态补偿是生态补偿的一个分支,我国对流域水资源生态补偿的重视程度是一个递进的过程,在全国范围内,从中央到地方对生态补偿工作的重视程度逐渐增加,其中在流域生态补偿方面更加注重关于流域生态补偿机制的整体、全面构建。由于长江流域近年来的水资源状况不容乐观,中央对于长江流域生态补偿工作的布局和规划也逐步展开。2021年4月30日,财政部、生态环境部、水利部、国家林草局关于印发《支持长江全流域建立横向生态保护补偿机制的实施方案》的通知中明确提出了支持长江全流域建立横向生态保护补偿机制的实施方案,旨在逐步健全流域横向生态保护补偿机制,目标在 2022 年初步建立流域横向生态保护补偿机制,这一方案为长江全流域水资源生态补偿机制的构建提供了较为详细的参考。2024 年 2 月 23 日,国务院通过《生态保护补偿条例》,条例自 2024 年 6 月 1 日起施行。该条例贯彻习近平生态文明思想,对我国生态保护制度以综合性、基础性行政法规形式予以巩固和拓展,确立了生态保护补偿基本规则。

全国范围流域水资源生态补偿的综合政策归纳

颁布时间	颁布机构	名称
2007 年颁布	国家环境保护总局	关于开展生态补偿试点工作的指导意见
2013 年颁布	国务院办公厅	关于生态补偿机制建设工作情况的报告
2014 年颁布	农业部办公厅	农业部办公厅关于做好 2014 年度长江上游珍稀特有鱼类国家级自然保护区生态补偿项目工作的通知
2016 年颁布	国务院办公厅	关于健全生态保护补偿机制的意见
2018 年颁布	财政部	关于建立健全长江经济带生态补偿与保护长效机制的指导意见
2020 年颁布	财政部、生态环境部、水利部、国家林草局	关于印发《支持引导黄河全流域建立横向生态补偿机制试点实施方案》的通知
2021 年颁布	财政部、生态环境部、水利部、国家林草局	支持长江全流域建立横向生态保护补偿机制的实施方案
2024 年颁布	国务院	生态保护补偿条例

资料来源:法律图书馆

从法治建设层面来看,要保证水资源生态补偿的持续稳定进行以及补偿机制的有效运行,完善的政策制定和法律保障必不可少。针对日益严峻的水资源生态状况,从中央到地方均开始了行动,通过制定相关政策法规以及地方性文件促进水资源生态补偿制度构建和深化运行,因此,在水资源生态补偿相关法律法规层级,水资源生态补偿机制的法律原则及法律指引主要由《中华人民共和国长江保护法》《中华人民共和国水法》以及《中华人民共和国水污染防治法》等部门法体现。其中《中华人民共和国长江保护法》

明确了对长江流域资源环境保护、水污染防治、生态修复、绿色发展的规划布局与保障监督机制,也明确了对应的法律责任。《中华人民共和国民法典》明确了对于环境污染和生态破坏的责任,这些政策法规为长江经济带水资源生态补偿机制研究提供了坚实的政策基础。

综合上述政策文件指导要求,长江经济带水资源生态补偿机制健全与优化须纳入到自然系统与社会系统发展相协调的绿色化、市场化、法治化的轨道之中,改变过去经济带水资源"先污染,后治理"的发展模式,提高长江经济带上中下游保护水资源及周边生态环境的积极性和责任感,积极探索长江经济带水资源生态保护的长效机制,完善我国水资源生态补偿体系和生态环境治理体系,探索构建长江经济带区域联动的水资源生态补偿的协同发展、水资源利用与保护的可持续制度管理机制。

二、长江经济带水资源生态补偿机制的不足

毋庸讳言,在不断健全与完善长江经济带水资源生态补偿机制的过程中,依然存在诸多问题,严重阻碍了水资源生态补偿机制中的利益相关主体对利益诉求的合理表达,亟待予以重视并妥善解决,其问题主要表现在以下四个方面:

(一)长江经济带水资源生态补偿利益表达不协调、利益机制失衡

长江经地带不同区域的发展情况与生态保护情况存在很大差异,导致了区域间经济发展利益与水资源生态保护利益表达的不均衡性。由于长江经济带水资源采取的一系列修复、保护、治理等活动具有经济、自然、社会多重属性,因此其利益表达的不协调性体现在多个方面。从区域协调发展视角来看,长江上中下游的空间经济、社会、生态发展水平并不匹配,当前长江经济带内水资源经济生态补偿利益的资源效率配置较低,缺乏对水资源生态补偿机制标准的评价,其利益与利益机制关系处于"黑箱"状态。从长江

经济带的整体利益来看,水资源是连结整个长江经济带的直接纽带,经济带内水资源生态补偿不能仅仅停留在割裂的区域内部,必须将长江经济带视为一个区域空间有机分布整体,综合考量各部分空间的经济、生态与社会发展情况,通过公平正义的政策调控解决区域之间水资源生态补偿存量利益与增量利益发展不充分不匹配的问题,进而优化经济带内水资源生态补偿设计与制度安排,从全局把握长江经济带水资源生态补偿机制建设。研究水资源生态补偿利益协调机制的问题兼顾了长江流域水资源综合开发利用的长远利益,以保证长江经济带水资源系统功能实现的完备性与可持续性,最终实现国土空间合理规划,空间发展趋于平衡,全流域水资源生态补偿更加合理,区域治理水平全面现代化。

(二)长江经济带流域水污染治理难以形成合力

长江经济带作为流域经济,涉及干支流、左右岸、上下游,是一个经济社会生态大系统。长江大保护战略正如火如荼地展开,但由于没有完全厘清区域之间的权责利关系,也没有从长江经济带整体建立有效的生态补偿机制,治污工作存在上游、下游两头都抱怨的问题。比如2018年9月发生的洪泽湖跨境污染事件,事实上,一旦出现跨境污染或交界水域水质问题,往往会争论不休,下游地区往往把污染源指向上游,上游地区则认为污染源自下游本地。跨区域水资源环境污染发生后,如果找不到明确的责任主体,追责就会变得更加困难,因此,更需要完善建立流域上下游联动联防机制。不少基层干部反映,落实长江大保护,归根结底要从源头上截污控污,形成共抓大保护的合力,单靠基层政府搞保护,就是"小马拉大车",心有余而力不足。长江经济带水资源生态补偿"市场失灵"的问题,正是由于水资源生态补偿机制缺乏符合区域发展利益的合作机制,加剧了区域间经济发展与生态保护之间的现实矛盾,导致发展利益与既得利益不平衡不匹配的问题,这也是长江经济带水资源生态补偿机制亟待完善的地方。

(三)长江经济带水资源生态补偿机制政策工具与手段缺乏

由于当前长江经济带的经济增长与生态保护的统筹兼顾需要,政策层面也需要从长江经济带整体层面考虑水资源生态补偿的相关规制,水资源生态补偿政策工具多样化能更好地把握并完善新时期长江经济带整体性高质量发展要求,并且要从制度设计上强化效率与公平在长江经济带水资源生态补偿中的精神内涵。当前,流域发展不平衡不协调问题依然突出,区域性生态服务的各受益地区往往隶属于不同的行政区划,分属于不同级次的财政,因此,协调处理好区际生态补偿问题实际上要复杂得多。长江经济带水资源生态补偿的区域间协调过程很难从省域间开展,其原因在于缺乏国家层面具体的政策与制度规范设计,一方面,纵向的生态转移支付力度不足;另一方面,横向的生态补偿机制相对缺乏,生态大保护核心地区经济发展问题矛盾尖锐。而一些地区内部可以较好实现生态补偿政策则是因为省级政府制定的生态补偿相关政策细则能够约束省内城乡、流域的生态补偿过程。追求公平正义政策工具适用的目标不是单纯的地理空间的正义,更多的是要考虑到在一定空间内"人的正义",长江经济带协同发展的要求不是一味地追求地区的同步发展,更不是牺牲已有较好发展的地区对经济相对落后地区进行无方向、无目的补偿。政府要考虑如何倾斜配置,使经济优势地区空间内的过剩资源转移向相对落后地区,协调经济带内不同区域稀缺资源,实现资源的优化配置,使经济发展的成果与生态环境的改善为大多数人享用。

(四)长江经济带水资源生态补偿机制缺乏全局协同性

长江经济带水资源生态补偿的目的不仅仅是对水资源生态的保护,更是为了实现经济带经济——社会——生态发展的全面协调和统一。生态补偿是对生态系统质量改进的补偿,公平正义对长江经济带水资源生态补偿制度设计起到了价值指引作用,可以解决因市场的自发调控导致的"买卖做不成"的问题,能够提高市场效率,引导政府合理补位。如果从长江经济带整体把握水资源生态补偿机制设计,则能够落实统筹一盘棋发展思路,改变过去长江经济带经济社会生态发展过程中不平衡不充分的发展状况,符合绿色化可持续高质量发展的思路。长江经济带涵盖了长江整个流域上中下游空间,长江流域上、中、下游存在着紧密的空间区位联系与经济关系,其中更是涉及了上中下游对水资源的破坏或保护等问题,不同生态区域的利益机制与联系亦存在其中。可见,长江经济带各省市既是一个个相对独立的经济单元,又是一个有机的整体,需要重视各个单元的水资源生态补偿政策规划对接,又要从系统论和全局观出发,进一步完善顶层规划设计,构建经济带全域的水资源生态补偿协同机制。

第六节　本章小结

本章对长江经济带水资源承载力水平、水足迹、灰水足迹进行了科学地核算,并从总体和个体变化情况分别从时间和空间角度进行了探讨。通过测算长江经济带水资源承载力、水足迹、灰水足迹、长江经济带经济增长与水资源利用、水资源保护协调关系,可以较为直观地了解长江经济带水资源禀赋、利用与保护现状以及经济增长与水资源的协调关系。其中,不平衡不充分发展不仅体现在经济增长方面,也存在于水资源利用、保护与生态补偿机制实施等方面,给经济带经济——社会——生态良性发展造成了较大的阻力。

首先,从水资源承载力数据来看,2004—2018 年间,长江经济带东部地区(上海、江苏、浙江)、中部地区(安徽、江西、湖北、湖南)的水资源承载力水平高于西部地区(重庆、四川、贵州、云南)水资源承载力水平。

其次,从 2004—2018 年长经济带各地区水资源足迹测算结果可知,自

2004 年以来,长江经济带水足迹的总量从 10372.36 亿立方米上升到 2018 年的 12550.78 亿立方米,总体呈平稳上升趋势。从经济带水足迹均值来看,2004—2018 年间长江经济带水足迹变化呈现先缓慢增长后平稳下降的趋势。从长江经济带各省水足迹 2004—2018 年变动趋势上看,上海市、江苏省、四川省、湖南省、安徽省、湖北省、云南省、江西省处于缓慢上升趋势,其中贵州省、重庆市水足迹变化较为平缓,浙江省水足迹变化则呈现出缓慢下降的趋势。

第三,长江经济带 2004—2018 年灰水足迹呈现先平稳后增长再下降的趋势,2011 年灰水足迹达到最高值 6897.15 亿立方米,而 2018 年为最低水平 5137.93 亿立方米,下降了约 25.51%。从长江经济带各省情况看,灰水足迹较高的省份有江苏省、湖北省、四川省、湖南省、安徽省等地,灰水足迹高于经济带平均水平。浙江省、江西省、重庆市、贵州省、上海市灰水足迹处于经济带平均水平以下。

第四,通过对长江经济带水足迹与灰水足迹的测算,结合水资源利用(水足迹)与环境保护(灰水足迹)——经济协调发展脱钩评价模型,分别考察其脱钩协调情况,经计算水资源利用(水足迹)与环境保护(灰水足迹)——经济协调发展脱钩模型的两个评价模型结果显示,所有省市均在弱脱钩及以上水平。2004—2018 年间水足迹平均变化率为负的是浙江省,实际 GDP 变化为 12.686%,属于强脱钩优质协调。而同一时期,灰水足迹平均变化率为正值的有贵州省与云南省,仍处于弱脱钩初级协调状态,说明两省的水资源环境仍需改善,其他省份环境保护(灰水足迹)经济协调发展脱钩模型评价均为强脱钩优质协调。

最后,当前长江经济带水资源利用、保护的主要问题在于"水资源的需求日益增长与供给的有限性矛盾突出""水资源利用与水污染治理保护之间的关系待协调""水资源环境保护与经济发展之间的利益关系待协调"三个主要方面。要想合理解决这三类问题,需要在协调利益机制的目标下,厘清长江经济带水资源生态补偿利益损益与利益机制，从水资源生态补偿机制完善角度分析并解决当前水资源生态补偿利益不平衡不充分的矛盾，从长江经济带水资源生态补偿利益与利益机制、水污染治理水平、水资源生态补偿机制的政策工具与手段、水资源生态补偿缺乏全局性四个主要方面提出当前长江经济带水资源生态补偿机制的问题。

第四章　长江经济带水资源生态补偿
协同机制的分析框架

通过本书前面几章的介绍,我们对长江经济带水资源目前利用与保护情况以及水资源生态补偿机制现状有了一定的认识。为了实现长江经济带经济社会与生态建设的长期可持续发展,需要对长江经济带水资源生态补偿机制进一步优化完善。作为生态建设的重要组成部分,水资源生态补偿机制全面健全与优化亦当加快推进步伐,尤其是以长江为纽带的长江经济带水资源生态补偿机制建设更应该摆在突出位置。近年来,长江经济带水资源生态补偿制度在建设过程中,虽然取得了一定的成效,但总体还是比较缓慢,原因在于长江经济带依旧存在区域发展不平衡、要素资源配置相对不合理、地区技术效率偏低、绿色化程度与新旧动能转换之间的关系不协调不适配、城乡发展差异明显等一系列的生态修复、经济发展与社会公平问题。本章基于对空间正义理论视角的分析,研究覆盖长江经济带生产、分配、消费与生态正义的四个空间正义理论维度,将水资源生态补偿机制视为一种利益协调机制,从利益的产生、表达、分配、协调等方面寻求整体提升,试图构建基于空间正义视角的"生态补偿主体利益协调,区域发展利益格局政策完善,补偿机制的可持续性以及补偿方式、标准、立法的多元化协同"的利益协调机制框架,找到当前长江经济带水资源生态补偿协同机制构建的现实抓手。为此,本书将基于前文的分析,根据国内外先进经验与相关研究成果结合调研过程中的参考资料,通过构建空间正义视角下长江经济带水资源生态补偿协同机制研究框架,为后续研究打下坚实的理论基础。

第一节　空间正义视角下长江经济带水资源生态补偿机制研究的必要性与正当性分析

本书的空间正义是指在长江经济带水资源生态补偿机制中,在追求资源分配效率之上要照顾不同群体的利益,创造不同个体均平等可享的水资源生态补偿机制的利益成果,提供均等自由的发展机会。根据对空间正义理论谱系的梳理,着眼于生产关系、分配关系、消费关系、生态关系四个方面检验当前长江经济带水资源生态补偿绩效与效率的利益发展失衡问题,为进一步构建、优化长江经济带水资源生态补偿协同机制提供必要的研究基础。下面将从必要性和正当性两个方面阐述空间正义视角在长江经济带水资源生态补偿机制研究中的重要作用与研究价值。

一、必要性分析

从空间维度上看,长江经济带内包含流域、城市、乡村等地理空间;从时间维度上看,长江经济带不同地区又随着经济、社会、政治不同时期的境遇,呈现出不同的发展状况与态势。但不管从地理空间还是历史时间维度看,为了共同促进长江经济带自然、经济与社会的高质量可持续发展,就不能忽视长江经济带发展的正义性问题。长江经济带的经济发展与生态保护之间矛盾能否妥善调节也需要从空间正义的空间地理维度与社会正义维度两个关键性要素来考察。正如索亚在其《寻求空间正义》一书中所说:若把地理差异视为一种社会构成,因此造成的空间不正义必须借助全社会力量来解决这一问题。长江经济带水资源生态补偿出现了利益机制失衡、水污染治理难以形成合力、水资源生态补偿手段缺乏空间正义价值指引、水资源生态补偿机制的协同性不足等诸多问题,归根结底,是由于空间地理差异与长期不协调的区域空间发展差异导致了长江经济带的空间生产关系、生态关系的不充分与不平衡性,需要用空间正义视角审视这些制约长江经济带水资源生态补偿机制的痛点。具体机制设计上,空间正义体现在在区域整体性推进的要求下对水资源生态补偿主体的协同参与进行有效的制度安排上,重塑符合具有空间正义内涵的利益协调机制的交易过程,实现经济利益与生态利益的长效可持续发展。同时,历史发展的经验告诉我们,必须兼顾区域平衡发展与绝大多数人民的发展的正义,这对国家在长江经济带水资源生态补偿机制设计的合理提升方面提出了更高的要求,也是实现国家治理能力现代化的必经之路。

二、正当性分析

长江经济带以长江流域为纽带,形成了集经济——社会——生态为一体的地理空间。引入空间正义视角研究水资源生态补偿机制问题的正当性在于空间正义理论具备丰富的价值与内涵,有助于厘清长江经济带水资源生态补偿机制中所涉及的要素资源配置效率与制度公平正义的问题,也较好地体现了生态正义的基本诉求。首先,从区域平衡发展与生产关系上看,长江经济带的发展须树立一盘棋思维,这就要求打破原有的地区发展不平衡不充分的生产关系;其次,从社会公平正义角度看,城乡发展不均衡加剧了城乡居民分配与消费差异,这种由社会分配与消费差异导致的空间不正义性也降低了长江经济带水资源生态补偿机制的运行效果;此外,从水资源利用与水资源生态保护之间的关系看,水资源过度利用开发行为与水环境污染存在空间的溢出关系,水资源过度开采与污染会导致共同流域空间资源开发与生态保护的不正义性,严重阻碍了水资源生态服务价值与生态产品价值系统的实现。综上,空间正义着眼于长江经济带上、下游地区之间经济发展水平、生态保护状况存在较大差异的现状,将空间正义视角引入本研究,目的是通过空间正义视角找到解决长江经济带区域间社会经济发展利益失衡、水资源生态利用与保护的利益机制紊乱、经济发展与生态保护利益不协调等问题的关键性抓手。通过空间正义追求城乡与区域内资源分配效益与效率之上兼顾不同群体的发展利益的基本要求,进一步解决当前长江经济地带区域间生产要素资源配置的不平衡不匹配以及水资源生态补偿存量利益与增量利益双重失衡的问题,并为长江经济带水资源生态补偿机制的建立提供理论指导依据。

第二节　空间正义视角的作用维度

由于空间正义是一个抽象概念,需要剖析其内涵,并对影响关系的作用维度进行有机分解,从社会公平正义角度来看,长江经济带水资源生态补偿的制度设计理念应遵循社会公平与正义的基本原则(时润哲、李长健,2020)。根据已有研究分析,空间正义能够以多种具体存在的维度去影响长江经济带水资源生态补偿机制效果,并且能够作用在不同的制度实践中,本章分析以此为依据,可把空间正义这一抽象概念具体化、可测度化。根据空间正义的理论谱系梳理与研究对象可测度的原则,考虑水资源生态补偿机制问题研究的分析边界,本书将空间正义划分为生产性正义、分配性正义、消费性正义、生态性正义四个影响长江经济带水资源生态补偿机制的维度,以此作为实证研究提出假设的理论依据,考察其对长江经济带水资源生态补偿机制提升问题的影响。

一、生产性正义

"生产性正义"的概念最早由詹姆斯·奥康纳提出。奥康纳认为,生产性正义与一定社会生产条件的生产和再生产密切相关,随着社会经济体制的不断发展,社会分配获得合理测定和实施的难度在不断增大,而作为生产主体应当具有平等的权利从事生产与再生产活动。"生产性正义"是奥康纳生态学社会主义理论的核心概念,强调了物质生产领域的公平正义。长江经济带以长江为纽带,形成了集经济——社会——生态于一体的地理空间,从经济发展与生产关系上看,长江经济带的发展须树立一盘棋思维,这就要求打破原有的地区发展不平衡不充分的生产关系。生产性正义的提出与使用,解决了横跨东中西部的长江经济带长期以来生产要素单向流动与空间发展利益不均衡的问题,从理论上解释了国土空间修复的合理性与必要性。促进长江经济带生态建设的大保护战略并不是为了切断落后地区发展的可能性,而是鼓励高新技术与新能源市场由高生产成本的东部地区向相对落后的西部地区转向,实现长江经济带发展的全面平衡,这与列斐伏尔的空间生产理论阐述有所联系,但又与其认为的"空间生产是作为资本主义对空间进行剥削的手段"有着本质差别。长江大保护战略的实施确保了欠发达地区不会成为企业污染的避难所,西部地区需要发展,需要资本、技术与人力资源的长期持续输入,生产性正义的实现就是在物质生产领域实现区域的公平正义,让西部欠发达地区的发展得到正向激励,如通过政策优惠吸引资本进入,积极发展新动能,开发新产业以留住资本人才等关键生产要素,从而实现长江经济带内空间的生产性正义。

二、分配性正义

以伯格森、萨缪尔森等为代表的社会福利函数学派学者认为,帕累托最优状态仅解决了经济效率的问题,没有解决社会分配问题,经济效率是社会福利最大化的必要条件,合理分配才是社会福利的充分条件。分配正义关注的对象不是个人,而是群体(姚大志,2011),其中的社会应得表示任何人都能够从社会中获得公有价值或共享资源(张国清,2015)。从产出分配角度看,农村贫困地区存在多重的发展困境,人力资本匮乏,城乡不平等问题严重(张林秀等,2014),空间协调发展的要求应重视分配正义的实现,分配正义决定着区域之间、城乡之间资源禀赋利用程度与人民收入水平,也是消费正义的基本前提(邹智贤,2017)。

长江经济带存在天然的地域差异,长期经济发展的不均衡也导致带内空间存在分配不正义的问题,区域、城乡发展利益的分配不正义性直接导致了城乡居民收入分配的不正义。在自然资源的使用和开发问题上,有些地区早期粗放式的发展已经对当地自然环境、流域水体造成了严重的污染和破坏,经济增长过度依靠自然资源使得城市转型十分困难,逐渐变为资源枯竭型城市;也有些靠优先消耗资源的地区(如长江经济带下游地区)得到了较好的发展,并且在发展中认识到了环境资源的重要性,开始加大对资源环境的保护力度。与此同时,发展相对落后且较少对自然资源开发利用的地区发展就受到一定的限制,尽管这些限制是必要的。分配正义既涉及每个人的自我所有权,又涉及每个人可分享的社会公共资源,也涉及个人从国家和社会中获取的社会权利和经济利益,但过去实现分配正义的惯常做法是将产能相对落后的企业逐步向城郊与乡村转移,这样也是短视的,落后产能企业向乡村的转移尽管可以在低收入地区增加就业、提升收入水平,但在长期的可持续发展政策与生态保护舆论的双重压力下,难以协调生态利益与经济利益的关系,造成新的不正义性。考虑到欠发达地区多处于长江大保护的关键地区,因此,长江经济带水资源生态补偿在对经济相对落后地区的财政资源配置与转移支付问题上有所侧重的同时,必须兼顾分配性正义的问题,政策上鼓励新动能绿色化产业发展,有侧重地引入新技术,广泛开展清洁生产,培育绿色高质量企业,使经济发展相对落后的地区居民收入提升的同时,进一步提升优化当地产业结构合理性。

三、消费性正义

消费性正义问题的凸现源于社会生产力高度发展与自然环境的尖锐冲

突,有其客观必然性(何建华,2005)。消费正义的实质是用人类整体理性来反思人类的消费行为(Nicholas Low,1998)。长江经济带内区域空间的发展既要强调生产性正义,又要强调分配正义,更要强调消费正义。首先,在水资源使用的付费以及水资源生态补偿层面,消费正义影响了补偿标准与补偿方向的公平性。其次,要正确引导全社会合理利用自然资源,调整消费结构,避免资源浪费。由于长江经济带横跨我国东中西部,区域内经济发展存在较大的不平衡问题,经济带内东部绝大多数城市与部分中西部较大城市这些具有集聚优势的地区的消费需求能够得到较好的满足,却在一定程度上忽视了农村地区以及经济带内相对不发达地区的消费需求,从而产生了多层次的本质不公正的地域布局。由于长江经济带存在较大地域差异,就难以避免消费不正义问题的产生,尤其是对于水资源使用的付费以及水资源生态补偿层面,消费正义决定了补偿标准与补偿方向的公平性,可以确保消费能力较弱地区的群体能够得到一定的补偿。未来长江经济带的发展也必须要坚持科学的发展观和消费观,重视区域间的消费公平,发展绿色产业,才能发挥消费活动对人类有益的价值,促进经济、社会、生态的可持续发展,促进人的全面发展,共享社会经济发展成果,实现消费领域的空间正义,确保长江经济带内消费的代内公正和代际公正。

四、生态性正义

空间正义视角下的长江经济带水资源生态补偿过程不仅仅具备对环境正义的反馈,更是向生态正义的回归。从概念分析的维度上讲,"生态性正义"并不是"生态"与"正义"这两个概念的简单组合,也不能泛泛地等同于"环境正义",从本质上讲,"生态正义"是对"环境正义"的辩证扬弃,生态性正义是新时代生态文明的价值范式(颜景高,2018),环境正义关注人类差异性主体对环境权利与义务的分配正义,是局限于传统社会正义的理论范畴。生态正义则强调人类补偿对自然伤害的矫正正义,是表征人类与自然和谐秩序的范式创新(高同彪、刘云达,2019)。可以说,"生态性正义"已成为引领生态文明转型的价值内核,以生态发展利益的促进为目标扶持长江经济带相对落后地区发展新动能产业,带动地区经济发展,进而协调长期以来长江经济带东西部之间生态环境与经济发展之间存在的矛盾,是水资源生态补偿机制进一步完善健全的核心价值体现,也是提出生态性正义对水资源生态补偿机制提升这一假设的理论基点。生态性正义在本书研究中具有重要的研究价值,在研究生态正义对水资源生态补偿机制的影响关系问题上,其实证分析结果直接反映了本书对水资源生态补偿机制构建研究的科学性与准确性。

通过分析可知,空间正义与水资源生态补偿的关系密切,空间的不正义性诸如资本、人力资源等生产要素的不平衡流动、城乡收入分配与消费水平的过度差异化、水资源生态保护的缺失等问题,导致了长江经济带经济——社会——生态资源配置效益与效率的失衡,直接表现为长江经济带上中下游的不同经济社会发展状况,因此以空间正义为研究视角,以长江经济带上中下游社会系统与自然系统的异质性为研究切入点,以长江经济带水资源生态补偿机制的系统优化为提升手段,能够较好地分析出长江经济带水资源生态补偿机制的优化路径,有助于从整体上缩小长江经济带区域发展差距,也体现了长江经济带经济——社会——生态发展相协调的整体性规划。因而,提升长江经济带的发展应重视空间内的生产性正义、分配性正义、消费性正义以及生态性正义,从根本上解决因长期发展不平衡造成的空间不正义。重视空间正义的水资源生态补偿利益协调机制的构建,以实现长江经济带水资源生态补偿制度水平与成果的全面提升。

第三节 长江经济带水资源生态补偿协同机制的构建重点分析

一、长江经济带水资源生态补偿协同机制框架

由于目前长江经济带没有形成水资源生态补偿协同机制,故而本书对协同机制的研究是以"协同"为水资源生态补偿机制效果的提升手段,由此本书研究的是长江经济带水资源生态补偿机制利益提升与协同机制优化问题。长江经济带水资源生态补偿机制的健全与利益提升,离不开长江经济带区域协同发展、经济发展与生态保护利益的和谐。

从长江经济带水资源生态补偿协同机制核心架构(具体结构框架如图所示)来看,可以从以下四个方面考虑:

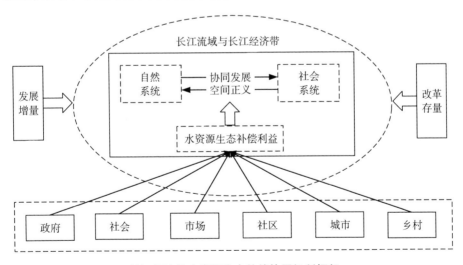

长江经济带水资源生态补偿协同机制框架

第一,要提高水资源利用效率,在保证水资源合理利用与保护的前提下,促进区域间经济协调发展。

第二,要树立好"一盘棋"统筹发展思想,既要利用协同观的思维进行

制度架构,包括制度要素之间、技术要素之间及制度要素与技术要素之间的协同,又包括多元利益主体的协同、利益关系的协同、跨省域、流域的合作协同、资源系统与社会系统的协同。

第三,长江经济带经济社会系统与自然系统、经济利益与生态利益的平衡是协同机制构建的题中之义,长江经济带水资源生态补偿协同机制的构建是制度优化的要求,是实现流域系统内各要素以及不同系统之间的绿色、可持续发展的基本策略。

第四,需要在空间正义视角下通过绿色化、协同化发展的路径,集多元利益主体合力,共同构建长江经济带抑或长江全流域的水资源生态补偿协同机制。

二、长江经济带水资源生态补偿协同机制主体分析

水资源生态补偿无论是在生态保护方面还是在协调经济社会发展方面,均扮演着重要的角色。目前,长江经济带发展不平衡不协调问题依然突出,区域性生态服务的受益地区往往隶属于不同的行政区划,分属于不同级次的财政,长江经济带水资源生态补偿的区域间协调过程很难从省域间开展(杨中文等,2013),其深层次原因在于缺乏国家层面具体的政策与制度规范设计,一方面,纵向的生态转移支付力度不足;另一方面,横向的生态补偿机制相对缺乏,生态大保护核心地区经济发展问题矛盾尖锐。有学者提出通过上级政府制定跨流域的生态补偿政策,强制实施跨流域生态补偿政策,能够使得流域内的污染总量排放达标,并且具有时空一致的环境保护政策实现的功能(石广明、王金南,2014),也有学者提出引入市场机制有利于解决生态环境保护资金不足的问题(刘晶、葛颜祥,2011)。从当前国内外水资源生态补偿实践来看,国内外学者的共识在于在政府主导下引入市场机制的多元化共同参与,能够更好地体现生态补偿政策的效果。由此可见,空间正义视角下长江经济带水资源生态补偿协同机制的构成主体是多元

的,不仅仅存在于政府主体之间,如跨省域的流域生态补偿,也同样存在于同一流域(或支流)内的省域、市域或县域政府主体之间。其中补偿手段又是多元的,一般有政策性倾斜保护、市场对赌机制、建立合作基金共同开发与保护机制、水权交易等形式。从现行的水资源生态补偿实践的关注度和效果来看,新安江水资源生态补偿机制探索受到的关注更多,安徽与浙江两省的"水质对赌协议"实施效果较好,是省域间开展水资源生态补偿的成功案例。

在水资源生态补偿机制相关的主体治理中,应当认识到单一层级政府作为补偿主体在机制完善的政策覆盖面和所能提供生态服务持续性方面存在局限性,应探索以多中心参与结合多主体补位的生态补偿机制治理方式(陈海江等,2020)。多主体协同的起点在于促进长江流域水资源生态补偿主体的培育发展,这里的主体除了国家各级立法机关、行政机关、司法机关等公法主体外,更主要的是通过制度安排,发挥这些公法主体的作用,培育发展壮大市场主体、社会中间层主体、社会公益主体等,协同并发挥各种主体在长江流域水生态补偿中的同向共促作用。其中,多主体协同的法律制度的重点在于促进长江流域水资源生态补偿各类主体的参与制度,形成多元主体参与长江流域水资源生态补偿的制度机制体系;各级行政机关是主导长江流域水资源生态补偿的关键性主体,各类企事业单位是参与长江流域水资源生态补偿的主体性力量,各类社会组织是参与长江流域水资源生态补偿的基础性主体;公检法部门也可以参与到长江流域水资源生态补偿建设中,如通过将来"长江生态法院"的建设、"长江生态检察院"的设立,开展与长江流域水资源生态补偿有关的民事、行政、刑事、公益诉讼等围绕长江流域水资源生态补偿的专项司法活动。通过培育多主体参与长江流域水资源生态补偿法治建设,确定参与主体,规范政府主体、市场主体、社会中间层主体在长江流域水资源生态补偿过程中的作用。最后还应当落实多主体责任制度,根据不同主体的不同责任的制度规定,切实保障长江流域水资源生态补偿责任的落实。

第四节　长江经济带水资源生态补偿机制
研究的主要内容与逻辑脉络

一、绩效与效率：长江经济带水资源生态补偿机制的评价标准

本书的写作目的是以空间正义为视角，在分析长江经济带水资源生态补偿机制效果的基础上提出相应的优化机制，而这一机制的构建需要介入量化分析，以检视空间正义因素对长江经济带水资源生态补偿机制的影响。研究将长江经济带水资源生态补偿机制的存量利益与增量利益作为量化研究的基点，通过评价当前长江经济带水资源生态补偿利益存量与利益增量，找到不同类型主体利益之间的作用关系，从而达到对长江经济带水资源生态补偿机制量化分析的目的，厘清长江经济带水资源生态补偿机制的利益逻辑。此举的必要性与充分性在于能够弥补过去补偿机制研究中评价标准失真的缺陷，通过量化手段协调水资源生态补偿利益补偿机制错配关系。

第一，存量利益——绩效（performance），水资源生态补偿机制绩效评价属于公共政策评价，是包含多元目标在内的概念。生态补偿绩效是生态补偿政策实施的结果和主体行为的综合绩效（虞慧怡等，2016）。根据水资源生态补偿绩效的相关概念可知，绩效是一个典型存量概念，因此本研究中水资源生态补偿绩效也是一个存量概念，其存量利益关注的是长江经济带长久以来水资源生态补偿制度、政策对当前水资源生态补偿利益的积累，是对生态补偿机制实施后的生态效果及对社会、经济的间接影响进行评价，也是对长江经济带水资源生态补偿机制成效的评价，更是对多元目标实现的全局把控。

第二，增量利益——效率（efficiency），水资源生态补偿效率关注的是单

位资本、人力、水资源等要素资源投入所获得的水资源生态系统服务价值损益与经济效益多寡,是相关资源要素投入与产出的比率,是水资源生态补偿机制增量利益的体现,是长江经济带水资源生态补偿机制的每一考察期增量利益损益变化情况的反映,也是对长江经济带水资源生态补偿机制的可持续发展能力的审视。

由于水资源生态补偿利益机制的内涵是多重的,绩效与效率共同构成了长江经济带水资源生态补偿机制内部的利益关系,并通过一定的方式进行相互的促进和转化,因此,本研究不仅需要厘清水资源生态补偿绩效与效率的关系,也需要通过进一步的实证分析讨论空间正义因素对二者的影响。在本书具体研究中,绩效与效率的评价与测度方法也存在本质的不同,其中水资源生态补偿绩效的量化方是通过构建三个系统维度 21 项评价指标,运用全局主成分分析方法计算得出。研究对各指标无量纲化处理后的样本进行全局主成分分析,通过各指标在其子系统内的载荷系数和对应特征根来计算线性组合系数矩阵,线性组合系数分别与方差解释率相乘后累加,并且除以累积方差解释率,得到综合得分系数,将综合得分系数进行归一化处理得到各指标权重值,进而将指标数据乘以对应权重加总计算求得绩效。而效率的测度则采用非参数方法 DEA-Malmquist 方法,将资本投入、劳动投入和水资源投入作为投入要素,将社会经济效益、水资源生态补偿绩效变化和灰水足迹作为水资源生态补偿的产出来分析测度。可见,不管在定义还是测度方法上,绩效与效率均存在着本质的不同,而绩效的评价测度也为效率的测度分析提供了重要的数据基础,从而推动了研究的递进性。

二、协同机制:空间正义视角下长江经济带水资源生态补偿机制的协同性分析

根据前文分析,从社会经济发展的角度来看,长江经济带水资源生态补偿机制的设计应重视空间正义的内涵,从根本上解决因长期发展不平衡带

来的水资源生态补偿利益空间不正义问题。空间正义贯穿于长江经济带水资源生态补偿存量利益与增量利益关系中，研究融入空间正义视角检验水资源生态补偿存量利益与增量利益变动关系，目的是解决现实机制中存在的不协调的问题。从协同性角度来看，第一，基于空间正义视角的研究是从顺应历史脉络的时间维度向空间维度发生方向性的转变，是时间维度向空间维度的拓展，这是一种时空的协同；第二，关注长江经济带水资源生态补偿的存量利益与增量利益，兼顾各方利益的协调，是机制目标利益的协同；第三，本着生态优先、绿色发展的原则，使绿水青山产生巨大生态效益、经济效益、社会效益，同时探索流域内和流域间水资源生态补偿方式，协调自然系统与社会系统，让好的生态福利为全民所有，实现经济带内生态利益与经济利益均衡共享，是机制实施的过程协同；第四，长江经济带水资源生态补偿协同机制更是要在生态环境容量不突破的前提下，注重协调生态补偿利益主体间的权益关系，是机制多元主体利益的协同；此外，利益协同机制还能涵盖基于空间正义视角的生态补偿区域发展利益格局、配套政策完善度、补偿机制的可持续性以及生态补偿方式、标准、立法的多元化协同等。可以说，以空间正义视角研究其利益机制能够从多元化角度调节现实中水资源生态补偿机制效益与效率的错配，能够实现长江经济带水资源生态补偿机制效果的协同提升。因此空间正义视角下长江经济带水资源生态补偿机制的优化需要用多元协同视角剖析其内在利益机制。

此外，长江经济带水资源的生态补偿利益机制、公平正义机制以及协同机制对保障人类生存权与发展权具有重大意义。第一，生存权是发展权的基础，对长江流域的控制性开发服务于经济社会的可持续发展，从而为我们人类的生存提供良好的环境与资源。第二，通过构建水资源生态补偿协同机制，可以有效实现长江流域绿色可持续发展，这也是保障子孙后代生存与发展权的要求。第三，从社区发展权的角度来看，长江经济带水资源生态补偿协同机制更有利于长江经济带内部相关利益个体（如企业、社区主体等）

的发展权利,从而实现真正的、可持续的、健康的、绿色的平稳发展。

三、绩效、效率与协同机制研究内容之间的关系

从对水资源生态补偿机制的绩效与效率分析来看,长江经济带水资源生态补偿绩效与效率分别承载了经济、社会、生态这一集合系统的存量利益与增量利益,二者也共同反映了现有水资源生态补偿机制的运行效果,而水资源生态补偿绩效与效率的提升也是水资源生态补偿利益提升的具体表现。通过空间正义视角的嵌入,则能辅助实现经济带经济增长、生态建设与社会公平正义的三重目标,可以全面提升长江经济带水资源生态补偿机制总体利益。可以说,长江经济带水资源生态补偿机制优化提升能够在很大程度上推进长江经济带乃至整个长江流域的经济社会发展进程,提高生态保护水平。通过本章一、二、三、四节对本书主要内容的分析可知,研究还应进一步梳理空间正义视角下各个主体研究内容结构上的连结关系。本书以空间正义为理论抓手,以长江经济带水资源生态补偿机制的绩效与效率提升作为机制提升的目标,以协同为机制提升手段,结合实证方法研究长江经济带水资源生态补偿利益机制有效提升与协同机制优化的问题。

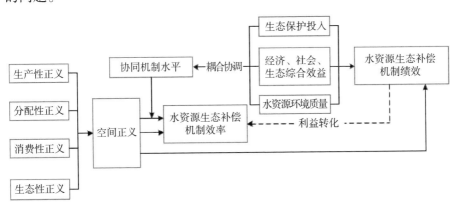

本书主要研究内容之间的关系

通过图中所示的关系可知,根据相关理论基础对空间正义理论的分析,在本研究问题(适用于水资源生态补偿机制研究)的框架下,将空间正义视角解构为生产、分配、消费、生态四个维度的正义;根据本研究所提假设,检验空间正义理论四个不同维度对长江经济带水资源生态补偿机制绩效与效率的影响作用关系;还考察了水资源生态补偿协同水平能否更好地调节空间正义因素对水资源生态补偿效率的影响关系,以上三组研究主线共同解决长江经济带水资源生态补偿利益提升与协同机制优化的问题。其中,水资源生态补偿绩效评价与协同水平的测算基于一套指标评价体系(三个子系统,21项具体指标),各个指标标准化的得分加总为绩效,三个子系统之间的耦合协调度为协同机制水平。水资源生态补偿绩效与效率之间也有研究递进的关系,即需要在测度绩效水平的基础上测度效率,绩效是效率测度中的关键的期望产出之一。

第五节　本章小结

本章基于第三章提出的长江经济带水资源生态补偿机制存在的问题,提出了空间正义视角下长江经济带水资源生态补偿协同机制的分析框架:

首先,在研究的内容上,从必要性与正当性两个方面阐释了引入空间正义视角审视长江经济带水资源生态补偿机制的效益与效率、公平与正义问题。

其次,在对空间正义视角的解构上,根据空间正义理论的起源与发展,提出与本研究适配的四个维度,即生产性正义、分配性正义、消费性正义、生态性正义,根据研究问题与假设完善了空间正义对水资源生态补偿机制影响的理论机理。

再次,提出了空间正义视角下长江经济带水资源生态补偿协同机制的构建重点,通过构建长江经济带水资源生态补偿协同机制的框架,进一步提出了水资源生态补偿协同机制构建的主体协同关系等内容。

最后,分析了空间正义视角下长江经济带水资源生态补偿机制研究的主要内容与逻辑脉络。提出了长江经济带水资源生态补偿机制评价的标准——绩效与效率,根据协同机制理论分析了长江经济带水资源生态补偿协同机制的构建导向,并阐述了本书对绩效、效率与协同机制研究内容之间的关系。

长江经济带横跨我国东中西部三大区域,长江经济带水资源利用与保护情况存在一定梯度的差异,而经济带东、中、西部经济社会发展状况也有较大差异。空间发展利益长期失衡、部分地区水污染治理难以形成合力、空间正义视角下的全流域生态补偿机制相对缺乏等问题制约了长江经济带水资源利用与保护的良性发展。由于水资源生态补偿机制没有在全流域范围开展,长江经济带流域上下游之间环境保护成本和收益的区域错配问题严重影响经济带整体发展效率与社会公平,需要从政策上对资本向欠发达地区倾斜配置,在生态优先的原则下,拓展新的生产与生态空间,发挥经济与生态空间的空间修复功能,实现资本的绿色化有效扩散,更好地解决长江经济带水资源生态补偿机制不平衡不适配的问题。基于对空间正义视角的分析,空间正义视角覆盖了长江经济带生产、分配、消费与生态的各个环节。从本书的逻辑思路来看,研究将水资源生态补偿机制视为一种多元化利益协调机制,从利益的产生、表达、分配、协调等方面寻求整体提升,找到符合长江经济带水资源生态补偿协同机制构建的现实演进逻辑,从而形成长江经济带水资源生态补偿的"水资源生态补偿利益产生→水资源生态补偿利益表达→水资源生态补偿利益提升→水资源生态补偿利益协调优化"这一系统性的水资源生态补偿机制优化逻辑体系。

第五章 空间正义视角下长江经济带水资源生态补偿绩效评价及其影响因素分析

通过本书第四章的逻辑框架分析可知,长江经济带水资源生态补偿机制评价标准可通过水资源生态补偿绩效与效率来量化。从利益机制来看,水资源生态补偿绩效(Performance)是水资源生态补偿机制的存量利益,关注的是长江经济带长久以来水资源生态补偿制度、政策对当前水资源生态补偿利益的积累。对水资源生态补偿绩效进行评价分析,可对长江经济带水资源生态补偿机制政策积累效果有进一步的了解,准确测度长江经济带水资源生态补偿绩效,既是长江经济带水资源生态补偿存量利益评价标准的要求,也是进一步实施水资源生态补偿协同机制评价工作的基本前提。当前,国内外关于生态补偿绩效指标量化的方法较多,水资源生态补偿绩效的指标赋权方法一般分为两大类:主观赋权法和客观赋权法。本章将参考已有研究成果,确定并编制长江经济带水资源生态补偿绩效评价体系,在此基础上全面核算绩效水平,并从空间正义视角对长江经济带水资源生态补偿绩效的关键性影响因素展开分析。在已有关于空间正义测度与水资源生态补偿绩效影响因素研究的基础上,结合水资源生态补偿的特征与功能,以空间正义为视角确定相关解释变量,并从中分析出导致水资源生态补偿存量变化的主要原因,检视空间正义因素对长江经济带水资源生态补偿绩效的影响。由此,一方面可以增强对当前长江经济带水资源生态补偿绩效现状的宏观认识,更为重要的是能够展现出长江经济带水资源生态补偿存量利益的短板与面临的现实发展困境。另一方面也可以为研究水资源生态补偿效率、检视空间正义对水资源生态补偿增量利益影响提供重要的数据对比与支撑。本章第一节为长江经济带水资源生态补偿绩效测算体系的编制,第二节为长江经济带水资源生态补偿绩效的评价方法与评价结果,第三节为空间正义视角下长江经济带水资源生态补偿绩效的影响因素分析,第四节为基于空间面板模型估计的空间正义视角下长江经济带水资源生态补偿绩效的影响因素分析,第五节是对本章内容进行小结。

第一节　长江经济带水资源生态补偿绩效评价

一、评价体系的编制基础

从总体上看,中央与地方五年计划关于资源环境类和社会民生类指标占比不断趋于提高(吕捷等,2018)。有学者从量化角度出发,提出绿色发展主要从节能减排及污染物治理的角度测度科技创新对区域绿色发展的作用,具体内容包括"万元地区生产总值水耗""万元地区生产总值能耗""城市污水处理率"以及"生活垃圾无害化处理率"等(胡鞍钢,2012)。随着人类经济社会发展的不断进步,生态保护意识不断增强,人们已经开始意识到水资源保护的重要性。考虑到地区用水效率的同时兼顾地区发展水平与水资源生态保护,本书将生态保护投入指标纳入指标体系;参考破除对 GDP指标的"盲目崇拜",在政绩考核中引入经济结构、生态环境等多种衡量指标的相关建议(吕捷等,2013),加之水资源生态补偿具有生态保护与经济补偿的双重属性,又承载着社会和谐与公平的价值体现,为了更准确地测算水资源生态补偿绩效,有必要将经济——社会——生态发展情况纳入指标体系中,以反映出水资源生态补偿的经济绩效、社会绩效与生态绩效;大量生活用水以及工业废水等污染物的排放,必然会带来大量的污染物,因此也应当在水资源生态补偿绩效的测算中纳入水资源绿色化水平。为了实现这一综合性的绩效评价目标,首要任务是在前人研究的基础上,科学地编制水资源生态补偿绩效指标测算体系,并为后续水资源生态补偿绿色化协同水平测算提供研究基础。

二、指标评价体系的构建

本书对长江经济带水资源生态补偿绩效评价,参考李秋萍(2016)、邓远建等(2015)、周睿(2019)相关研究的指标评价设计理念与指标,将长江经济带水资源生态补偿政策绩效评价指标分为三个层级分析,提出由水资源生态保护环境投入能力指标、经济——社会——生态综合效益指标、水资源环境质量状况指标共 3 个二级指标和 21 个三级指标构成的指标评价体系,形成如表所示指标评价体系。

长江经济带水资源生态补偿绩效指标评价体系

维度层	指标层	方向	权重
水资源生态环境保护投入能力(F_1)	C_1—人均环境污染治理总投资(元/人)	正向	0.061 8
	C_2—城市污水日处理能力($\times 10^4 \mathrm{m}^3/\mathrm{d}$)	正向	0.052 4
	C_3—市容环卫专用车辆设备(台/万人)	正向	0.041 7
	C_4—水利、环境和公共设施管理业城镇单位就业人员比例(%)	正向	0.028 4
	C_5—供水综合生产能力($\times 10^4 \mathrm{m}^3/\mathrm{d}$)	正向	0.016 6
	C_6—人均林业投资(元/人)	正向	0.056 9
	C_7—人均水利、环境和公共设施管理业全社会固定资产投资(元/人)	正向	0.067 6
	C_8—人均造林总面积($\mathrm{hm}^2/\mathrm{人}$)	正向	0.007 9

续表

维度层	指标层	方向	权重
经济—社会—生态环境综合效益(F_2)	C_9—人均实际 GDP（元/人）	正向	0.042 5
	C_{10}—城镇居民人均可支配收入（元/人）	正向	0.039 2
	C_{11}—农村居民人均可支配收入（元/人）	正向	0.039 8
	C_{12}—第一产业用水效率（元/m³）	正向	0.035 1
	C_{13}—第二产业用水效率（元/m³）	正向	0.052 8
	C_{14}—第三产业用水效率（元/m³）	正向	0.028 6
	C_{15}—建成区绿化覆盖率（%）	正向	0.045 5
	C_{16}—人均公园绿地面积（m²/人）	正向	0.049 9
水资源环境质量状况（F_3）	C_{17}—废水中的 COD 排放强度（t/人）	负向	0.102 9
	C_{18}—废水中的氨氮排放强度（t/人）	负向	0.091 2
	C_{19}—农药投入强度（t/hm²）	负向	0.069 0
	C_{20}—化肥投入强度（t/hm²）	负向	0.054 1
	C_{21}—SO₂ 排放强度（t/人）	负向	0.016 2

注:所有指标均进行了人均化、单位化或比例化处理;其中第一、第二、第三产业用水效率计算方式为:
该产业用水效率=该产业总产值/该产业用水总量。

三、指标数据来源与处理

（一）水资源生态环境保护投入能力维度

从水资源生态环境保护投入能力维度来看,地方对生态环境保护的投资客观反映了对水资源生态补偿问题的重视程度。考虑到不同地区地方财政对生态环境保护的投入差异,本书选取人均环境污染治理总投资,城市污水日处理能力,每万人市容环卫专用车辆设备数,水利、环境和公共设施管理业城镇单位就业人员比例,供水综合生产能力,人均林业投资,人均水利、环境和公共设施管理业全社会固定资产投资,人均造林总面积等指标代表水资源生态环境保护投入能力。地方政府对水资源环境的治理投入会对当地水资源生态补偿绩效产生影响,考虑到大气污染与水污染存在交叉影响,地方对环境保护的投资显示了本地区对于水资源治理的决心与能力,也客观反映了对水资源生态补偿问题的重视程度。考虑到不同地区地方财政对生态保护的投入差异,综合已有对地方水资源治理投资的研究,本书具体选取以下指标反映地方水环境治理投入状况。

C_1——人均环境污染治理总投资(元/人)

C_2——城市污水日处理能力(万立方米/日)

城市污水日处理能力是指污水处理厂和污水处理装置每昼夜处理污水量的能力。

C_3——市容环卫专用车辆设备(台/万人)

研究采用地区内市容环卫车辆设备的密度指标,即每万人拥有的环卫专用车辆设备数,反映了地区对市容环境整治、改善社会生活环境质量的作为与重视程度。

C_4——水利、环境和公共设施管理业城镇单位就业人员比例(%)

水利、环境和公共设施管理业城镇单位就业人员比例是指地区从事水利、环境和公共设施管理行业的企事业单位人员占总人口的比重,体现了地区对水利、环境、公共管理等方面保护的人力资源水平和重视程度。

C_5——日均供水综合生产能力(万立方米/日)

C_6——人均林业投资(元/人)

C_7——人均水利、环境和公共设施管理业全社会固定资产投资(元/人)

C_8——人均造林总面积(公顷/人)

造林面积指在宜林荒山荒地、宜林沙荒地、无立木林地、疏林地和退耕地等其他宜林地上通过人工措施形成或恢复森林、林木、灌木林的过程。

(二)水资源生态补偿经济——社会——生态综合效益维度

长江经济带是经济——社会——生态系统的集合,社会经济活动必然会对水生态产生不同程度的影响。考虑到对长江流域提出的"生态优先"与"大保护"的基本要求,本研究在选取经济社会指标时,重点关注长江经济带不同区域间的经济社会发展状况,考虑水资源生态补偿带来的经济、社会、生态的综合效益,反映经济带水资源生态补偿的经济社会系统福利水平,综合考虑数据的可得性,选取的具体指标变量为:

C_9——人均国内生产总值(元)

人均国内生产总值是反映人均社会经济生产的指标,以衡量国内居民生活水平。

C_{10}——城镇居民人均可支配收入(元)

城镇居民人均可支配收入反映了城镇居民生活水平状况。

C_{11}——农村人均可支配收入(元)

农村人均可支配收入反映了农村居民生活水平状况。

C_{12}——农业用水效率(元/立方米)

农业用水效率指每消耗一单位水可以产生的农业生产总值,可以反映农业生产过程中的用水效率。

C_{13}——工业用水效率(元/立方米)

工业用水效率是指每消耗一单位水可以产生的工业生产总值,可以反映工业生产过程中的用水效率。

C_{14}——第三产业用水效率(元/立方米)

第三产业用水效率是指每消耗一单位水可以产生的第三产业生产总值,可以反映第三产业生产过程中的用水效率。

C_{15}——建成区绿化覆盖率(%)

C_{16}——人均公园绿地面积(平方米/人)

（三）水资源环境质量状况维度

水是生命之源，人类社会经济生活发展离不开水资源，水资源生态补偿绩效最直接的评判标准是水资源质量，它直接影响了水资源能否永续利用。珍惜水资源是人类必须遵守的原则，污染水资源必然会导致自然对人类的报复。水资源环境质量状况能够充分反映长江经济带各个省市水资源污染情况与绿色化水平（陈晓、车治辂，2018）。综合前人研究与数据可得性，考虑到大气污染与水污染存在交叉影响。充分考虑到与水资源有关的环境质量状况对水资源生态补偿绩效的直接影响，综合数据可得性与前人研究，选取以下指标作为长江经济带水资源污染与保护绩效的参考：

C_{17}—化学需氧量排放强度（吨/人）

化学需氧量排放量是指工业废水中的 COD（Chemical Oxygen Demand）含量，是指用化学氧化剂氧化水中有机污染物时所需的氧量。为了消除不同区域污染规模的影响，本指标取人均值。

C_{18}—氨氮排放强度（吨/人）

氨氮排放量是指工业废水排放中的氨氮含量。

C_{19}—农药使用强度（吨/公顷）

农药使用强度用来反映农业生产过程中农药使用作为面源污染对环境的破坏程度，计算方法为：农药施用量/农作物总播种面积。

C20—化肥使用强度（吨/公顷）

化肥使用强度能够反映农业生产过程中化肥施用对环境的污染程度，计算方法为：化肥施用量/农作物总播种面积。

C_{21}—二氧化硫排放强度（吨/人）

二氧化硫排放强度用来反映工业生产过程中二氧化硫（易溶于水特性）对水环境的污染程度。

第二节　基于全局主成分分析方法的
水资源生态补偿绩效评价

一、研究方法

现有绩效评价研究多采用截面分析、主观评价分析或局部系统分析,在研究水资源生态补偿绩效的评价方面,缺乏客观的、时空调控的全局性研究。要评价水资源生态补偿绩效,既关注"结果",也强调"过程",而过程是决定最终绩效的根本原因,其中,水资源生态补偿政策会在一定时期内在特定施政区域影响其成绩与效益,对于环境保护治理政策,其政策效果也体现于经济社会发展中(文高辉等,2014)。对于水资源生态补偿绩效评价,本研究采用的是全局主成分分析法(Global-PCA)。

长江经济带水资源生态补偿绩效能够表征评价长江经济带水资源生态补偿机制的存量利益。除了根据评价方法的科学性原则外,研究还同时考虑了长江经济带各省市经济发展的实际。在评价方法上,水资源生态补偿机制绩效属于综合评价,参考刘明辉和卢飞(2019)、任娟(2013)、乔峰和姚俭(2003)的研究,采用全局主成分分析法进行综合评价,通过对多地区、长时间相关数据的整合,以达到时间与空间调控相统一的研究目标。研究对各指标无量纲化处理后的样本进行全局主成分分析,经检验,三个子系统标准化后的数据结果均通过了 KMO(Kaiser-Meyer-Olkin)检验与 Bartlett's 球形检验。通过各指标在其子系统内的载荷系数和对应特征根来计算线性组合系数矩阵,线性组合系数分别与方差解释率相乘后累加,所得结果除以累积方差解释率,得到各子系统的综合得分系数,再将各子系统的综合得分系数归一化处理,进而得到子系统各指标权重值,再将三个子系统所占权重加权平均,最终得到各个指标在整个系统内的权重,在评价过程中视三个子系统同等重要。

二、数据准备与标准化

水资源生态补偿绩效属于综合评价,其包括水资源生态环境保护投入能力指标:人均环境污染治理总投资、城市污水日处理能力、每万人市容环卫专用车辆设备、水利环境和公共设施管理业城镇单位就业人员比例、供水综合生产能力、人均林业投资、人均水利、环境和公共设施管理业全社会固定资产投资、人均造林面积等 8 项指标。水资源生态补偿经济——社会——生态综合效益指标:人均国内生产总值、城镇居民可支配收入、农村人均可支配收入、农业用水效率、工业用水效率、第三产业用水效率、建成区绿化覆盖率、人均公园绿地面积等 8 项指标;水资源环境质量状况指标:化学需氧量排放强度、氨氮排放强度、农药使用强度、化肥使用强度、二氧化硫排放强度 5 项指标,总计 3 个子维度,共 21 项指标,对长江经济带各省市水资源生态补偿绩效进行评价。所用数据均来源于 2004—2018 年《中国环境统计年鉴》《长江年鉴》和长江经济带各省市统计年鉴等。

对数据进行加权处理必须要经过无量纲的标准化处理,数据标准化的方法包括 Z-score 标准化、模糊隶属函数标准化、极差法标准化等。由于评价长江经济带水资源生态补偿绩效的指标中包括正向指标与负向指标,故采用极差法标准化方法对各指标的原始样本数据进行处理。正向指标的数值越大越有利于系统发展,故取:

$$y_i = \frac{x_i - \min\{x_i\}}{\max\{x_i\} - \min\{x_i\}}$$

负向指标数值越小越有利于系统发展,故需要通过极差法对数据进行正向化处理。

$$y_i = \frac{\max\{x_i\} - x_i}{\max\{x_i\} - \min\{x_i\}}$$

其中,x_i 为第 i 个指标的原始样本数值,$\min\{x_i\}$ 为不同地区第 i 个指标的最小值,$\max\{x_i\}$ 为不同地区第 i 个指标的最大值,标准化后的第 i 个指标记为 y_i。

三、基于全局主成分分析方法的绩效评价分析

(一)生态保护投入能力维度绩效评价

对于主成分提取与各指标权重计算,本章利用 SPSS 23 软件,采用主成分分析方法对 2004—2018 年长江经济带 11 省市的生态保护投入能力子系统指标的无量纲化处理后的样本数均进行全局主成分分析,对标准化处理后的数据进行 KMO 检验(Kaiser-Meyer-Olkin)、Bartlett's 球形检验,以检验数据是否适合做主成分分析。经过检验,研究数据的 KMO 统计量为 0.694,Bartlett's 球形检验近似卡方分布值为 1133.556,在自由度为 7 的条件下显著性概率为 0,适合进行主成分分析。SPSS 软件计算出的每个指标相关主成分和方差贡献率如表所示,共有 3 个主成分,累计方差贡献率为 87.025%(大于 85% 的原则),说明所选公因子对因变量的影响力较为合理。

2004—2018 年长江经济带 11 省市生态保护投入能力子系统各成分方差贡献率结果

成分	初始特征值			提取载荷平方和		
	总计	方差百分比	累积 %	总计	方差百分比	累积 %
1	3.691	46.136	46.136	3.691	46.136	46.136
2	2.244	28.046	74.182	2.244	28.046	74.182
3	1.028	12.844	87.025	1.028	12.844	87.025
4	0.381	4.765	91.79			
5	0.309	3.861	95.652			
6	0.205	2.566	98.217			
7	0.102	1.270	99.488			
8	0.041	0.512	100			

注:提取方法为主成分分析法。

通过计算相关系数矩阵的特征值和方差贡献率,基于累计贡献率大于85%的原则,提取了3个成分,第1个主成分贡献率达到46.136%,第2个主成分贡献率为28.046%,第3个主成分贡献率为12.844%,累计方差贡献率为87.025%,符合解释的标准,通过主成分载荷矩阵计算各个成分指标的权重和综合评价得分,结果如表所示。

2004—2018 年长江经济带 11 省市生态保护投入能力子系统各成分得分系数矩阵

变量	成分 1	成分 2	成分 3
环境污染治理总投资	0.843	0.244	0.023
城市污水日处理能力	0.840	−0.230	0.429
市容环卫专用车辆设备	0.837	0.129	−0.441
供水综合生产能力	0.766	−0.396	0.451
水利、环境等城镇事业单位就业人员比例	0.762	0.043	−0.597
林业投资	0.145	0.877	0.255
水利、环境固定资产投资	0.435	0.805	0.154
造林总面积	−0.444	0.734	0.009

注:提取方法为主成分分析法,提取了 3 个成分。

根据表中各主成分特征值与各主成分得分矩阵可以计算出生态保护投入能力维度各指标的权重结果。计算方法如下,第一步,将各主成分得分除以各主成分特征根的平方根,得到新的得分矩阵。第二步,将第一步计算得到的得分矩阵各部分分别乘以各主成分的方差百分比,并求和,加总得到各指标的最终得分。第三步,将第二步得到的各指标加总得分进行归一化处理,得到最终各指标权重。通过计算各指标在系统中所占权重,将权重数据代入极差法标准化后的数据,得到子系统各指标绩效评价结果。

2004—2018 年长江经济带 11 省市生态保护投入能力子系统各指标权重测算结果

变量	权重
环境污染治理总投资	0.185
城市污水日处理能力	0.157
市容环卫专用车辆设备	0.125
供水综合生产能力	0.050
水利、环境等城镇事业单位就业人员比例	0.085
林业投资	0.171
水利、环境固定资产投资	0.203
造林总面积	0.024

通过计算,2004—2018 年长江经济带 11 省市生态保护投入能力子系统平均绩效如图所示。从长江经济带各省生态保护投入能力子系统绩效均值来看,2004—2018 年长江经济带 11 省市生态投入水平子系统绩效均值为 0.2498,上海市、江苏省、浙江省的系统绩效明显大于经济带其他省份,分别为 0.370、0.411、0.318;湖北省与重庆市则处于经济带中间水平,子系统绩效分别为 0.264 与 0.251;安徽省、江西省、湖南省、四川省、贵州省、云南省生态投入水平子系统平均绩效低于经济带平均水平,分别为 0.206、0.178、0.213、0.200、0.178、0.158。从整体上看呈现出东高西低的发展态势。

从 2004—2018 年长江经济带 11 省市生态保护投入能力子系统绩效变化情况看,2004—2018 年间,长江经济带生态保护投入能力子系统绩效总体呈上升趋势。从 15 年的平均增长率来看,长江经济带生态投入水平子系统绩效年增长率为 11.453%,上海市 3.849%,江苏省为 7.969%,浙江省为 9.257%,安徽省 14.714%,江西为 17.067%,湖北省 12.177%,湖南省为 14.157%,重庆市为 14.797%,四川省 12.928%,贵州省为 27.571%,云南省 15.494%。结合图所示与年均增长率数据可以看到,长江经济带 11

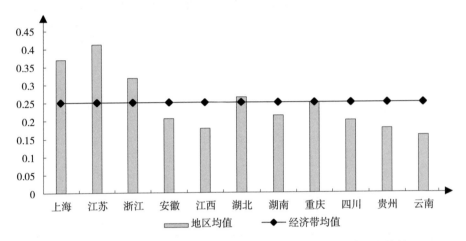

2004—2018 年长江经济带 11 省市生态保护投入能力子系统平均绩效

省市生态保护投入能力子系统绩效呈现出东部基础好、中部和西部增长率高的发展态势,尤其是贵州省,对于生态保护的投入年均提升幅度较大,对其经济发展新动能产业与绿色化转型起到了重要作用。

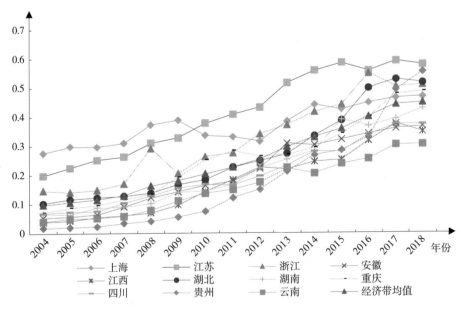

2004—2018 年长江经济带 11 省市生态保护投入能力子系统绩效变化情况

（二）长江经济带水资源生态补偿经济——社会——生态综合效益指标绩效评价

采用全局主成分分析方法对 2004—2018 年长江经济带 11 省市的水资源生态补偿经济——社会——生态效率水平子系统指标的无量纲化处理后的样本数均进行主成分分析,经过检验,研究数据的 KMO 统计量为 0.698,Bartlett's 球形检验近似卡方分布值为 2051.054,在自由度为 7 的条件下显著性概率为 0,适合进行主成分分析。通过 SPSS 软件计算出的每个指标相关主成分和方差贡献率如表所示,共有 3 个主成分,累计方差贡献率为 92.933%（大于 85%）,说明所选公因子对因变量的影响力合计较为合理。

2004—2018 年长江经济带 11 省市水资源生态
补偿经济——社会——生态效益子系统各成分方差贡献率结果

成分	初始特征值			提取载荷平方和		
	总计	方差百分比	累积 %	总计	方差百分比	累积 %
1	5.083	63.533	63.533	5.083	63.533	63.533
2	1.542	19.275	82.808	1.542	19.275	82.808
3	0.81	10.126	92.933	0.81	10.126	92.933
4	0.362	4.519	97.452			
5	0.118	1.48	98.932			
6	0.04	0.5	99.432			
7	0.039	0.484	99.916			
8	0.007	0.084	100			

注:提取方法为主成分分析法。

通过该方法提取了 3 个主成分,第 1 个主成分贡献率达到 63.533%,第 2 个主成分贡献率为 19.275%,第 3 个主成分贡献率为 10.126%,累计方差贡献率为 92.934%,通过主成分载荷矩阵计算各个成分指标的权重和综合评价得分,结果如表所示。

**2004—2018 年长江经济带 11 省市水资源生态
补偿经济——社会——生态效益子系统各成分得分系数矩阵**

指标	成分 1	成分 2	成分 3
城镇居民可支配收入	0.954	−0.252	0.078
农村可支配收入	0.939	−0.314	0.039
第三产业用水效率	0.927	−0.294	0.067
人均实际 GDP	0.901	−0.381	0.019
第二产业用水效率	0.756	0.300	0.326
建成区绿化覆盖率	0.672	0.286	−0.651
人均公园绿地面积	0.655	0.653	−0.273
第一产业用水效率	0.410	0.742	0.439

注:提取方法为主成分分析法,提取 3 个成分。

根据表中各主成分特征值与各主成分得分矩阵可以计算出长江经济带 11 省市水资源生态补偿经济——社会——生态效益子系统各指标的权重结果,计算方法与前文一致。

**2004—2018 年长江经济带 11 省市水资源生态
补偿经济——社会——生态效益子系统各指标权重测算结果**

指标	权重
城镇居民可支配收入	0.127
农村可支配收入	0.118
第三产业用水效率	0.119
人均实际 GDP	0.105
第二产业用水效率	0.158
建成区绿化覆盖率	0.086
人均公园绿地面积	0.136
第一产业用水效率	0.150

通过计算,2004—2018 年长江经济带 11 省市水资源生态补偿经济——社会——生态效益子系统平均绩效如图所示。从长江经济带各省水

资源生态补偿经济——社会——生态效益的绩效均值来看,2004—2018 年长江经济带 11 省市水资源生态补偿经济——社会——生态效益子系统绩效均值为 0.293,上海市、江苏省、浙江省、重庆市的系统平均绩效明显大于经济带其他省份,分别为 0.356、0.365、0.418、0.361;安徽省、江西省、湖北省、湖南省、四川省、贵州省、云南省水资源生态补偿经济——社会——生态效益子系统绩效水平低于经济带平均水平,分别为 0.242、0.259、0.257、0.231、0.283、0.213、0.238。从整体上看呈现出东部高中部和西部偏低的发展态势。

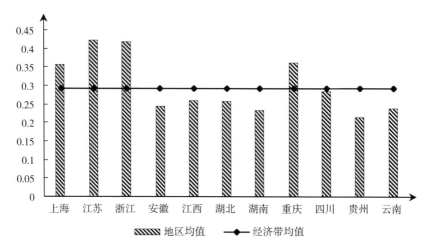

2004—2018 年长江经济带 11 省市水资源生态补偿
经济——社会——生态效益子系统平均绩效

从图中 2004—2018 年长江经济带 11 省市水资源生态补偿经济——社会——生态效益子系统绩效变化情况看,2004—2018 年间,长江经济带水资源生态补偿经济——社会——生态效益子系统绩效总体呈上升趋势,从 15 年的平均增长率来看,长江经济带生态投入水平子系统绩效年增长率为 12.803%,上海市 9.729%,江苏省为 10.130%,浙江省为 11.008%,安徽省为 15.766%,江西为 13.069%,湖北省为 12.315%,湖南省为 12.629%,重庆市为 16.966%,四川省为 12.542%,贵州省为 19.407%,云南省为 14.695%。

结合图所示与年均增长率数据可以看到,长江经济带 11 省市水资源生态补偿经济——社会——生态效益子系统绩效仍旧呈现出东部基础好、中部和西部增长率高的发展态势,其中贵州省、重庆市、安徽省分列 11 省市水资源生态补偿经济——社会——生态效益子系统绩效平均增长率前三位。对于水资源生态补偿经济——社会——生态效益的协调发展方面,在发展经济的同时,兼顾生态利益的发展,经济带各省均作出了巨大的努力。

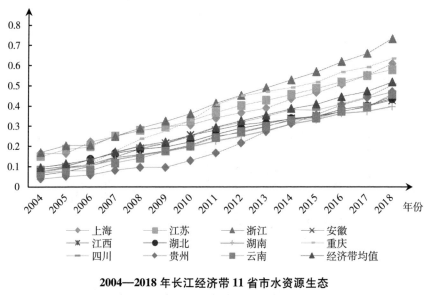

**2004—2018 年长江经济带 11 省市水资源生态
补偿经济——社会——生态效益子系统绩效变化情况**

(三)水资源生态环境质量状况绩效评价

采用全局主成分分析方法对 2004—2018 年长江经济带 11 省市的水资源生态环境质量状况绩效子系统指标的无量纲化处理后的样本数均进行分析,经过检验,研究数据的 KMO 统计量为 0.608,Bartlett's 球形检验近似卡方分布值为 353.689,在自由度为 4 的条件下显著性概率为 0,适合进行主成分分析。SPSS 软件计算出的各指标相关主成分和方差贡献率如表所示,有 3 个主成分,累计方差贡献率为 89.525%(大于 85%),说明所选公因子对因变量的影响力合计较为合理。

2004—2018 年长江经济带 11 省市水资源生态环境
质量状况子系统各成分方差贡献率结果

成分	初始特征值			提取载荷平方和		
	总计	方差百分比	累积 %	总计	方差百分比	累积 %
1	2.63	52.598	52.598	2.63	52.598	52.598
2	1.16	23.19	75.788	1.16	23.19	75.788
3	0.687	13.738	89.525	0.687	13.738	89.525
4	0.385	7.698	97.224			
5	0.139	2.776	100			

注:提取方法为主成分分析法。

研究提取了 3 个主成分,第 1 个主成分贡献率达到 52.598%,第 2 个主成分贡献率为 23.19%,第 3 个主成分贡献率为 13.738%,累计方差贡献率为 89.525%,符合主成分分析方法的解释标准,通过主成分载荷矩阵计算各个成分指标的权重和综合评价得分,结果如表所示。

2004—2018 年长江经济带 11 省市水资源生态环境
质量状况子系统各成分得分系数矩阵

指标	成分 1	成分 2	成分 3
氨氮排放强度	0.817	0.466	-0.220
COD 排放强度	0.765	0.588	-0.021
农药使用强度	0.757	-0.291	0.398
化肥使用强度	0.730	-0.425	0.301
SO_2 排放强度	-0.521	0.575	0.624

注:提取方法为主成分分析法,提取了 3 个成分。

根据表中各主成分特征值与各主成分得分矩阵可以计算出水资源生态环境质量状况维度各指标的权重结果,计算方法与前文一致,得到各指标绩效权重评价结果如表所示。

2004—2018 年长江经济带 11 省市水资源生态环境
质量状况子系统各指标权重测算结果

指标	权重
氨氮排放强度	0.274
cod 排放强度	0.309
农药使用强度	0.207
化肥使用强度	0.162
so2 排放强度	0.048

通过计算,2004—2018 年长江经济带 11 省市水资源生态环境质量状况水平子系统平均绩效如图所示,从长江经济带各省水资源生态环境质量状况子系统绩效均值来看,2004—2018 年长江经济带 11 省市水资源生态环境质量状况子系统绩效均值为 0.650,上海市、江苏省、重庆市、四川省、贵州省、云南省系统平均绩效高于子系统绩效均值,分别为 0.732、0.649、0.697、0.595、0.603、0.589;湖北省与重庆市则处于经济带平均水平,子系统绩效分别为 0.304 与 0.288;浙江省、安徽省、江西省、湖北省、湖南省水资源生态环境质量状况子系统平均绩效低于经济带平均水平,分别为 0.564、0.540、0.513、0.460、0.457。从整体分布上看呈现出长江经济带东、西部省份绩效高、中部省份绩效偏低的发展态势。

从 2004—2018 年长江经济带 11 省市水资源生态环境质量状况子系统绩效变化情况看,2004—2018 年间,长江经济带水资源生态环境质量状况水平子系统绩效总体呈先平稳波动后下降再上升后平稳波动的情形,并在 2009—2016 年之间形成了一个"U"型演变过程。从考察期 15 年间的平均增长率来看,长江经济带水资源生态环境质量状况子系统绩效年增长率为 1.331%,上海市 1.603%,江苏省为 0.950%,浙江省为 1.344%,安徽省为 0.833%,江西为 0.910%,湖北省为 1.703%,湖南省为 2.054%,重庆市为 0.690%,四川省为 1.926%,贵州省为 1.802%,云南省为 1.006%。结合图 5-6 与年均增长率这组数据可以看到,长江经济带 11 省市中大部分省市的

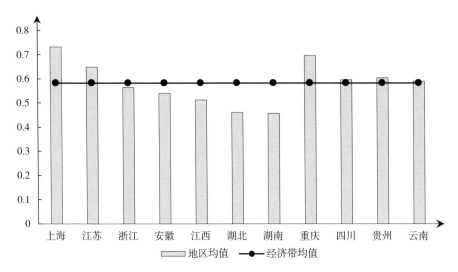

2004—2018 年长江经济带 11 省市水资源生态环境质量状况子系统平均绩效

水资源生态环境质量状况子系统绩效均经历了"U"型演进过程,例外的是,上海市和贵州省没有经历明显的"U"型过程。上海市和贵州省仅在 2010—2011 年出现了水资源生态环境质量状况绩效明显下跌的情形,其他年份水资源生态环境质量状况均处于平稳上升阶段。

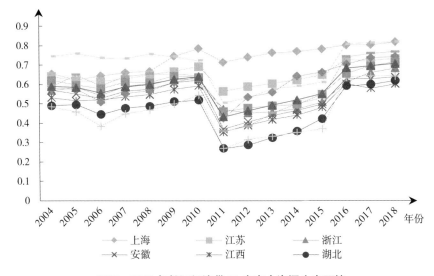

2004—2018 年长江经济带 11 省市水资源生态环境
质量状况子系统绩效变化情况

四、绩效综合评价及其动态演变趋势分析

(一)长江经济带水资源生态补偿绩效综合评价

在本研究中,长江经济带 11 省市水资源生态补偿绩效评价系统包括了生态投入水平维度子系统、水资源生态补偿经济——社会——生态效益子系统、生态补偿绿色化水平子系统,将综合得分为三个子系统的加权平均,具体公式为:

$$Z_k = \sum_{j=1}^{3} w_j Q_{jk}$$

在评价过程中视三个子系统同等重要,因此取三个子系统权重相等,即 w1＝w2＝w3＝1/3。在最初的数据标准化过程中已经借鉴了蒋梁瑜(2009)、门可佩(2010)、王辉(2013)等人使用的功效系数研究方法,故可直接将 2004—2018 年三个子系统绩效按公式加权平均后可得到 2004—2018 年长江经济带 11 省市水资源生态补偿综合绩效。

从图中可以看出,2004—2018 年间,长江经济带 11 省市水资源生态补偿综合平均绩效得分为 0.375,其中绩效较高且高于经济带均值的地区有上海市(0.486)、江苏省(0.475)、浙江省(0.433)、重庆市(0.436)。绩效得分低于经济带均值的有安徽省(0.329)、江西省(0.316)、湖北省(0.327)、湖南省(0.300)、四川省(0.359)、贵州省(0.331)、云南省(0.328)。2004—2018 年长江经济带 11 省市水资源生态补偿综合平均绩效总体呈现东部偏高、中西部偏低的状态。

从样本期内长江经济带 11 省市水资源生态补偿综合绩效波动情况看,上海市、江苏省水资源生态补偿综合绩效变化相对稳定,且处于上升趋势,上升过程中的上下波动也比较平缓。浙江省、重庆市水资源生态补偿绩效则经历了四个较为明显的拐点,致使波动曲线产生了"U"型过程,同样的情形也出现在经济带其他省份。从长江经济带 11 省市水资源生态补偿综合

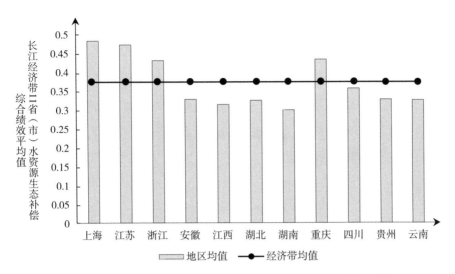

2004—2018 年长江经济带 11 省市水资源生态补偿综合绩效平均值

绩效平均增长率来看,经济带均值为 5.582%,各省高低顺序依次为:贵州省(7.568%)、湖南省(6.276%)、湖北省(6.183%)、重庆市(5.759%)、四川省(5.743%)、浙江省(5.713%)、安徽省(5.570%)、江西省(5.566%)、云南省(5.171%)、江苏省(4.728%)、上海市(3.983%)。根据长江经济带各省市发展实践,水资源生态补偿综合绩效较高的地区多集聚在经济较发达的东部沿海与西部经济较发达地区(如重庆市、四川省),但从增速上看,比较突出的是贵州、湖南、湖北、重庆、四川等省市,从总体上看,长江经济带其他省份都在努力提升水资源生态补偿综合绩效,从这一点来看,经济带各省的发展决策均认同了经济增长不能以环境破坏为代价,要走绿色化与可持续发展道路;从发展路径选择上看,若从资本密集型产业如发展生物技术、信息技术等挖掘新动能,减少环境与水体污染,可以有效避免陷入"U"型发展阶段。

(二)长江经济带水资源生态补偿综合绩效动态演变趋势分析

非参数核密度估计(Kernel density estimator)是研究不均衡分布的常用

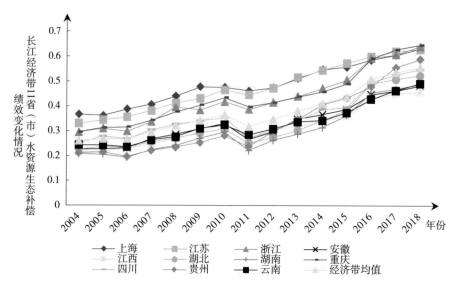

2004—2018 年长江经济带 11 省市水资源生态补偿绩效变化情况

方法,由于该方法是从数据本身出发解释其分布特征,具有克服参数模型估计函数设定存在主观性的优点,能够较为客观地反映事实。此外,可以通过图像的波峰形状和数量判断长江经济带 11 省市水资源生态补偿绩效发展水平的分布、形态和演变趋势,判断区域之间是否出现两极分化等问题(徐维祥等,2015)。计算公式如下:

假设 $f(x)$ 为随机变量 X 的密度函数,那么它在 x 点的概率密度可以用如下公式估计:

$$f(x) = \frac{1}{Nh} \sum_{i=1}^{N} K\left(\frac{X_i - \bar{x}}{h}\right)$$

式中 N 表示观测值的个数,h 为带宽,一般为一较小的正数,$K(*)$ 为核函数;根据该函数类型判断可知,该函数是含加权函数的平滑转化函数,X_i 为独立同分布观测值,$\bar{x}$ 为均值。从理论上判断,最佳带宽需要在核密度估计偏差和方差之间做一权衡,使得积分均方误差(AMISE)最小(武鹏等,2010),一般选择通用性较强的 Silverman(1986)的方法来决定最优带宽。

　　通常来说,可以根据不同表达形式的差异选择不同形式的 Kernel 密度函数,如三角核函数、伽马核函数、高斯核函数等。结合已有研究(徐维祥等,2015;田云,2015),选择高斯核函数来估计长江经济带 11 省市水资源生态补偿绩效的分布动态与趋势演进,其函数表达式如下所示:

$$K(x) = \frac{1}{\sqrt{2\pi}}\exp\left(-\frac{x^2}{2}\right)$$

　　利用 Kernel 密度函数对 2004—2018 年长江经济带 11 省市水资源生态补偿绩效进行估计,选取其中 2004 年、2009 年、2014 年与 2018 年的核密度估计图,结果如图所示。从曲线整体位置来看,图中的四条曲线波峰高度明显下降且向右偏移,说明在这四个观察时期长江经济带 11 省市水资源生态补偿绩效水平逐年提高,波峰所对应的核密度值逐步下降,但绩效水平值在增加,表明观测期内大多数地区的水资源生态补偿绩效得到了改善。

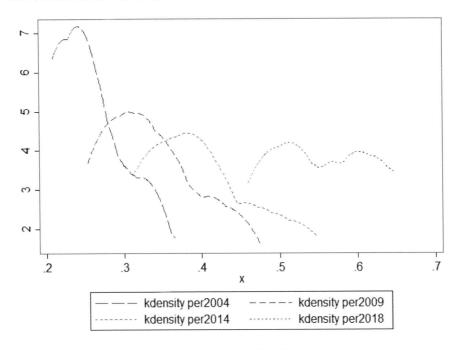

长江经济带 11 省市水资源生态补偿绩效核密度估计分布图
(2004 年、2009 年、2014 年、2018 年)

长江经济带 11 省市水资源生态补偿绩效在 2004 年、2009 年与 2014 年均为明显的"单峰"分布,波峰对应的水资源生态补偿绩效水平较低。经过对逐年核密度估计测度分析可知,2018 年,长江经济带水资源生态补偿绩效的核密度分布开始由"单波峰"分布向"双波峰"分布渐变。具体分析可知,长江经济带 11 省市水资源生态补偿绩效核密度分布具有不同的演进状态:在 2004—2009 年间,水资源生态补偿绩效核密度分布波峰对应的绩效值有一定提高,但波峰偏左且波峰高度有明显降低,表明这一时期多数地区水资源生态补偿绩效发生了向好的变化,部分地区的水资源生态补偿绩效得到了一定改善;2009—2014 年间,密度分布波峰继续右移且波峰高度继续降低,2014 年形态与 2009 年大致相同,说明虽然这一时期部分省份水资源生态补偿绩效实现了提升,但区域间的绩效水平开始拉开差距;在 2014—2018 年间,密度分布波峰继续右移且波峰高度继续降低,但波峰降低的速度放缓,且 2018 年水资源生态补偿绩效分布出现了"双波峰"特征,且第二个波峰高度与第一个波峰高度差距较小,形成"一主一副"的分布格局,表明这一时期长江经济带水资源生态补偿绩效实现提升的地区越来越多,形成了双格局倾向。但与此同时,区域间效率差异进一步扩大,处于两波峰之间的区域有较强的改善潜力,可以预见,当长江经济带水资源生态补偿绩效水平较高的地区达到一定绩效水平后,通过继续改善落后地区水资源生态补偿绩效,绩效较低的地区会逐渐弥补差距,最终形成整个长江经济带水资源生态补偿绩效绿色化高水平协同发展趋势。

第三节　空间正义视角下长江经济带水资源生态补偿绩效的影响因素分析

本章前两节对长江经济带水资源生态补偿绩效演变规律进行了测度,在此基础上,本章将从空间正义视角对长江经济带水资源生态补偿机制存量利益(即绩效)的关键性因素展开分析。在已有关于空间正义测度与水资源生态补偿绩效影响因素研究的基础上,结合水资源生态补偿的特征与功能,以空间正义为视角确定相关解释变量,并从中分析出导致水资源生态补偿存量变化的主要原因,检视空间正义因素对长江经济带水资源生态补偿绩效的影响。

一、理论分析与模型设计

在影响因素研究的理论模型设计方面,已有文献对区域经济发展的影响因素和驱动机理方面的研究已经比较成熟,常运用空间机理模型等借助地理加权回归模型的空间计量分析(丹尼斯等,2009)、核密度估计和空间马尔科夫链模型等统计分析方法。由于水资源生态补偿绩效的形成过程是经济社会生态因素共同作用的结果,可看作一种特殊的生产形式,但其生产关系不能以直接的要素投入与产出来衡量估计,因为传统的生产函数是为了揭示可控且数量有限的生产要素与产出之间的数量关系,若使用生产函数分析水资源生态补偿绩效的形成过程则无法准确描述非直接产出(绩效)与非直接投入要素两者间的关系,这是由于水资源生态补偿绩效的形成过程是社会经济因素和生态因素共同作用所致。水资源生态补偿绩效形成有别于其他的生产过程,与水资源相关的投入种类通常更多,不仅仅包括资金、人力资源和技术投入,还包括与水资源生态保护与破坏相关的中间投入,若单纯依靠资本与劳动的投入作为自变量则仅考虑了经济系统而忽略了社会系统与自然生态系统对水资源生态补偿绩效的影响作用。空间正义因素中生产性正义、分配性正义、消费性正义、生态性正义四个因素作用的内核就是缩小长江经济带不同地区水资源生态补偿绩效差距,促进绩效再平衡的关键性因素,这一过程也涵盖了不同要素结构的资本与劳动投入的作用。此外,水资源生态补偿绩效还受到水资源禀赋、产业布局、能源消耗等因素影响(李秋萍,2015),这些因素均可能影响水资源生态补偿绩效,因此有必要针对空间正义视角对长江经济带水资源生态补偿绩效的影响因素构建回归模型进行实证检视,作用关系如图所示。

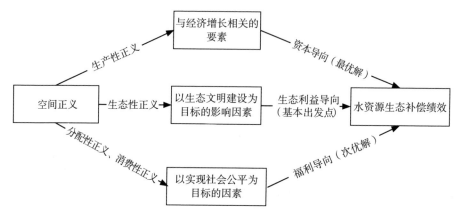

空间正义对水资源生态补偿绩效的影响关系图

综上,本章从空间正义视角对长江经济带水资源生态补偿利益机制的影响机理与作用维度进行了深入的剖析。为了更好地把握空间正义对长江经济带水资源生态补偿存量利益(绩效)的影响,将抽象化的空间正义概念具体化,通过对空间正义理论谱系的梳理,挖掘了空间正义对长江经济带水资源生态补偿利益机制的四个作用维度:生产性正义、分配性正义、消费性正义与生态性正义。这些理论探索为本书尝试探讨空间正义对水资源生态补偿绩效与效率的影响研究打下了坚实的理论基础。下面将构建空间正义视角下长江经济带水资源生态补偿绩效影响因素分析的实证模型,并对其进行影响估计。

二、模型构建、变量处理与数据检验

(一)模型的构建

本章采用全局主成分分析方法,测算并分析了区域间水资源生态补偿绩效动态变化状况,结合本书理论机制分析中提出的四个维度下空间正义对长江经济带水资源生态补偿的影响关系,下面将通过实证分析,进一步检视空间正义对长江经济带水资源生态补偿绩效的影响。

生态补偿绩效的增长不仅受到生态保护、资本投入、劳动力等要素投入的影响,还与空间正义因素即生产性正义、分配正义、消费正义、生态性正义密不可分。不仅如此,水资源生态补偿绩效还可能受到水资源禀赋、技术要素、产业结构、能源消耗等因素影响。因此建立水资源生态补偿绩效影响因素估计的回归函数模型,根据对长江经济带水资源生态补偿绩效影响因素的分析,以绿色发展理论与水资源价值理论为基础,参考卡梅伦和特里雅迪(2009)、尹朝静(2017)等人的研究模型,设定空间正义对长江经济带水资源生态补偿绩效影响的模型,最终形式如下:

$$\ln PER_{i,t} = \beta_0 + \beta_1 X_{i,t} + \beta_2 \ln WRE_{i,t} + \beta_3 \ln TECH_{i,t} + \beta_4 \ln ENER_{i,t}$$

$$+ \beta_5 \ln FDI_{i,t} + \beta_6 SER_{i,t} + \beta_7 IND_{i,t} + \mu_i + \varepsilon_{i,t}$$

其中,被解释变量为 $PER_{i,t}$,代表长江经济带水资源生态补偿绩效水平。解释变量 X 分别代表空间正义的四个维度指标,即生产性正义、分配性正义、消费性正义、生态性正义,其中生产性正义用人均固定资本存量表示,分配性正义用城乡人均可支配收入之比表示,消费性正义用城乡人均消费支出之比表示,生态性正义用人均灰水足迹指标表示。控制变量 WRE 为水资源禀赋、TECH 为技术效应、ENER 为能源投入、FDI 为外商直接投资、SER 为第三产业依存度、IND 为工业依存度,μ 为非观测地区的个体固定效应,ε 为随机误差项,ln 表示自然对数,i 与 t 分别是地区和时间变量。

(二)变量的选择

面板数据的时间跨度考察主要基于近年随着国家经济发展政策的不断完善这一事实,对长江经济带水资源生态保护与补偿有了一定的探索与尝试,且更早期的一些重要变量数据缺失,故选择的时间跨度为2004—2018年。截面跨度是长江经济带11个省级地区,参照王志刚(2012)、时润哲和李长健(2020)等人对空间正义维度的分解,对核心解释变量进行测度,参照傅春等(2020)、尹雷和沈毅(2014)、刘涛和王波(2019)等人对相关控制变量指标测度,需要注明的是,在模型估计中,研究对绝对变化量数据取对数处理,结合本研究需要,设计变量的解释如下:

1. 被解释变量

长江经济带水资源生态补偿绩效水平(PER),本章第一、二节已经对本指标进行了详尽的测算,此指标非百分比指标,计算时取对数表示。

2. 核心解释变量

生产性正义变量(PI),用永续盘存法计算全社会固定资产投资净值,取人均值表示生产性正义指标的生产性正义水平,数值越大则表示生产性正义水平越高,此指标非百分比值指标,计算时取对数表示。

对于该指标的测度方法,研究采用永续盘存法来估算长江经济带11省市的资本存量。具体计算方法与过程如下:

$$K_0 = \frac{I_0}{g + \delta}$$

式中,K_0为研究初始年份资本存量估值,I_0为初始年份固定资产投资额,g为选定时间内投资额平均增长率,δ为折旧率。

$$K_{m,t} = K_{m,t-1}(1 - \delta) + I_{m,t}/P_{m,t}$$

式中:$K_{m,t}$和$K_{m,t-1}$为各省市在t年和$t-1$年的资本存量估值,δ为折旧率,$I_{m,t}$为第t年以当年价计算的固定资产投资额,$P_{m,t}$为第t年相对于基期的固定资产投资价格指数。

分配性正义变量(DF),用长江经济带各省农村人均可支配收入与城市人均可支配收入比表示,比值越大则表示城乡分配正义水平越高,此指标在区域横向比较的基础上,兼顾了城乡之间的比较关系。

消费性正义变量(CF),用长江经济带各省农村人均消费支出与城市人均消费支出比表示,比值越大表示城乡消费正义水平越高,此指标在区域横向比较的基础上,兼顾了城乡之间的比较关系。

生态性正义变量(WP),遵循绿色原则,用长江经济带各省人均灰水足迹表示,取对数表示各省市对于水资源的保护力度,此指标为负向指标,即数值越大则生态性正义水平越低。

3.控制变量

水资源禀赋变量(WRE),由第三章第一节测算的水资源承载力水平可以看出,数值越大则表示水资源禀赋越高。作为客观评价某地区水资源承载力指标,测算的是该地区水资源供给能够承载的人数,考虑到水资源禀赋的客观存在性,该指标无需人均化处理,计算时取对数表示。

技术市场成交额(TECH)是登记合同成交总额中技术部分的成交金额,反映了一国技术市场的发展情况,数值越大则反映该地区的技术市场越发达,技术规模的扩大可以带来技术的扩散效应。由于技术发展指标是资本与技术的集聚带来的影响,不适用于劳动密集产业与交易区域面积大小带来的指标变化,不适宜对其进行人口均值化处理,计算时取对数表示。

能源工业投资(ENER)表示的是能源工业投入情况,能源工业投资越高则表示该地区的能源投资越发达,与之相应的消耗量总量越高。由于每个地区的人口数不同,能源投资企业布局不一,故本指标使用人均指标,计算时取对数表示。

第三产业发展程度(SER),用长江经济带各省市地区第三产业生产总值与各地区生产总值比值来表示,比值越大则说明第三产业发展越发达;

工业依存度(IND)用长江经济带各省市地区第二产业生产总值与各地区生产总值比值来表示,比值越大则说明工业依存程度越高;

本章采用长江经济带11省市2004—2018年面板数据研究检视空间正义对长江经济带水资源生态补偿绩效影响。以上指标数据来源于《中国统计年鉴》《中国环境统计年鉴》《长江年鉴》。

(三)数据检验与描述性分析

在模型中,解释变量并未包括人均地区生产总值、城镇化率等指标,主要考虑到人均地区生产总值和城镇化率、人均固定资产投资存量、人均外商直接投资净值等变量之间具有很强的相关性。在删除人均地区生产总值和城镇化率、人均外商直接投资净值等变量后,对各变量进行了共线性检验,发现分配性正义与消费性正义指标存在共线性问题,本着因果关系的理论推演,消费者的消费行为由收入决定,故选择分配性正义而舍弃了消费性正义指标。数据平均方差膨胀因子(VIF)为 4.82,且每个指标都小于 10,表明变量之间不存在严重的多重共线性问题。因此,采用去除人均地区生产总值和城镇化率变量后的模型进行回归分析。此外,为了避免模型出现"伪回归",确保估计结果的有效性,本章使用面板 LLC 单位根检验方法和 IPS 检验进行单位根检验,单位根检验结果表明,各变量均通过了显著性检验,表明面板数据是平稳的。

变量描述性统计

变量	变量符号	均值	标准差	最小值	最大值
水资源生态补偿绩效	PER	0.375	0.117	0.193	0.647
生产性正义(万元/人)	PI	10.470	8.016	0.643	36.250
分配性正义	DF	0.363	0.068	0.210	0.491
消费性正义	CF	0.414	0.091	0.230	0.592
生态性正义(m^3/人)	WP	985	307	272	1 761
水资源承载力(万人)	WRE	5 255	2 946	1 580	13 732
技术市场成交额(亿元)	TECH	177.800	251.670	0.540	1 225
能源工业投资(元/人)	ENER	1 113	545	222	2 876
第三产业依存度	SER	0.241	0.056	0.164	0.450
工业依存度	IND	0.456	0.058	0.288	0.566

注:每个变量的样本观察个数为 165。

从描述性统计结果可知,长江经济带水资源生态补偿绩效水平在
0.193—0.647 之间,均值为 0.375,标准差为 0.117;生产性正义变量用人均
固定资产投资存量(万元/人)表示,人均固定资产投资存量在 0.643 万元/人
到 36.250 万元/人之间,均值为 10.47 万元/人,标准差为 8.016 万元/人,说明
生产性正义指标差距较大;分配性正义指标选取的是居民人均可支配收入之
比(农村/城市),比值区间在 0.210 到 0.491 之间,均值为 0.363,标准差为
0.068;同样,消费性正义指标选取的是居民人均消费之比(农村/城市),比值
区间在 0.230 到 0.592 之间,均值为 0.141,标准差为 0.091;生态性正义变量,
用人均灰水足迹(立方米/人)表示,人均灰水足迹在 272 立方米/人到 1761 立
方米/人之间,均值为 985 立方米/人,标准差为 306.9 立方米/人,说明各地区
人均灰水足迹的差异较大。水资源承载力(万人)指标考察的是地区水资源
禀赋差异,取值范围在 1580 万人到 13732 万人之间,均值为 5255 万人,标
准差为 2946.27 万人,说明各地区水资源禀赋差异明显;技术扩散效应用技
术市场成交额表示,指标范围在 0.540 亿元到 1225 亿元之间,均值为 177.8
亿元,标准差为 251.67 亿元,可见各地技术市场发达程度与技术扩散能力
差距较大。人均工业能源投资指标的取值范围在 222—2876 元/人之间,均
值为 1113 元/人,标准差为 545.48 元/人;第三产业依存度(第三产业增加
值占国民生产总值比重)的取值区间为 0.164 到 0.450 之间,均值为 0.241,
标准差为 0.0560;工业依存度(第二产业增加值占国民生产总值比重)的取
值范围为 0.288 到 0.566,均值为 0.456,标准差为 0.058。

三、空间正义因素对长江经济带水资源生态补偿绩效影响的结果分析

(一)基于静态面板的空间正义对长江经济带水资源生态补偿绩效影响的估计

考虑到所用数据为 2004—2018 年的长江经济带 11 省市的省级面板数

据,时间跨度大于截面个数,可以视为长面板数据。为解决遗漏变量与扰动项可能带来的异方差问题,本研究使用了三种估计方法对模型进行估计。首先使用 OLS 估计双向固定效应模型,这种估计方法最为稳健;第二种使用全面 FGLS 估计,对误差项的自相关、异方差和截面相关的问题一并加以处理,这种估计方法最有效率。第三种选择固定效应估计(因为 N 与 T 相差不大,故加入固定效应模型进行比较),并对面板数据的异方差与时序自相关问题进行处理,在本研究中分别使用面板校正标准误(PCSE)的 OLS估计、考虑组间异方差与同期相关的全面 FGLS(在输出结果中表示为FGLS)、固定效应模型估计(FE)三种方法对模型进行估计,估计如表所示。

空间正义对长江经济带水资源生态补偿绩效影响估计结果

自变量	PCSE		FGLS		FE	
	系数	标准误	系数	标准误	系数	标准误
生产性正义	0.471 ***	0.042	0.415 ***	0.032	0.256 ***	0.011
分配性正义	0.465	0.091	0.601 ***	0.132	0.534	0.408
生态性正义	−0.676 ***	0.061	−0.640 ***	0.038	−0.513 ***	0.100
水资源承载力	−0.315 ***	0.089	−0.229 ***	0.037	−0.201	0.036
技术市场成交额	0.018 *	0.01	0.009 **	0.005	0.022 **	0.010
能源工业投资	−0.084 ***	0.016	−0.067 ***	0.009	−0.077 ***	0.023
第三产业依存度	0.610 ***	0.216	0.381 ***	0.114	0.371	0.266
工业依存度	−0.365 ***	0.212	−0.103	0.118	0.051	0.224
常数项	92.428 *	16.665	68.524 ***	13.594	3.054 ***	0.929
地区效应	Y		Y		Y	
时间效应	Y		Y		Y	
wald 统计量	11731.75		4369.72		—	
F 检验统计量	—		—		3253.09	
样本数	165		165		165	
R^2	0.9725		—		0.9477	

注:*** 、** 、* 分别表示在显著水平 1%、5%、10%下显著。

　　由表中模型的估计结果可知,三种方法的估计结果输出方向基本一致,说明模型的估计是比较稳健的。通过组内自相关、组间异方差及组间同期相关的检验结果可知,Wooldridge Wald 检验的统计量为 30.350,对应的 p 值为 0.0003,说明存在一阶组内自相关;Greene Wald 检验的统计量为 144.11,对应的 p 值为 0.0000,说明存在组间异方差;Breusch-Pagan LM 检验的统计量为 169.300,对应的 p 值为 0.0000,表明存在组间同期相关。本研究选择全面 FGLS 估计模型,能够对误差项的自相关、异方差和截面相关的问题一并加以处理,故选择全面 FGLS 模型的估计结果进行分析。从表中的 FGLS 估计结果可知,解释变量生产性正义、分配性正义、生态性正义指标均通过了 1% 水平的显著性检验。其中生产性正义(人均固定资产存量)与分配性正义(城乡人均可支配收入之比)系数为正,表明生产性正义与分配性正义对水资源生态补偿绩效有正向影响;生态性正义指标(人均灰水足迹,越大表示水资源污染程度越高)的系数为负,说明人均灰水足迹对水资源生态补偿绩效有负向影响。控制变量当中,技术市场成交额、第三产业依存度的系数为正,且通过了 5% 水平的显著性检验,说明技术市场成交额、第三产业依存度对水资源生态补偿绩效有正向影响;水资源承载力指标、能源工业投资指标的系数为负,且均通过了 1% 水平的显著性检验,说明资源承载力(水资源禀赋)、能源工业投资对水资源生态补偿绩效有负向影响;工业依存度对水资源生态补偿绩效没有产生显著影响,即工业生产比重与水资源生态补偿绩效之间不存在直接的影响关系。由此,假设 1 得到了验证,即空间正义因素不同维度指标对水资源生态补偿绩效有显著的影响。接下来通过动态面板模型估计与空间面板模型估计分别对模型的内生性问题与空间溢出效应进行回应。

(二)基于动态面板的空间正义对长江经济带水资源生态补偿绩效影响的估计

　　为了增强模型的拟合度以及说服力,还需要对模型内生性问题予以解决,考虑到被解释变量滞后期对当期的影响,加入被解释变量的滞后一期为解释变量。综合刘生龙和胡鞍钢(2010)、尹雷和沈毅(2014)等人的实证模型构建后,本书选用的动态面板数据回归模型如下:

$$\ln PER_{i,t} = \beta_0 + \beta_1 \ln PER_{i,t-1} + \beta_2 X_{i,t} + \beta_3 \ln WRE_{i,t} + \beta_4 \ln TECH_{i,t}$$
$$+ \beta_5 \ln ENER_{i,t} + \beta_6 SER_{i,t} + \beta_7 IND_{i,t} + \mu_i + \varepsilon_{i,t}$$

其中,$PER_{i,t}$代表i地区t期水资源生态补偿绩效,$PER_{i,t-1}$代表i地区$t-1$时期的水资源生态补偿绩效,X代表空间正义变量,控制变量在前文已经介绍且保持一致,μ为非观测地区的个体固定效应,ε表示残差项,i与t分别是地区和时间变量。

本书采用长江经济带 11 省市 2004—2018 年相关面板数据研究检视空间正义对水资源生态补偿绩效动态变化的影响,分析数据均来源于 2004—2019 年《中国统计年鉴》《中国环境统计年鉴》《长江年鉴》的等相关数据库。分析方法使用的是动态面板 GMM 估计方法,可以有效处理方程中存在的内生性问题。此外,分析过程中还采用了 Sargan 检验来识别工具变量的有效性,并通过 Arellano-Bond 检验来判断残差项 ε 非自相关假设。为了提升模型的估计稳健性,本节使用了差分 GMM 与系统 GMM 的方法进行模型估计,同时加入了偏差校正 LSDV 法对模型进行对照。估计结果如图表所示。

空间正义对长江经济带水资源生态补偿绩效影响
差分 GMM、系统 GMM、LSDV 方法估计结果

自变量	差分 GMM		系统 GMM		LSDV	
	系数	标准误	系数	标准误	系数	标准误
被解释变量滞后 I 期	-0.0629	0.064	-0.002	0.068	0.286***	0.084
生产性正义	0.314**	0.133	0.294***	0.073	0.420***	0.054
分配性正义	1.102*	0.548	0.465	0.566	0.318	0.296

续表

自变量	差分 GMM		系统 GMM		LSDV	
	系数	标准误	系数	标准误	系数	标准误
生态性正义	−0.775***	0.140	−0.799***	0.139	−0.5391***	0.081
水资源承载力	1.523*	0.906	0.664	0.691	−0.313***	0.105
技术市场成交额	0.011	0.005	−0.024	0.057	0.014	0.012
能源工业投资	−0.302	0.262	−0.026	0.047	−0.083***	0.022
三产依存度	0.837	0.903	0.212	0.473	0.455	0.287
工业依存度	0.628	0.499	0.578	0.591	−0.464*	0.262
时间虚拟变量					−0.046***	0.008
常数项	−8.101	7.83	−1.929	6.349		
wald 检验统计量	2848.60		1426.56			
Arellano-Bond test for AR(2)	0.8102		0.3712			
Sargan 检验概率 p 值	1.000		1.000			
样本数	143		154		154	

注：***、**、*分别表示在显著水平 1%、5%、10%下显著;Arellano-Bond test for AR(2)检验的零假设
　　为回归方程误差项不存在二阶序列相关,Sargan 检验的零假设为工具变量是有效的。

本书利用软件 Stata13.1 对模型进行估计。从 GMM 方法的估计结果来看,Wald 检验的概率 P 值均在 1%的水平上显著;从 Arellano-Bond test for AR(2)检验结果可知,回归方程的误差项不存在二阶序列相关的假设;Sargan 的概率 P 值为 1.000 均接受原假设,说明工具变量是有效的。与差分 GMM 相比,系统 GMM 的优点是可以提高估计效率,由于回归方程误差项不存在二阶序列相关,而且工具变量是有效的,在保证模型估计的稳健性前提下(三组估计方程解释变量的方向是一致的),接受系统 GMM 估计结果。从表中的系统 GMM 估计结果可知,解释变量生产性正义指标(人均固定资本存量)在 1%水平的显著性的检验下系数为正,说明生产性正义对长江经济带水资源生态补偿绩效有正向影响;生态性正义指标(人均灰水足

迹越大表示非正义程度越高)在1%水平的显著性的检验下系数为负,说明生态不正义(即人均灰水足迹增加)会对长江经济带水资源生态补偿绩效产生负向影响。

由此,我们可以进一步思考,为什么从生产性正义、分配正义、消费正义维度来看长江经济带水资源生态补偿绩效会存在较大差异?根据实证结果,可从经济社会发展因素来解释,从空间一般均衡的视角来看,受到资本偏袒的地区会因为资本超额供给、居民收入增加而吸引更多的人进入人均资本较高的地区,从而扩大了发达地区的人口规模,导致发达地区的不断扩张;而受到资本歧视的落后地区则会因为资本的短缺,劳动力流出,导致该地区的衰落。不同地区的人力资本差异与预期收入的不平衡影响了资本的配置流向,并且发展较落后地区的市场发展促进政策远没有达到资本青睐的程度,造成了区域间经济、社会发展的区隔,因此,很难改变发达地区、落后地区的扩张与收缩的进程,加剧了经济带的空间不正义程度,经济发展相对落后地区会长期陷入低水平低效率发展状态。同样,从区域间的空间不正义拓展到城乡间的不正义,城乡协调程度在很大程度上影响着区域经济——社会——生态发展是否协调(范恒山,2020)。由于城乡二元经济特征以及三次产业比例长期不合理,农村一、二、三产业联系不紧密、融合程度较低(易醇、张爱民,2018),乡村发展长期受限,导致乡村资本、人才等要素外流等诸多问题(王文龙,2019)。

第四节 基于空间面板模型的长江经济带水资源生态补偿绩效影响因素分析

为了进一步分析空间正义视角下长江经济带水资源生态补偿绩效影响是否存在空间溢出效应,本节分别从空间邻接距离、地理距离与经济距离特征出发,构建不同的空间结构权重矩阵。借鉴李婧(2010)等的研究,通过对比地理特征矩阵与经济距离矩阵对长江经济带水资源生态补偿绩效的影响,探寻其空间变化情况。有关空间问题的研究,不能忽视区域之间的空间相关性,长江经济带水资源生态补偿绩效问题的研究也不例外。长江是长江经济带水资源生态补偿机制实现与应用的重要纽带,从本章长江经济带水资源生态补偿绩效测算结果来看,2004—2018 年间,水资源生态补偿绩效较高的地区在长江上游地区发生了集聚效应,具有明显的空间相关性。因此,在建模描述长江经济带水资源生态补偿绩效的影响因素时就不能忽略空间相关性的影响。本节将利用空间计量经济学相关理论和方法试图对此问题进行空间正义视角下水资源生态补偿绩效影响因素的进一步探索。

一、研究准备、方法与模型构建

(一)空间矩阵的构建

本书借鉴李婧等人(2010)、邵帅等人(2016)的相关研究,构建了四种空间权重矩阵。第一种——空间邻接权重矩阵 W_1,w_{ij} 表示 i 地区省会与 j 是否有邻接,有邻接取值为 1,无邻接取值为 0。第二种——地理距离权重矩阵 W_2,w_{ij} 表示 i 地区省会与 j 地区省会经纬度位置差距的倒数。此外,本章还构建了第三种——经济距离权重矩阵 W_3,区域权重设置采用两省市之间经济发展水平差距的倒数:

$$W_{ij} = \frac{1}{|\overline{Y_i} - \overline{Y_j}|} , (i \neq j) , W_{ij} = 0, (i = j)$$

其中,$\overline{Y_i}$ 为第 i 个省份在 2003—2017 年间经 GDP 平减指数平减后的地区 GDP 平均值。有研究指出,以地理距离或经济距离构造权重矩阵会存在局限性(邵帅等,2016),考虑到经济因素存在区域溢出效应和辐射效应的事实,研究进一步构建了第四种——地理与经济距离的嵌套权重矩阵

W_4,可表征为 $W_4=\varphi W_1+(1-\varphi)W_2$,$\varphi$ 介于 0 到 1 之间,表示地理距离权重矩阵所占比重(张征宇、朱平芳,2010)。本书 φ 取值为 0.4(根据空间生产理论观点,空间转移的原因在于资本的扩张,故设定经济距离权重略大于地理距离权重)。

(二)长江经济带水资源生态补偿绩效的空间相关性分析

从本章对长江经济带水资源生态补偿绩效的评价可以看出绩效的大小具有较为明显的空间集聚的特征。本章研究考察的目的是了解长江经济带水资源生态补偿绩效与其所处的地理空间之间的联系与影响,需要通过空间统计量方法分析长江经济带水资源生态补偿绩效的空间相关性存在与否。研究采用空间统计学一般使用的统计量 Moran's I(AnselinL,1988)对其进行检验,公式如下:

$$Moran's\ I = \frac{n\sum_{i=1}^{n}\sum_{j=1}^{n}\omega_{ij}(x_i-\bar{x})(x_j-\bar{x})}{\sum_{i=1}^{n}\sum_{j=1}^{n}\omega_{ij}\sum_{i=1}^{n}(x_i-\bar{x})^2} = \frac{\sum_{i=1}^{n}\sum_{j=1}^{n}\omega_{ij}(x_i-\bar{x})(x_j-\bar{x})}{S^2\sum_{i=1}^{n}\sum_{j=1}^{n}\omega_{ij}}$$

其中,$S^2=\frac{1}{n}\sum_{i=1}^{n}(x_i-\bar{x})^2$,$\bar{x}=\frac{1}{n}\sum_{i=1}^{n}x_i$,$x_i$表示第 i 个空间单元的观测值,n 为空间单元数,w_{ij}为空间权重矩阵元素。Moran's I 指数的取值在[-1,1]之间,0 为正相关与负相关的临界点,指数大小(绝对值)的含义表征空间相关程度大小。本书中使用 Moran's I 指数是为了解释区域水资源生态补偿的全局相关性,通过 Moran's I 散点图描绘区域空间的集聚特征。

(三)空间面板计量模型的构建

通过 Moran's I 指数检验确定长江经济带水资源生态补偿绩效的空间相关性存在后,下面要考虑构建怎样的空间计量模型进行分析。空间计量经济学的概念由 Paelinck(1979)提出,之后 Anselin(1997)等人不断对模型进行拓展研究,逐渐形成了比较完善的空间计量经济学框架体系,使计量经济学研究方法不断走向成熟。由于长江经济带水资源生态补偿绩效可能存在空间外溢性,本章选择更为一般化的 Durbin 模型,加入其他省市水资源生态补偿绩效的空间滞后项,着重考察空间正义视角下生产性正义指标、生态性正义指标、区域内技术扩散效应、区域内的能源工业投资的空间溢出效应;考虑到生态补偿绩效可能存在"时间惯性",研究将滞后一期的水资源生态补偿绩效(被解释变量)纳入模型。本章的空间计量模型构建与设定参考罗能生、王玉泽(2017)的相关研究将模型设定为:

$$\ln PER_{i,t} = \beta_0 + \alpha_1 \ln PER_{i,t-1} + \alpha_2 \ln W \cdot PER_{i,t-1} + \beta_1 X_{i,t} + \beta_2 \ln WRE_{i,t}$$
$$+ \beta_3 \ln TECH_{i,t} + \beta_4 \ln ENER_{i,t} + \beta_5 \ln FDI_{i,t} + \beta_6 SER_{i,t} + \beta_7 IND_{i,t} + \theta_1 \ln W \cdot$$
$$PI_{i,t} + \theta_2 \ln W \cdot WP_{i,t} + \theta_3 \ln W \cdot TECH_{i,t} + \theta_4 \ln W \cdot ENER_{i,t} + \mu_i + \varepsilon_{i,t}$$

其中,$PER_{i,t}$表示第 i 个地区第 t 期水资源生态补偿绩效;$PER_{i,t-1}$代表 i 地区 $t-1$ 时期的水资源生态补偿绩效,X 代表空间正义变量,被解释变量、解释变量、控制变量均在前文已经介绍,$W \cdot Y$ 为所选取变量与空间权重矩阵的空间杜宾项,为非观测地区的个体固定效应,表示残差项,i 与 t 分别是地区和时间变量。

二、空间相关性分析

通过展示长江经济带水资源生态补偿平均绩效空间分布的三分位图,可以直观地看出长江经济带水资源生态补偿绩效的空间差异与分布特征,总体呈现东部高、西部次之、中部偏低的水资源生态补偿绩效状况。为了进一步考察长江经济带水资源生态补偿绩效是否存在空间的相关性,本节继续通过测算 2004-2018 年的 Moran's I 指数进行深入分析。

通过 GeoDa1.6.7 软件计算了长江经济带水资源生态补偿绩效的 Moran's I 指数,该指数用以解释绩效的空间自相关性,图中显示了 2004—2018 年间长江经济带水资源生态补偿绩效的 Moran's I 指数变动情况。从

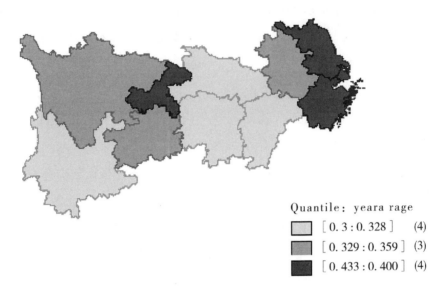

Quantile：yeara rage

▢ ［0.3：0.328］ (4)

▨ ［0.329：0.359］ (3)

■ ［0.433：0.400］ (4)

2004—2018 年长江经济带水资源生态补偿平均绩效空间分布三分位图

图中可以看出,2004—2018 年 15 年间,长江经济带水资源生态补偿绩效均存在着正向空间自相关性(系数在 0.13—0.45 之间波动),通过蒙特卡洛模拟的方法测算(499 次)得出 2004—2016 年的 Moran's I 指数均通过了 5%的显著性检验,2017 年与 2018 年的 Moran's I 指数则通过了 10%的显著性检验。从总体上看,2004—2018 年,长江经济带水资源生态补偿绩效在空间分布上具有明显的相关性,对于生态保护投入、经济——社会——生态效益的提升以及生态环境的保护并不是完全随机状态,而是随着经济带内其他与之相近空间特征的省市水资源生态补偿效果带来的影响,在经济带地理空间上存在集聚效应。

通过绘制莫兰散点图来进一步说明长江经济带水资源生态补偿绩效在空间分布的局部特征。为了从整体上把握长江经济带水资源生态补偿绩效的空间分布特征,选取 2004—2018 年各省市绩效均值数据进行 Moran's I 指数的测算。从图中我们可以看出,长江经济带水资源生态补偿绩效的分布规律较为明显,处于 H-H 区域的主要集中在东部沿海、长江下游地区,为江

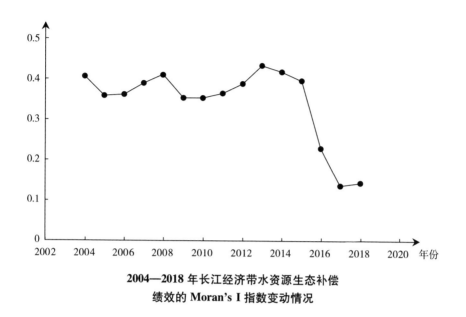

**2004—2018 年长江经济带水资源生态补偿
绩效的 Moran's I 指数变动情况**

苏省、上海市、浙江省;处于 H-L 区域的为长江中上游地区、西部直辖市重庆市;处于 L-H 区域的为中东部、长江下游地区安徽省;处于 L-L 区域的为中部、长江中游与上游地区湖北省、四川省、贵州省、江西省、湖南省、云南省。主要原因大致包括以下几个方面,第一,区域经济发展良好的地区对生态环境保护的认识与责任意识提出了更高的标准和要求,促使该区域的水资源生态补偿绩效自发提升。第二,区域经济良好的地区对生态保护投入的力度较大,生态补偿与生态保护机制体系相对良好,对生态负外部性问题能够采取有效的反应,重视生态补偿机制的创新与探索。第三,经济较为发达的地区拥有较为良好的技术创新资源,有助于"三高"排放企业的转型发展,减少污染物排放,并通过技术改良达到排放标准,从而从整体上形成水资源生态补偿活动与经济发展相互促进的良性发展状态。而对于长江经济带大部分绩效水平较低的中西部地区,由于其经济发展水平相对偏低,导致不能充分有效地在发展经济的同时兼顾生态资源的充分保护,甚至因监督不力导致早期出现诸多较为严重的环境破坏行为,如 2004 年四川沱江特大水污染事件,2008年云南滇池的污染事件等,均造成了长期甚至不可逆转的水污染与生态破坏,加之政府对生态保护投入的不足,导致了这些地区的水资源生态补偿绩效水平相对较低。从长江经济带水资源生态补偿存量利益(绩效)整体来看,区域水资源生态补偿绩效的不平衡空间结构在一定程度上反映了经济带经济——社会——生态发展的不平衡问题,这表明建立长江经济带乃至长江流域整体的水资源生态补偿机制具备了现实需求基础,由此假设2得证,即长江经济带水资源生态补偿绩效存在空间的溢出效应,长江经济带各省份之间存在空间相关关系。下面将采用空间面板模型,检视空间正义对长江经济带水资源生态补偿绩效的影响。

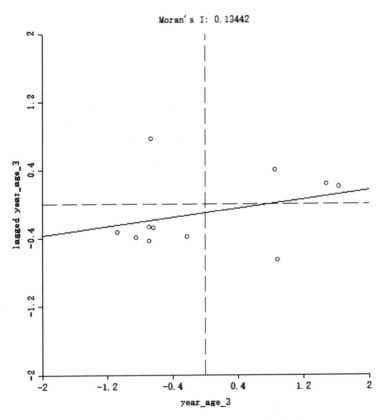

2004—2018年长江经济带年各省市年均绩效莫兰散点图

三、模型选择的检验

在对模型估计之前,首先要考虑使用固定效应模型(FE)还是随机效应模型(RE),研究面板数据时究竟该用固定效应还是随机效应模型是非常关键的问题,故研究采用霍斯曼检验对模型的个体效应进行判定。根据陈强(2010)提出的检验方法,提出原假设"$H_0:u_i$ 与 $x_{i,t}$、Z_i 不相关,即支持随机效应"。不管原假设是否成立,FE 都是一致的,但当原假设成立时,RE 则比 FE 更有效,否则 RE 不一致。如果 H_0 成立,则 FE 与 RE 共同收敛于真实的参数值,选择 RE,若二者差距过大,则拒绝原假设选择 FE。豪斯曼(1978)统计量为:

$$(\hat{\beta}_{FE} - \hat{\beta}_{RE})'[\widehat{VAR(\hat{\beta}_{FE})} - \widehat{VAR(\hat{\beta}_{RE})}]^{-1}(\hat{\beta}_{FE} - \hat{\beta}_{RE}) \xrightarrow{d} \chi^2(K)$$

其中,K 为 $\hat{\beta}_{FE}$ 的维度,即 $x_{i,t}$ 中所包含的随时间变化的解释变量个数,如果该统计量大于临界值,则拒绝 H_0,豪斯曼检验结果如表所示。

静态面板数据固定效应与随机效应模型选择——豪斯曼检验

自变量	固定效应模型		随机效应模型	
	系数	标准误	系数	标准误
生产性正义	0.252***	0.0197	0.249***	0.030
分配性正义	0.257	0.381	−0.370	0.456
消费性正义	0.210	0.181	−0.373	0.303
生态性正义	−0.516***	0.053	−0.071	0.045
水资源承载力	−0.141	0.103	−0.001	0.028
技术市场成交额	0.021*	0.011	0.030**	0.014
能源工业投资	−0.077***	0.022	0.028	0.034
三产依存度	0.415	0.264	1.291***	0.426
工业依存度	0.108	0.241	0.360	0.329
常数项	3.295***	1.001	−1.528***	0.449
F 检验统计量	295.10			

续表

自变量	固定效应模型		随机效应模型	
	系数	标准误	系数	标准误
wald 检验统计量			970.95	
样本数	165		165	
R²	0.948		0.862	

注：***、**、*分别表示在显著水平1%、5%、10%下显著。

模型静态面板估计通过豪斯曼检验结果为101.17,在1%的水平下拒绝原假设,支持固定效应模型。

同理,对空间静态面板(01 邻接矩阵)FE 与 RE 估计进行豪斯曼检验,豪斯曼检验结果如表所示。

空间静态面板数据的固定效应与随机效应模型选择——豪斯曼检验

自变量	固定效应模型		随机效应模型	
	系数与标准误		系数与标准误	
	X	W * X	X	W * X
生产性正义	0.359 ***	−0.078	0.211 ***	0.133 **
	(0.051)	(0.066)	(0.048)	(0.059)
分配性正义	1.100 ***	−0.329	0.771 **	0.262
	(0.381)	(0.540)	(0.361)	(0.579)
消费性正义	−0.200	0.078	−0.233	0.100
	(0.178)	(0.277)	(0.192)	(0.305)
生态性正义	−0.414 ***	−0.040	−0.070	−0.478 ***
	(0.086)	(0.123)	(0.07)	(0.118)
水资源承载力	−0.370 ***	0.061	−0.220 ***	−0.169 *
	(0.099)	(0.206)	(0.052)	(0.092)
技术市场成交额	0.0127	−0.058 ***	0.010	−0.079 ***
	(0.01)	(0.018)	(0.011)	(0.019)

续表

自变量	固定效应模型		随机效应模型	
	系数与标准误		系数与标准误	
	X	W * X	X	W * X
能源工业投资	−0.079 ***	−0.079 **	−0.076 ***	−0.114 ***
	(0.021)	(0.035)	(0.021)	(0.036)
三产依存度	0.279	−0.364	0.0002	−0.210
	(0.277)	(0.366)	(0.287)	(0.411)
工业依存度	−0.107	−0.166	0.089	−0.516
	(0.228)	(0.411)	(0.256)	(0.415)
常数项			7.080 ***	
			(1.419)	
Spatial rho	0.332 ***		0.223 ***	
	(0.080)		(0.084)	
Variance sigma2_e	0.0022 ***		0.003 ***	
	(0.00025)		(0.0003)	
lgt_theta			−1.379 ***	
			(0.453)	
样本数	165		165	
R^2	0.9628		0.9290	

注：*** 、** 、* 分别表示在显著水平 1%、5%、10% 下显著,括号内数据为估计指标系数的标准误。

　　空间静态面板模型估计通过豪斯曼检验,结果为 19.92,在 5% 的水平下拒绝原假设,支持固定效应模型。根据静态空间面板固定效应估计结果可知,生产性正义指标、分配性正义指标、生态性正义指标三个核心解释变量的估计在 1% 水平下显著,且系数的正负影响方向与 FGLS 估计一致。从相邻地区的工资水平的空间溢出系数 Spatial rho 来看,存在显著的空间溢出效应,且系数为正,即邻近省份的水资源生态补偿绩效之间有正向的促进作用。从技术市场成交额与能源工业投资指标的外溢效应看,存在显著的负向空间溢出效应。

四、动态空间面板模型估计与结果分析

根据设置的四个不同空间矩阵,结合面板数据设置动态空间面板的杜宾模型,检视空间正义对长江经济带水资源生态补偿绩效的影响,并通过四组不同空间矩阵的选择对模型的稳健性进行分析。模型估计结果如表所示。

基于动态面板的空间正义对长江经济带水资源生态补偿绩效影响的模型估计结果

	邻接矩阵(1)		地理距离矩阵(2)		经济距离矩阵(3)		地理距离与经济距离加权矩阵(4)	
	系数	标准误	系数	标准误	系数	标准误	系数	标准误
PER_{t-1}	0.560 ***	0.06	0.529 ***	0.06	0.655 ***	0.06	0.650 ***	0.06
$W \cdot PER_{t-1}$	-0.550 ***	0.08	-0.553 ***	0.08	-0.663 ***	0.07	-0.659 ***	0.07
PI	0.181 ***	0.05	0.253 ***	0.06	0.183 ***	0.04	0.187 ***	0.04
DF	0.380	0.34	0.239	0.32	0.648 *	0.34	0.652 *	0.34
CF	0.030	0.15	0.020	0.15	-0.190	0.16	-0.190	0.16
WP	-0.241 ***	0.07	-0.285 ***	0.07	-0.184 ***	0.06	-0.186 ***	0.06
WRE	-0.221 ***	0.08	-0.192 **	0.08	-0.198 ***	0.08	-0.199 ***	0.07
TECH	0.01	0.01	0.007	0.01	0.012	0.01	0.012	0.01
ENER	-0.065 ***	0.02	-0.073 ***	0.02	-0.059 ***	0.02	-0.058 ***	0.02
SER	0.148	0.18	0.125	0.18	0.171	0.18	0.176	0.18
IND	0.031	0.21	-0.197	0.22	0.007	0.19	0.007	0.19
$W \cdot PI$	0.031	0.05	-0.026	0.06	0.016	0.05	0.014	0.05
$W \cdot WP$	-0.113	0.09	-0.074	0.10	-0.239 **	0.10	-0.231 **	0.10
$W \cdot TECH$	-0.032 **	0.01	-0.044 **	0.02	-0.026	0.02	-0.026	0.02
$W \cdot ENER$	-0.078 ***	0.03	-0.051 *	0.03	-0.044	0.04	-0.049	0.04

续表

	邻接矩阵 （1）		地理距离矩阵 （2）		经济距离矩阵 （3）		地理距离与经济距离 加权矩阵（4）	
	系数	标准误	系数	标准误	系数	标准误	系数	标准误
Spatial rho	0.464 ***	0.07	0.466 ***	0.07	0.44 ***	0.08	0.451 ***	0.08
Variance sigma2_e	0.002 ***	0.00	0.002 ***	0.00	0.002 ***	0.00	0.002 ***	0.00
样本数	154		154		154		154	
R^2	0.9686		0.9696		0.9712		0.9713	

注：*** 、** 、* 分别表示在显著水平 1%、5%、10% 下显著。

　　其中模型（1）、模型（2）、模型（3）和模型（4）中使用的空间权重矩阵分别为空间邻接权重（W_1）、地理距离权重（W_2）、经济距离权重（W_3）、地理距离与经济距离加权矩阵（W_4）。通过模型输出结果可知，所有模型的空间相关系数均通过了 1% 的显著性水平检验，系数分别为 0.461（模型 1）、0.463（模型 2）、0.44（模型 3）、0.446（模型 4），充分证明了长江经济带水资源生态补偿绩效存在显著正相关的空间相关效应，即一个区域的水资源生态补偿绩效水平在一定程度上受其他具有相似空间特征的区域的水资源生态补偿绩效水平的影响。

　　对于模型的选择，从模型 R^2、sigma2 等统计量来看，模型（1）、（3）、（4）具有较好的拟合度，表明回归模型能够较为准确地表达长江经济带水资源生态补偿绩效存量的形成过程。从解释变量系数的显著性水平来看，显然模型（3）、（4）的估计结果较为合适，明显优于模型（1）、（2）；从标准误的大小来看，地理距离与经济距离加权矩阵模型的标准误最小，且兼顾了经济距离与地理距离的双重因素影响，因此本书后续的研究选择估计结果（4）进行讨论。

　　①滞后一期的水资源生态补偿绩效（$PER_{i,t-1}$）的回归系数为正，且在 1% 的水平上显著，说明长江经济带水资源生态补偿绩效存在显著的"时间

惯性",即前期的水资源生态补偿绩效情况对当期的绩效有着明显的影响。水资源生态补偿绩效的空间滞后项($W \cdot \text{PER}_{i,t-1}$),其回归系数 α_2 在地理距离和经济距离加权的空间权重矩阵下的回归系数为负,并且在 1% 的水平上显著,水资源生态补偿绩效空间聚集现象表现为高绩效区域被低生态效率区域所包围,表明上一期地理与经济地理相近地区较高的水资源生态补偿绩效水平反而会促使本地区当期水资源生态补偿绩效水平降低。表明水资源生态补偿必须采取区域协同发展的策略,单一区域的发展并不能带来整个经济带水资源生态补偿绩效的全面提升,必须采取区域间协同发展的方式,否则长江经济带区域间水资源生态补偿绩效差距将逐渐拉大。

②当期生产性正义指标(PI)的回归系数在 1% 的水平上显著,且为正值,说明生产性正义与水资源生态补偿绩效之间存在显著的正向关系,即人均固定资产投资存量越多,区域的生态投入、经济——社会——生态效益水平以及生态绿色化程度的综合表现就越好,表现为水资源生态补偿存量利益的增加。生产性正义的空间权重项($W \cdot \text{PI}$),其回归系数在地理距离与经济距离加权的空间权重矩阵下为正,但并不显著,说明生产性正义指标在绩效水平相近区域间的溢出效应不明显。

当期的分配正义指标(DF)的回归系数在 10% 的水平上显著,且为正值,说明城乡分配性正义与水资源生态补偿绩效之间存在显著的正向关系,即城乡收入差距越小,区域的生态投入、经济——社会——生态效益水平以及生态绿色化程度的综合表现就越好,提升了水资源生态补偿存量利益。分配正义指标的空间权重项对模型理论验证与实际应用意义不大,故不作考虑。

当期消费性正义指标(CF)的回归系数在四组模型估计中均没有显著意义上的影响。这与前文非空间面板的估计保持一致,且消费性正义指标的 VIF 检验未通过,只是为了体现模型设定的完整性而纳入考虑,故不做深入分析。

当期生态性正义(WP),人均灰水足迹指标(该指标越小,表示人类活动对水资源的污染程度越小,越代表生态正义)的回归系数在1%的水平上显著,且为负,说明生态正义与水资源生态补偿绩效之间存在显著的正向关系,即人均灰水足迹越小,区域的生态投入、经济——社会——生态效益水平以及生态绿色化程度的综合表现就越好,表现为水资源生态补偿存量利益的增加,此结论与水资源生态保护的核心目标一致。生态性正义的空间权重项($W·WP$)的回归系数在地理距离和经济距离加权的空间权重矩阵下的回归系数为负,并在且在1%的水平上显著,表明地理与经济地理相近地区较高的生态正义水平越高越会促使本地区水资源生态补偿绩效水平的提升,表明生态性正义对水资源生态补偿绩效的影响存在区域的溢出效应,即邻近地区对水生态的保护或破坏会对本地区产生同方向的影响。这验证了长江经济带各地区之间的水污染存在扩散效应,即需要建立整个经济带(全流域)的水资源生态补偿政策,确保经济带内各区域水资源生态补偿存量利益的进一步提升。

③对于控制变量的解释,水资源承载力指标(WRE)的回归系数在1%的水平上显著为负值,即水资源禀赋越高的地区其水资源生态补偿绩效越低(负相关关系)。分析其可能的原因主要有两个方面:一方面,水资源承载力水平较高的地区一般具有丰富的水资源储备,以长江中上游地区为主,在较少的生态保护投入的状态下难以维系和保护水资源存量,导致地区的水资源生态补偿绩效低于水资源承载力较少的地区;另一方面,水资源生态补偿绩效的下降主要源于负外部性,水资源承载力较高的地区水资源使用量较大,相应的工业、农业、生活污水排放量也会较大,因此对于改善水资源生态补偿绩效所通过的正外部性努力程度就要更高,难度更大。

同样,能源工业投资指标(ENER)的回归系数在1%的水平上显著为负值,说明能源工业投资越高的地区其水资源生态补偿绩效越低(负相关关系)。分析其原因,可能是由于能源工业主要是采掘、采集和开发自然界能源或将自然资源加工转换为燃料、动力的工业行业,这类行业的企业大多存在高污染高排放的生产过程,因此导致了水资源生态补偿绩效水平的降低。这就要重视此类行业、企业在未来生产作业中继续强化生态环境保护意识与责任,相关投资应更加重视污染处理技术的提升与改善,继续实现新旧动能转换。在此模型中,其他控制变量的当期指标与空间权重指标对长江经济带水资源生态补偿绩效不存在显著的关系。

通过对长江经济带水资源生态补偿绩效的空间正义检视,从对本节实证估计分析结果看,空间正义对水资源生态补偿有正向影响,即越注重空间正义长江经济带水资源生态补偿的绩效越高。水资源生态补偿绩效存量的形成过程概括了要素流动与经济发展存在空间集聚性,且空间正义因素、要素禀赋、关联性产业、区位优势、产业政策等因素对生态补偿绩效空间集聚具有显著影响,假设3得证。根据实证研究结果可知,空间正义对长江经济带水资源生态补偿绩效存在显著正向影响。从空间正义实现的理论路径来看,这就需要经济带在发展过程中既要守住生态保护优先原则,又要在经济发展过程中注重不同地区与城乡经济发展的公平、正义与质量,这对长江经济带水资源生态补偿政策与制度的实施提供了有充分理论借鉴意义的思路。

第五节　本章小结

本章从空间正义视角出发,对长江经济带水资源生态补偿绩效评价以及影响因素作了全面分析,主要有六个方面的内容:

第一,研究科学地编制了长江经济带水资源生态补偿绩效评级指标体系,基于水资源生态保护投入能力、水资源生态补偿经济——社会——生态综合效益、水资源环境质量状况三组维度,共21个指标,根据科学性、可比性和可操作性原则,同时考虑到各省市经济发展的实际,采用全局主成分分析法进行综合评价,并分析了其时序演变规律。通过测算,2004—2018年间,长江经济带11省市水资源生态补偿综合平均绩效得分为0.375,其中绩效较高的地区是上海市(0.486),其次是江苏省(0.475)、重庆市(0.436)、浙江省(0.433)。绩效得分低于经济带均值的有安徽省(0.329)、江西省(0.316)、湖北省(0.327)、湖南省(0.300)、四川省(0.359)、贵州省(0.331)、云南省(0.328)。2004—2018年长江经济带11省市水资源生态补偿综合平均绩效总体呈现东部偏高,中、西部偏低的态势。从长江经济带11省市水资源生态补偿综合绩效波动情况看,上海市、江苏省水资源生态补偿综合绩效变化相对稳定,且处于上升趋势,上升过程中的上下波动也比较平缓。浙江省、重庆市水资源生态补偿绩效则经历了四个较为明显的拐点,致使波动曲线产生了较为明显的"U"型波动过程。

第二,利用Kernel密度函数对2004—2018年长江经济带11省市水资源生态补偿绩效进行估计,长江经济带11省市水资源生态补偿绩效在2004年、2009年与2014年均为明显的"单峰"分布,波峰对应的水资源生态补偿绩效水平较低,分别为0.26、0.32、0.39。2018年,核密度分布由2004年以来的"单峰"分布向"双峰"演变,2018年呈现出明显"双峰"特征,第一个波峰的绩效水平值提高0.52,而第二个波峰的效率值高于第一个波峰的效率值,达到0.60,但对应的核密度略小于第一波峰,说明在长江经济带11省市水资源生态补偿绩效整体改善的过程中各个省份间的差异也在逐步扩大。

第三,基于空间正义这一社会公平与效益集合的综合视角建立了水资源生态补偿绩效影响因素评价模型。采用2004—2018年长江经济带水资源生态补偿相关面板数据,将空间正义因素纳入模型,考察空间正义对长江经济带水资源生态补偿绩效影响,分别使用双向固定效应模型的面板校正标准误(PCSE)的OLS估计、仅解决组内相关的FGLS(AR1)、考虑组间异方差与同期相关的全面FGLS估计。由静态面板数据分析结果可知,生产性正义、分配性正义、生态性正义指标均通过了 1% 水平的显著性检验,其中生产性正义(人均固定资产存量)与分配性正义(城乡人均可支配收入之比)系数为正,表明生产性正义与分配性正义对水资源生态补偿绩效有正向影响;生态性正义指标(人均灰水足迹越大表示非正义程度越高)的系数为负,说明人均灰水足迹对水资源生态补偿绩效有负向影响。控制变量当中,技术市场成交额、第三产业依存度对水资源生态补偿绩效有显著的正向影响;资源承载力(水资源禀赋)、能源工业投资对水资源生态补偿绩效有显著的负向影响;工业依存度对水资源生态补偿绩效没有产生显著影响。

第四,为了增强模型的拟合度以及说服力,还需要对模型内生性问题予以解决,故研究采用 GMM 估计方法检视空间正义对水资源生态补偿绩效动态变化的影响,使用了差分 GMM 与系统 GMM 的方法进行模型估计,同时加入了偏差校正 LSDV 法对模型进行对照。由动态面板数据分析结果可知:生产性正义指标(人均固定资本存量)在 1% 水平的显著性的检验下系数为正,说明生产性正义对长江经济带水资源生态补偿绩效有正向影响;生态性正义指标(人均灰水足迹,越大表示非正义程度越高)在 1% 水平的显著性的检验下系数为负,说明生态性不正义即灰水足迹增加会对长江经济带水资源生态补偿绩效产生负向影响。

第五,空间正义视角下长江经济带水资源生态补偿绩效的空间计量分析,从空间邻接距离、地理距离与经济距离特征出发,构建不同的空间结构权重矩阵。从总体上看,2004—2018 年,长江经济带水资源生态补偿绩效在空间分布上具有显著的相关性,对于生态保护投入、经济——社会——生态效益的提升以及生态环境的保护并不是完全随机状态,而是受经济带内其他与之相近空间特征的地区水资源生态补偿效果的影响,在经济带地理空间上存在集聚效应。从 2004—2018 年绩效均值的 Moran's I 散点图分布看,长江经济带水资源生态补偿绩效的分布规律较为明显,处于 H-H 区域的主要集中在东部沿海、长江下游地区,为江苏省、上海市、浙江省;处于H-L区域的为长江中上游地区、西部直辖市重庆市;处于L-H区域的为中东部、长江下游地区安徽省;处于L-L区域的为中部、长江中游与上游地区湖北省、四川省、贵州省、江西省、湖南省、云南省。

第六,选取地理距离与经济距离加权的空间矩阵构建空间动态面板杜宾模型,结果显示,滞后一期的水资源生态补偿绩效的回归系数为正,且在1%的水平上显著,说明长江经济带水资源生态补偿绩效存在显著的"时间惯性",即前期的水资源生态补偿绩效情况对当期的绩效有着明显的影响。水资源生态补偿绩效的空间滞后项,其回归系数在地理距离和经济距离加权的空间权重矩阵下的回归系数为负,并且在1%的水平上显著,说明长江经济带水资源生态补偿绩效空间聚集现象表现为高绩效区域被低生态效率区域所包围。当期生产性正义指标的回归系数在1%的水平上显著,且为正值,说明生产性正义与水资源生态补偿绩效之间存在显著的正向关系,即人均固定资产投资存量越多,区域的生态投入、经济——社会——生态效益水平以及生态绿色化程度的综合表现就越好,表现为水资源生态补偿存量利益的增加。生产性正义的空间权重项,其回归系数在地理距离与经济距离加权的空间权重矩阵下为正,但并不显著,说明生产性正义指标在绩效水平相近区域间的溢出效应不明显。当期生态性正义,人均灰水足迹指标(该指标越小,表示人类活动对水资源的污染程度越小,越代表生态正义)的回归系数在1%的水平上显著,说明生态正义与水资源生态补偿绩效之间存在显著的正向关系,即人均灰水足迹越小,区域的生态投入、经济——社会——生态效益水平以及生态绿色化程度的综合表现就越好,表现为水资源生态补偿存量利益的增加,此结论与水资源生态保护的核心目标一致。生态性正义的空间权重项的回归系数在地理距离和经济距离加权的空间权重矩阵下的回归系数为负,并在且在1%的水平上显著,表明地理与经济地理相近地区生态正义水平越高越会促使本地区水资源生态补偿绩效水平的提升,表明生态性正义对水资源生态补偿绩效的影响存在区域的溢出效应,即邻近地区的对水生态的保护或破坏会对本地区产生同方向的影响。这验证了长江经济带各地区之间的水污染存在扩散效应,即需要建立整个经济带(全流域)的水资源生态补偿机制,确保经济带内各区域水资源生态补偿存量利益的进一步提升。

第六章　长江经济带水资源生态补偿
效率测度及其影响因素分析

　　通过本书第四章对研究机理框架分析可知,长江经济带水资源生态补偿机制的实施效果可通过水资源生态补偿机制的绩效与效率来量化,不同于水资源生态补偿机制绩效,水资源生态补偿机制效率(Efficiency)侧重区域水资源生态补偿投入与取得的成效(产出)之间的变动关系,是水资源生态补偿机制运行效果量化的增量利益体现。本书第五章针对长江经济带水资源生态补偿机制的存量利益——绩效进行了空间正义视角的影响因素检验与分析,本章则是基于时、空间的维度,对长江经济带水资源生态补偿机制增量利益——效率的演变规律、分布特征以及增长源泉等问题进行研究与探讨,目的是充分了解长江经济带水资源生态补偿机制的运转效率,并从空间正义视角对长江经济带水资源生态补偿效率的关键性因素展开分析。在已有文献对水资源生态补偿效率的影响因素研究的基础上,结合水资源生态补偿的特征与功能,以空间正义为视角确定相关解释变量并从中分析出导致水资源生态补偿效率变化的主要原因,检视空间正义下长江经济带水资源生态补偿效率的主要影响关系,并提出改进路径。

　　本章首先测度长江经济带水资源生态补偿效率,探究其时序演变规律。引入双目标 DEA-SMB 模型,在界定长江经济带水资源生态补偿机制效率的投入与产出变量的基础上,对长江经济带水资源生态补偿真实效率的时空差异的方向性、总体趋势和经济发展阶段进行研判,基于此,展开对长江经济带水资源生态补偿效率评价结果的研究与分解,探究其增长的源泉。分析现有水资源生态补偿效率由理论向实证的转向,以便对水资源生态补偿效率有更为直观的认识,并检视空间正义因素对长江经济带水资源生态补偿效率的影响。具体而言,本章共分为四节,第一节是长江经济带水资源生态补偿效率的测度以及对相关研究方法的介绍,包括全要素生产率的计算,基于双目标的 SBM 方向性距离函数模型,以及 Malmquist-Luenberger 指数的测算;第二节是对长江经济带水资源生态补偿效率增长的变动情况与变化源泉的分析,分析长江经济带水资源生态补偿效率变动的构成与演变特征;第三节是空间正义视角下长江经济带水资源生态补偿效率的影响因素分析;第四节是对本章内容进行小结。

第一节 长江经济带水资源生态
补偿效率的测度

目前,由于国内水资源生态补偿机制尚不健全,依然面临着资金渠道单一、补偿效率低下、缺乏与其他政策的协调性(靳乐山,2018)、全局性管理体系尚未完善等挑战,完善长江经济带水资源生态补偿机制,则能更好地促进长江经济带生态保护、协调区域经济与社会的发展。不合理的水资源生态补偿效率差异不仅不利于长江经济带协同发展的可持续推进,还加剧了长江经济带各省市经济——社会——生态环境发展利益的不均衡性。因此,在充分了解长江经济带水资源生态补偿效率的基础上,如何更好地实现水资源生态补偿提质增效,是未来长江经济带发展规划中面临的重要而迫切的现实问题。

长江经济带水资源生态补偿效率是改善区域经济活动与生态活动的投入与产出值比,这涉及全要素生产率的思想。关于全要素生产率的研究,李谷成和冯中朝(2010)认为,衡量经济增长方式的方法主要是了解全要素生产率对增长的贡献大小。水资源生态补偿增量利益增长的核心在于水资源生态补偿效率的提升。长江经济带经济均衡发展、科技研发与成果转化的扩散、生态环境的合理利用与保护等行为可直接表现为要素资源配置效率的优化,促进水资源生态补偿效率即全要素生产率的提升。生态补偿效率是衡量生态补偿可行性的重要基础,能够体现生态服务买卖双方的利益(李云驹等,2011)。在本书中,水资源生态补偿效率的实质就是运用全要素生产率思想考查经济要素与生态环境要素投入约束下的生态补偿主体之间的利益变动关系。水资源生态补偿机制带来的增量利益的核心在于水资源生态补偿效率的提升,而这又依赖于社会经济与生态环境资源、水资源的配置效率的提升。从水资源生态补偿效率的投入产出效率来看,衡量实际生产过程中某一单位总投入所创造的总产出的生产率指标为全要素生产率(Total factor productivity,TFP)。全要素生产率核算有两类方法,一是基于索洛余值思想的参数方法,但水资源生态补偿效率的测算除资本和劳动力之外,还有影响全要素生产率的其他因素,例如水资源的投入等。二是非参数方法,是将 DEA 方法与 Malmquist 指数相结合用以测度全要素生产率。本书基于非参数方法全要素生产率理论的应用拓展,将资本投入、劳动投入和水资源投入作为投入要素,将社会经济效益、生态补偿绩效变化和灰水足迹作为水资源生态补偿的产出来分析测度。

一、测算方法

长江经济带水资源生态补偿效率的测算是为了充分检视各地区水资源生态补偿投入与取得的成效之间的变动关系,不同区域之间的投入产出分析最能精确刻画区域间经济发展的彼此关联关系和经济增长的驱动力源泉(石敏俊等,2006),准确测算长江经济带各省市水资源生态补偿效率,便成为本章研究的基础。为了更清楚地了解生态补偿与生态保护行为对实际经济、社会、生态发展的推动关系与实践效果,从测算方法上看,全要素生产率的研究方法相对符合本书对水资源生态补偿效率的研究。研究长江经济带水资源生态补偿效率时,采用非参数方法测度生态补偿效率,基于双目标决策的 DEA-SBM 方向性距离函数,Malmquist-Luenberger 生产率指数等方法探求、分析长江经济带水资源生态补偿效率。

数据包络分析(DEA)方法是对被评价对象之间的相对比较,属于非参数分析方法,该方法的具体操作是将不同的决策单元(DMU)作为被评价对象,以投入和产出指标的权重测算得出有效生产前沿面,而后分析比较各决策单元与有效生产前沿面间的距离,判断各决策单元的有效性,作为技术效率的测度依据。研究根据托思·考鲁(2001)提出的 SBM 模型(Slack Based Measure,SBM)对 DEA 方法的改进,即当前状态与强有效目标值之间的差距不仅体现在等比例改进的部分,也包含了松弛改进的部分,模型改进如式。

$$\min\rho = \frac{1 - \frac{1}{m}\sum_{i=1}^{m} s_i^- / x_{ik}}{1 + \frac{1}{q}\sum_{r=1}^{q} s_r^+ / y_{rk}}$$

$$s.t. \quad X\lambda + s^- = x_k$$

$$Y\lambda - s^+ = y_k$$

$$\lambda, s^-, s^+ \geq 0$$

而当被评价的 DMU 为面板数据时,可以得到生产率的变动情况、技术效率和技术进步各自对生产率变动所引起的作用,即曼奎斯特全要素生产率(TFP)指数的分析。曼奎斯特生产率指数的概念最早源于曼奎斯特(1953),并以作者名字命名该指数,后来学者们对该模型进行了改进与拓展,将包含非期望产出的方向距离函数应用于曼奎斯特模型,即 Malmquist-Luenberger 生产率指数,之后威廉等人(2007)定义了包含非期望产出的

SBM 模型。借鉴已有研究方法,研究兼顾期望产出与非期望产出的异质性,构建了含非期望产出 DEA-SBM 模型。

$$\min\rho = \frac{1 - \dfrac{1}{m}\sum_{i=1}^{m} s_i^{-}/x_{ik}}{1 + \dfrac{1}{q_1 + q_2}\left(\sum_{r=1}^{q} s_r^{+}/y_{rk} + \sum_{t=1}^{q} s_t^{b-}/b_{rk}\right)}$$

$$s.t. \quad X\lambda + s^{-} = x_k$$

$$Y\lambda - s^{+} = y_k$$

$$B\lambda + s^{b-} = b_k$$

$$\lambda, s^{-}, s^{+} \geq 0$$

由于传统的 Malmquist 指数测度会面临潜在的线性规划无可行性解的问题,导致出现"技术退步"的问题。研究借鉴了尹朝静(2017)、闵锐和李谷成(2012)等人的做法,采用了序列参比的 Malmquist 模型来测算长江经济带水资源生态补偿效率,并对其进行分解。其中,序列参比 Malmquist 模型是由 Shestalova(2003)提出的一种 Malmquist 指数测算方法,其特点为各期的参考集包括之前所有时期的参考集,t 期的参考集为:

$$S^{s(t)} = S^1 \cup S^2 \cup \cdots \cup S^t = \{(x_j^1, y_j^1)\} \cup \{(x_j^2, y_j^2)\} \cup \cdots\{(x_j^t, y_j^t)\}$$

在相邻参比、固定参比、全局参比中,相邻两期各自的前沿均由本期的 DMU 构成,而序列参比的前沿则是由本期及所有以前各期的 DMU 构成,构建 $t+1$ 期前沿的 DMU 中包括了 t 期的 DMU,所以 $t+1$ 期的前沿与 t 期相比肯定不会后退,保证了技术变化值不会小于 1,表现为技术持续进步。由于序列 Malmquist 模型的特征,在计算序列参比 Malmquist 指数时同时存在两个前沿,本书使用的方法是将两个 Malmquist 指数的几何平均值作为被评价 DMU 的 Malmquist 指数,即序列前沿交叉参比,计算公式如下:

$$M_{sc}(x^{t+1}, y^{t+1}, x^t, y^t) = \sqrt{\frac{E^{s(t)}(x^{t+1}, y^{t+1})}{E^{s(t)}(x^t, y^t)} \frac{E^{s(t+1)}(x^{t+1}, y^{t+1})}{E^{s(t+1)}(x^t, y^t)}}$$

$$EC_s = \frac{E^{s(t+1)}(x^{t+1}, y^{t+1})}{E^{s(t)}(x^t, y^t)}$$

$$TC_{sc} = \sqrt{\frac{E^{s(t)}(x^t, y^t)}{E^{s(t+1)}(x^t, y^t)} \frac{E^{s(t)}(x^{t+1}, y^{t+1})}{E^{s(t+1)}(x^{t+1}, y^{t+1})}}$$

$$M_{sc} = EC_s \times TC_{sc}$$

对于 Malmquist 指数分解研究方面,法罗等人于 1992 年采用 CRS 径向 DEA 计算 Malmquist 指数,并将 Malmquist 指数分解为技术效率变化(EC) 与技术变化(TC),即 MI=EC * TC,随着研究方法的深入,法罗等(1994)学者将技术效率变化(EC)分解为纯技术效率变化(PEC)和规模效率变化 (SEC),即 MI= PEC * SEC * TC,而索菲奥(2007)在法罗等学者的分解方法的基础上将 TC 分解为纯技术变化(PTC)和规模技术变化(STC),形成本章测度的 Malmquist 指数分解的参考,过程如图所示。

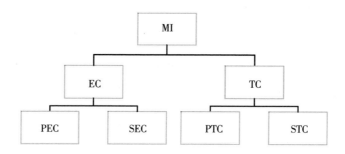

Zofio 的 Malmquist 指数分解方法

其中 SEC 为规模效率变化,代表规模经济对实际生产能力的促进作用;STC 为规模技术效率变化,代表规模技术偏好;PEC 为 VRS(可变规模报酬)下的纯技术效率变化,代表观测对象实际生产能力与生产前沿面的差距;PTC 为 VRS 下的纯技术变化,代表纯技术进步,一般指由于管理和技术等因素影响的效率;MI 为 CRS(规模报酬不变)下的 Malmquist 指数。

对 Malmquist 指数分解的意义进行解释,当纯技术效率变化(PEC)>1

时,表示该区域的制度管理水平得到了提高,对水资源生态补偿机制效率的提高起到了促进作用;若纯技术变化(PTC)>1,则表示该区域水资源生态补偿机制效率技术水平得到了提高;若规模效率变化(SEC)>1,表示该地区水资源生态补偿机制效率的创新方面实现了规模经济;若规模技术效率变化(STC)>1,说明该地区当前规模下的水资源生态补偿机制技术效率水平未能达到最优;相反若STC<1,则说明当前规模下的水资源生态补偿机制技术效率水平受到了规模限制;若STC=1,则说明此时水资源生态补偿机制技术效率水平在当前规模下达到最优(韩增林等,2017)。本章将结合托思提出的含非期望产出DEA-SBM模型计算序列参比的Malmquist指数方法,并使用索菲奥对Malmquist指数的分解方法对长江经济带水资源生态补偿效率变化进行分解。

二、数据说明

对于长江经济带水资源生态补偿效率的测算,研究结合长江经济带经济——社会——生态发展现实及统计数据资料,对长江经济带水资源生态补偿效率的计算进行重塑,着重分析含非期望产出的长江经济带水资源生态补偿效率(全要素生产率),基于产出角度的DEA-SBM方法,采用序列参比的方法测算Malmquist-Luenberger指数,对2004—2018年长江经济带11省市的水资源生态补偿效率进行测度。本章参照潘忠文和徐承红(2020)等人的相关研究,选取2004—2018年长江经济带各省份的GDP实际增加值作为期望产出指标1,选取本书第五章计算得出的2004—2018年长江经济带各省份的生态补偿绩效作为期望产出指标2,结合各地水资源环境污染现状,选取灰水足迹的测度指标作为非期望产出指标,三种产出指标的权重各占1/3;采用永续盘存法核算的固定资产投资作为资本投入,以年末从业人员数量作为劳动投入,以水足迹测度指标作为水资源投入。

第二节　长江经济带水资源生态补偿
效率测度结果评价

在对长江经济带水资源生态补偿效率测算方法上,本章采用序列
DEA-SBM 方法测算出 2004—2018 年长江经济带水资源生态补偿效率变
化的 Malmquist-luenberger 指数及其构成情况,使用 Zofio 对 Malmquist 指
数的分解方法对长江经济带水资源生态补偿效率变化进行分解,并根据
测算数据分析长江经济带水资源生态补偿效率的动态演进与空间分布
特征。

一、长江经济带水资源生态补偿效率动态变化及其分解

长江经济带水资源生态补偿效率受到生态因素、经济因素与政策环境
等诸多复杂因素的共同作用,由于要参比 t 期的前沿,故测算数据得到的测
算区间为 2005—2018 年,其中 MI 为 Malmquist-luenberger 指数,即长江经济
带水资源生态补偿效率的变动指数,PEC 为技术效率变化,PTC 为纯技术
变化,SEC 为规模效率变化、STC 为规模技术变化。根据图示可知,从
2005—2018 年长江经济带水资源生态补偿效率变化情况看,反映生态补偿
效率变化的 Malmquist-luenberger 指数变动较为剧烈,呈"W"型波动特征,
两个低点分别出现在 2009 年与 2014 年,之后都有所改善,这种偏周期性的
变化与当时的政策发展形势息息相关。从对效率变化的分解情况看,
2005—2018 年长江经济带水资源生态补偿效率变化与技术效率变化指数、
规模效率变化指数的波动情况较为接近,说明纯技术效率与规模效率的变
化是长江经济带水资源生态补偿效率变化的主要贡献来源。

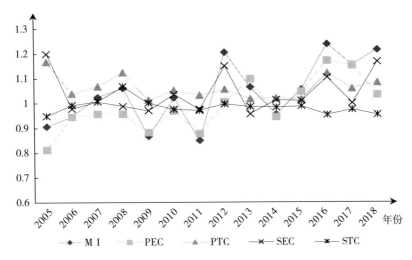

长江经济带水资源生态补偿效率变化及其分解（2005—2018 年）

二、长江经济带水资源生态补偿效率变化特征分析

图表将长江经济带水资源生态补偿效率变化（Malmquist-luenberger 指数）及其分解进行了汇总，总体上看，长江经济带各省市的水资源生态补偿效率变动情况均为正增长。从增长源泉来看，长江经济带水资源生态补偿效率的增长主要来自纯技术变化（PTC），规模效率变化（SEC）对整体效率的提升也起到了一定的推动作用。安徽省、湖北省水资源生态补偿效率增长主要来自"纯技术变化"，上海市与贵州省的水资源生态补偿效率增长主要来自"纯技术变化"与"规模效率变化"，江苏省、江西省、云南省的水资源生态补偿效率增长主要来自"纯技术变化""规模效率变化"和"规模技术变化"，浙江省、重庆市、四川省的水资源生态补偿效率增长主要来自"技术效率变化""规模效率变化"和"规模技术变化"，湖南省水资源生态补偿效率增长主要来自四种技术变化的共同作用。从整体上看，能够同时实现"双驱动"甚至"三驱动"模式的省市，其水资源生态补偿效率增长值较高。

2005—2018 年长江经济带 11 省市水资源生态补偿效率变化及其分解

省份	MI	PEC	PTC	SEC	STC
上海	1.0160	0.9450	1.1158	1.1322	0.9772
江苏	1.1902	0.9945	1.0677	1.1311	1.0244
浙江	1.1584	1.0088	1.1471	1.0593	0.9489
安徽	0.9583	0.9470	1.0236	0.9997	0.9902
江西	0.9706	0.9406	1.0090	1.0212	1.0080
湖北	0.9764	0.9509	1.0837	0.9894	0.9615
湖南	1.1864	1.0703	1.0838	1.0008	1.0081
重庆	0.9662	1.0310	1.0162	1.0004	0.9922
四川	1.0677	1.0614	1.0834	1.0834	0.9501
贵州	0.9984	0.9890	1.0420	1.0095	0.9746
云南	0.9477	0.9385	1.0055	1.0023	1.0019

注:本表中的各指数结果均为各省市历年(2005—2018 年)的几何平均数。

以长江经济带上中下游作为划分依据所得水资源生态补偿效率及其分解,从图中可知,长江经济带水资源生态补偿效率变化(MI)呈现出下、中、上游依次递减的分布特征。通过对长江经济带水资源生态补偿效率的分解可知,技术效率变化(PEC)呈现出下、中、上游依次递增的分布特征;规模效率变化(SEC)表现为下游高、上游次之、中游较低的分布特征;纯技术进步(PTC)表现为下、中、上游依次递减的分布特征;规模技术效率均值(STC)均小于1,则说明当前规模下长江经济带水资源生态补偿能力发展在一定程度上受到规模的限制。

相关研究表明,2005—2018 年长江经济带水资源生态补偿效率变化 Malmquist-luenberger 指数变动较为剧烈,呈"W"型波动特征,并呈现出经济带东部(长江流域下游地区)水资源生态补偿效率较高,中部(长江流域中游地区)、西部(长江流域上游地区)水资源生态补偿效率偏低。从增长源

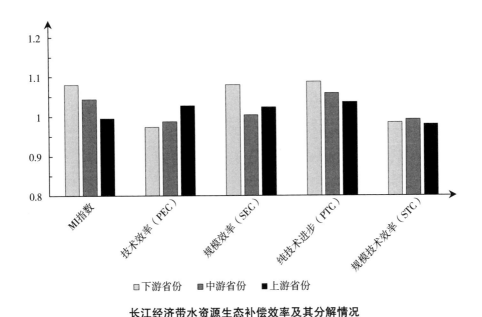

长江经济带水资源生态补偿效率及其分解情况

泉来看,长江经济带水资源生态补偿效率的增长主要来自纯技术变化,规模效率变化对生态补偿效率的提升也起到了一定的推动作用。假定资本投入、劳动力投入和经济收益不变,可在实际生产生活中减少用水浪费,提升水资源生态补偿综合绩效、减少灰水足迹,以提高水资源生态补偿效率。

第三节　空间正义视角下长江经济带水资源
生态补偿效率的影响因素分析

一、理论机理分析

当前学界对水资源生态效率影响因素分析研究较少,有学者从人均生产性投入、城乡收入分配比与消费比、人均灰水足迹等因素对长江经济带水资源生态补偿效率的影响展开分析(时润哲、李长健,2021)。也有学者认为,水资源生态补偿效率还受到水资源禀赋、产业布局、能源消耗等因素影响(李秋萍、李长健,2015)。但总体上看,学界对于水资源利用效率影响因素的研究较为广泛,可以作为模型变量选择的参考,例如,农业用水效率显著受到相关投入要素的价格、居民人均收入等经济变量的影响(王学渊、赵连阁,2008)。有研究在对河南省用水效率影响因素分析中指出,水资源禀赋、水资源开发利用程度会与用水效率之间存在显著的负相关性(鲍超等,2016)。也有学者在研究中指出,人均 GDP、第三产业比重的提升显著提升了用水效率,而人均水资源使用量会对用水效率产生显著的制约影响(孙才志等,2009)。也有学者使用 Super-DEA 模型测算了中国 31 省 2007—2016 年的工业用水效率,水资源总量、地区生产总值、工业用水占比、R&D投入占比的增多对工业用水效率有负向影响(李珊等,2019)。

从影响关系上看,在水资源生态补偿效率影响因素研究的理论模型设计方面,水资源生态补偿效率变动过程有别于其他投入产出过程,与水资源相关的投入种类通常更多,不仅仅包括了资金、人力资源和技术投入,还包括了与水资源生态环境保护、利用相关的中间投入。这一过程不仅涵盖了不同要素结构的资本与劳动投入,也从生态环境利益、社会福利与公平等方面回应了水资源生态补偿议题的纵深价值,因此以空间正义这一综合视角构建模型具有一定的理论含义与实践价值,其内核就是缩小长江经济带不同地区水资源生态补偿效率差距、促进经济与生态环境效益再平衡。

二、模型构建、变量选择与数据检验

(一)模型设计

模型的构建借鉴刘生龙和胡鞍钢(2010)与尹朝静等人(2016)的研究实证模型,选用的面板数据回归模型如下:

$$\ln ECE_{i,t} = \beta_0 + \beta_1 X_{i,t} + \beta_2 \ln WRE_{i,t} + \beta_3 \ln TECH_{i,t} + \beta_4 \ln ENER_{i,t} + \beta_5 SER_{i,t} + \beta_6 IND_{i,t} + \mu_i + \varepsilon_{i,t}$$

其中:ECE 代表被解释变量,即长江经济带水资源生态补偿效率,X 分别为生产性正义、分配性正义、消费性正义、生态性正义四个主要关注的解释变量;控制变量 Z 包括 WRE 为水资源禀赋、TECH 为技术效应、ENER 为能源投入、SER 为第三产业依存度、IND 为工业依存度,μ 为非观测地区的个体固定效应,ε 为随机误差项,i 与 t 分别是地区和时间变量。

(二)变量的选取

为更全面地考察不同因素生态补偿效率影响机理与影响效果,参照虞慧怡等(2016)、时润哲和李长健(2020)对水资源生态补偿影响因素的理论研究,找到对应解释变量并进行测度。结合空间正义视角,加入了生产性正义、分配性正义、消费性正义、生态性正义核心解释变量;为了提高模型的拟合度,根据已有研究成果,还加入了水资源禀赋、技术、能源工业投入、第二第三产业发展程度等控制变量。研究数据的时间跨度考量主要因为近年随着国家经济发展政策的不断完善,对长江经济带水资源生态保护与补偿有了一定的探索与尝试,且之前的一些重要变量数据缺失,故选择的时间跨度为 2004—2018 年,截面跨度是长江经济带 11 个省级地区,设计变量的解释如下:

1. 被解释变量

长江经济带水资源生态补偿效率(ECE),本书通过序列 DEA 方法得到的 Malmquist 生产率指数,实际上是以上年为 100 的环比指数,是一个增量,并非水平值。参考尹朝静(2017)的方法,测算出基期 2004 年的水资源生态补偿效率值,从而 2005 年效率值等于 2004 年效率值乘以 2005 年 Malmquist 指数,依此类推得到 2004—2018 年的水资源生态补偿效率值。

2. 核心解释变量

生产性正义指标(PI),用永续盘存法计算全社会固定资产投资净值,取人均值表示生产投入水平,计算时取对数表示资本投入弹性。

分配性正义指标(DF),用长江经济带各省农村人均可支配收入与城市人均可支配收入比表示,比值越大则表示城乡分配越公平,此指标在考察区域、时间面板数据横纵向比较的基础上,兼顾了城乡之间的比较关系。

消费性正义指标(CF),参考刘丽娜(2016)相关研究,用长江经济带各省农村人均消费支出与城市人均消费支出比表示,比值越大表示城乡消费公平水平越高,同样此指标在考察区域、时间面板数据横纵向比较的基础上,兼顾了城乡之间的比较关系。

生态性正义指标(WP):用长江经济带各省人均灰水足迹表示各省市对于水资源生态保护情况,数值越小则越代表生态性正义,计算时取对数表示生态保护弹性。

3. 控制变量

水资源禀赋变量(WRE),水资源承载力水平表示,数值越大则表示水资源禀赋越高,作为客观评价某地区水资源承载力的指标,测算的是该地区水资源供给能够承载的人数(付云鹏,2018),计算时取对数表示资源禀赋弹性。

技术市场成交额(TECH),是登记合同成交总额中技术部分的成交金额,反映了一国技术市场的发展情况,数值越大则反映该地区的技术市场越发达,技术规模的扩大可以带来技术的扩散效应。由于技术发展指标是资本与技术的集聚带来的影响,不适用于劳动密集产业对于交易区域面积大小带来的指标变化,不适宜对其进行人口均值化处理,计算时取对数表示技术投入弹性。

能源工业投资(ENER),表示的是能源工业投入情况,能源工业投资越高则表示该地区的能源投资越发达,与之相应的消耗量总量越高,由于每个地区的人口数不同,能源投资企业布局不一,故本指标使用人均指标,计算时取对数表示能源消耗弹性。

第三产业发展程度(SER),用长江经济带各省市地区第三产业生产总值与各地区生产总值比值来表示,比值越大则说明第三产业发展越发达。

工业依存度(IND)用长江经济带各省市第二产业生产总值与各地区生产总值比值来表示,比值越大则说明工业依存程度越高。

变量描述性统计

变量	变量符号	均值	标准差	最小值	最大值
水资源生态补偿效率	ECE	0.938	0.617	0.383	3.480
生产性正义	PI	10.470	8.016	0.643	36.250
分配性正义	DF	0.363	0.068	0.210	0.491
消费性正义	CF	0.414	0.091	0.230	0.592
生态性正义	WP	985	306.9	272	1 761
水资源承载力(万人)	WRE	5 255	2 946.27	1 580	13 732
技术市场成交额(亿元)	TECH	177.80	251.67	0.540	1 225
能源工业投资(元/人)	ENER	1 113	545.48	222	2 876
第三产业依存度	SER	0.241	0.056	0.164	0.450
工业依存度	IND	0.456	0.058	0.288	0.566

注:每个变量的样本观察个数为165。

对模型指标进行方差膨胀检验,发现分配正义指标的 VIF 值大于10,存在多重共线性问题。为了提升模型的估计稳健性,考虑到基尼系数是用来综合考察居民内部收入分配差异状况的一个重要分析指标(张晓涛、于法稳,2012),在模型中加入了基尼系数指标来表示分配正义,如表所示,当把分配正义指标用基尼系数代替时,研究模型变量不存在变量间的共线性问题。使用面板 LLC 单位根检验方法和 IPS 检验方法对各个变量进行单位根检验,各变量均通过了显著性检验,表明面板数据是平稳的。

变量方差膨胀检验

变量（符号表示）	VIF 值	变量	VIF 值
DF	10.60	DF（基尼系数代替）	3.62
CF	8.75	CF	5.03
PI	8.11	PI	9.80
SER	6.69	SER	6.64
TECH	5.32	TECH	4.75
IND	4.27	IND	3.23
WP	3.18	WP	2.92
WRE	3.13	WRE	3.01
ENER	2.97	ENER	2.86
Mean VIF	5.89	Mean VIF	4.65

注：每个变量的样本观察个数为165。

（三）遗漏变量与解释变量的内生性问题分析

针对遗漏变量的问题，水资源生态补偿效率的影响因素众多，在研究中存在一些难以捕捉量化的信息，比如气候因素、政策因素、政府治理重视程度等，导致研究无法全面分析覆盖，加之有很多因素的数据是无法观测或难以获取的，故研究使用面板数据通过改变控制变量和核心解释变量的个数进行多次估计，以减少遗漏变量问题带来的估计误差。

针对解释变量可能存在的估计误差与内生性问题，本书采用德里斯科尔和克雷（1998）提出的方法获得异方差——序列相关——截面相关稳健性标准误的估计方法，对误差项的自相关、异方差和截面相关的问题一并加以处理。对于模型可能存在的内生性问题，考虑主要源于技术进步效应，可能与水资源生态补偿效率之间产生互为因果关系，即技术进步与扩散能够提高水资源生态补偿效率，水资源生态补偿效率的提升也会影响与水资源生态补偿相关领域的技术进步与技术扩散的积极性，因此采用解释变量的一阶滞后项作为工具变量对模型进行 IV 估计。经检验,通过"杜宾——吴——豪斯曼检验"(Durbin-Wu-Hausman 检验),得出表示技术进步与技术扩散指标的代理变量技术成交额指标不存在明显的内生性问题。

此外,政府主导的水资源生态补偿行为带来的挤出效应,可能会消减或弱化水资源生态补偿市场机制的运转效果,而相对赢弱的市场化机制试点反而更需要政府相关政策的支持。但本研究是基于长江经济带 11 省市的宏观层面研究,对于具体的政府参与水资源生态补偿机制的相关问题缺乏足够样本量的数据支撑,如果仅仅以有无相关政策或以相关政策的多寡(涉及上百州市立法部门的法条众多,且实施情况不明,无法完全统计)来判断又缺乏一定的因果逻辑(即多不一定好,好不一定多),故而对于政府参与带来的挤出效应而衍生的模型估计内生性问题不作深入讨论。

(四)数据来源

本书采用长江经济带 11 省市 2004—2018 年面板数据研究检视长江经济带水资源生态补偿效率的影响因素,以上数据均来源于《中国统计年鉴》《中国环境年鉴》《长江年鉴》。本书采用长江经济带 11 省市 2004—2018 年面板数据研究检视资本投入情况、水资源环境保护水平以及城乡收入公平、城乡消费公平对长江经济带水资源生态补偿效率影响,研究所选数据均来源于 2004—2019 年《中国统计年鉴》《中国环境年鉴》《长江年鉴》或根据相关年鉴数据经简单计算所得,个别指标的缺失数据处理方面,参考邓建新等学者研究,分别使用了平均增长率与热卡插补的方法。

三、空间正义因素对长江经济带水资源生态补偿效率影响的结果分析

在图表中,模型 1 为当分配正义指标为城乡收入比时空间正义因素对水资源生态补偿效率的影响,控制了水资源禀赋、技术要素、能源工业投资、

第三产业比重、工业依存度等因素对水资源生态补偿效率的影响;模型 2 为当分配正义指标为基尼系数指标时空间正义因素对水资源生态补偿效率的影响;模型 3 则在模型 2 的基础上采用了技术市场成交额的滞后一期作为工具变量对模型进行 IV 估计。从模型估计的稳健性检验来看,由于表示技术进步与技术扩散指标的代理变量技术成交额指标通过了 DWH 检验,不存在明显的内生性,且通过模型 2 与模型 1、模型 3 相比,除了分配正义变量在模型 1 中显著,其他解释变量的显著性水平与系数大小、正负符号均相差不大,且模型 1 的模型拟合度较好,说明模型 1 的估计结果是比较稳健的,故本章选取模型 1 作为最终采纳的模型估计结果。

长江经济带水资源生态补偿效率影响因素的模型估计结果

自变量	模型 1	模型 2	模型 3
生产性正义	−0.199**	−0.246**	−0.164**
	(0.084)	(0.099)	(0.066)
分配性正义 (模型 2、3 为基尼系数指标)	−3.770***	0.096	−0.061
	(0.782)	(0.608)	(0.796)
消费性正义	1.850***	0.762**	0.768
	(0.431)	(0.511)	(0.391)
生态性正义	−1.083***	−1.184***	−1.237***
	(0.202)	(0.225)	(0.287)
水资源承载力	−0.865	−0.721	−0.291
	(0.632)	(0.596)	(0.581)
技术市场成交额 (模型 3 中为滞后一期)	0.087	0.086	0.028
	(0.050)	(0.051)	(0.049)
能源工业投资	0.070	0.067	0.106
	(0.090)	(0.103)	(0.081)

续表

自变量	模型1	模型2	模型3
第三产业发展程度	3.543***	3.149***	3.634**
	(0.967)	(0.867)	(1.229)
工业依存度	2.639***	2.778***	2.827
	(0.590)	(0.653)	(0.705)
常数项	−12.600***	11.263*	7.952
	(6.237)	(5.834)	(6.114)
F统计概率	0.000	0.000	—
R^2	0.375	0.354	0.324
N	165	165	154

注：***、**、*分别表示在显著水平1%、5%、10%下显著,括号内数据为估计指标系数的稳健性标准误。

通过分析可知,除了分配性正义指标,模型1、2、3的估计结果不管是作用方向还是程度上均较为接近,可以认为模型1的估计是稳健的,由表中模型1可知,从解释变量来看,生产性正义指标(人均固定资产投资存量)与分配性正义(城乡居民收入比,乡村/城市)指标对长江经济带水资源生态补偿效率有显著的负向影响;而消费性正义(城乡居民消费比,乡村/城市)指标对长江经济带水资源生态补偿效率有显著的正向影响;生态性正义水平指标(人均灰水足迹)对长江经济带水资源生态补偿效率之间存在显著的负向影响,即生态正义能够显著提升长江经济带水资源生态补偿效率。从控制变量来看,第三产业发展程度与工业依存度对长江经济带水资源生态补偿效率的提升具有显著的正向影响;水资源承载力、技术市场成交额、能源工业投资对长江经济带水资源生态补偿效率没有显著的影响关系。

对于生产性正义指标对长江经济带水资源生态补偿效率有显著的负向

影响应做何解释？研究认为，从"理性经济人"的严格假设来看，公平正义不能必然带来资源配置效率的最大化，而传统经济学问题研究追求的资源配置效率的目标是追求效益的最大化，而实现社会公平正义并不在传统的经济学效益最大化分析的研究框架内。在计算长江经济带水资源生态补偿效率时，将资本投入变量设置为地区的固定资产投资余额，即过高的人均固定资产投资会导致在计算长江经济带水资源生态补偿效率时存在投入冗余，故在一定程度上影响了效率的最终结果。因此，生产性正义不能仅仅关注生产性投入资金的数量，更应该关注生产性投入结构是否合理，该问题尚需进行进一步讨论与回应。

如何解释分配性正义指标对长江经济带水资源生态补偿效率具有显著负向影响？研究认为，造成分配正义指标与水资源生态补偿效率负相关的原因可能在于乡村对高能耗、高污染、高排放的传统企业存在依赖性。由于城市环境排放标准较为严格，很多高能耗、高污染、高排放企业被迫转移到农村，而这些污染较为严重的企业却往往能够给农村居民带来相对较高的收入，尤其是处于生态文明建设初级发展阶段且水资源禀赋较为充裕的地区，这种现象更为明显。政府虽然限制了高污染企业对城市的进一步破坏，但没有完全落实这些企业在乡村与偏远地区按要求实行严格的排污标准，虽然政府在收取排污费用，但污染企业造成的负外部性，导致这些企业对生态环境造成的水体污染与生态破坏无人问津或仍由政府买单。因此，模型1中城乡分配的不正义并不是说就能够提升水资源生态补偿效率，其原因是多层次的，主要归纳为两个方面：一方面，城乡新旧产能转换存在时滞，而在农村从事工业生产活动能够带来比从事单纯农业生产更多的收入；另一方面，由于长江经济带一些城市地区经济发展增速很快，第三产业发展比较发达，尽管乡村经济发展也有所改善，但相比于城市经济发展的速度却相差较大，工农产品价格呈现"剪刀差"，因此产生了城乡收入比进一步拉大的现象。城乡分配性正义在何种范围与何种程度会影响水资源生态补偿效率,本书亦将在第七章对此问题进行进一步讨论与回应。

第四节 本章小结

本章首先对长江经济带 11 省市水资源生态补偿效率进行了测度,其次基于空间正义视角检视了长江经济带水资源生态补偿效率的影响因素,主要包括以下三个方面:

第一,从理论层面提出长江经济带水资源生态补偿增量利益发展的主要来源是全要素生产率水平的提升,水资源生态补偿增量利益增长的核心在于水资源生态补偿效率的提升,本质上是提升经济要素与生态资源的配置效率。长江经济带水资源生态补偿机制的建立能够为长江经济带经济均衡发展、科技研发与成果转化的扩散、生态环境的合理利用与保护等提供有力的制度支持,可直接表现为促进水资源生态补偿效率。

第二,通过序列 DEA 方法测算长江经济带水资源生态补偿效率变化情况,分析了长江经济带水资源生态补偿效率的年际变化与空间分布特征,通过测算,从 2005—2018 年长江经济带水资源生态补偿效率变化情况看,反映生态补偿效率变化的 Malmquist-luenberger 指数变动较为剧烈,呈"W"型波动特征。通过对长江经济带水资源生态补偿效率变化(Malmquist-luenberger 指数)及其分解的汇总,从长江经济带各省水资源生态补偿效率平均增长情况看,由高到低依次为江苏省、湖南省、浙江省、四川省、上海市、贵州省、湖北省、重庆市、安徽省、江西省、云南省,且各省市的水资源生态补偿效率变动情况均为正增长。从增长源泉来看,长江经济带水资源生态补偿效率的增长主要来自纯技术变化,规模效率变化对效率的提升也起到了一定的推动作用;从整体上看,能够同时实现技术效率、纯技术效率、规模效率与规模技术"多驱动"模式的省份其水资源生态补偿效率增长较高。

第三,检验了空间正义对长江经济带水资源生态补偿效率的关键性影响因素,由模型估计结果可知,空间正义视角下消费正义的提升与生态环境的提升对长江经济带水资源生态补偿效率的提升具有积极作用。通过合理改善城乡消费结构,提高农村居民可支配收入水平,减少城乡消费差距,可以促进水资源生态补偿效率的提升;同样,减少水资源浪费,重视治理水污染,通过降低人均灰水足迹的产生,也能促使水资源生态补偿效率的显著提升。

第七章　长江经济带水资源生态补偿协同机制优化分析

通过前章对长江经济带水资源生态补偿问题、现状以及水资源生态补偿绩效与效率的评价及其影响因素分析可知,长江经济带水资源生态补偿机制应置于空间正义视野下,以实现经济带经济、社会、生态系统的高质量发展。基于前文实证研究结果以及现实调研情况,本章对长江经济带水资源生态补偿协同机制进行构建,对于如何实现水资源生态补偿协同机制,研究着眼于经济利益与生态利益的同步协调关系,以水资源生态保护投入、经济——社会——生态综合效益、水资源质量状况三个维度之间的协同耦合关系为协同机制构建的基本要素,以空间正义为利益机制实现的理论抓手,将协同机制作为机制改进路径,检验在空间正义视角下,水资源生态补偿协同水平能否对长江经济带水资源生态补偿机制效率产生积极影响。通过实证分析检验空间正义视角下长江经济带水资源生态补偿协同机制构建路径的有效性,形成可借鉴的水资源生态补偿长效机制。在此基础上,提出空间正义视角下长江经济带水资源生态补偿协同机制构建的重点方向与措施。

第一节　长江经济带水资源生态补偿协同机制的构建思路

长江经济带包含了时空概念,长江经济带水资源生态补偿的利益协调机制就是要在生态环境容量不突破的前提下,注重协调生态补偿利益主体间的权益关系,本着生态优先、绿色发展的原则,使绿水青山产生巨大生态效益、经济效益、社会效益,同时开放流域内和流域间水资源生态补偿方式,协调自然系统与社会系统,强调良好的生态福利为全民所有,实现经济带内生态利益与经济利益均衡共享。综合来看,长江经济带水资源生态补偿协同机制的构建目标包含了空间正义、绿色发展、协同机制三个构面,三个主要目标的研究内容有机连结,串联起本章的成文脉络。

一、着眼空间正义

从空间正义视角来看,长江经济带水资源生态补偿相关政策的实施与推广涉及经济带不同地区发展利益。空间正义视角下的长江经济带水资源生态补偿制度设计问题涉及了多主体发展利益关系改变,能够改善长江经济带水资源生态补偿利益分配与表达机制的固有惯性,尤其是对受制于生态大保护战略而牺牲了经济发展机会的地区而言,空间正义视角下长江经济带水资源生态补偿机制能在改善区域水资源生态环境的同时,得到一定的资金补偿或倾斜的政策与制度刺激,稳固水资源生态补偿存量利益的同时,提升水资源生态补偿增量利益。而基于空间正义视角,被除过去制约长江经济带水资源生态补偿过程中的不和谐因素,科学地掌握长江流域水资源生态补偿基本利益逻辑以及利益逻辑关系中的利益分配与表达机制,从而形成长江经济带水资源生态补偿的"水资源生态补偿利益产生——水资源生态补偿利益表达——水资源生态补偿利益提升——水资源生态补偿利益协调优化"这一系统性的水资源生态补偿机制优化逻辑体系。以空间正义的制度规划促进长江经济带水资源生态补偿协同机制的目标实现,全面提升长江经济带水资源生态补偿机制效果。

二、注重绿色发展

水资源生态补偿机制的构建应遵循"绿色原则",从政策层面上看,2015 年国家提出了推进供给侧结构性改革这一要求,要求使要素实现最优配置,提升经济增长的质量和数量。党的二十大报告指出,统筹水资源、水环境、水生态治理,推动重要江河湖库生态保护治理,基本消除城市黑臭水体。水环境关系国计民生,事关千万家庭的福祉,需要围绕构建完善水污染防治流域协同机制进行实质性的创新。自党的十九大以来,国家相继出台了《全国农业可持续发展规划(2015—2030 年)》和《国家农业可持续发展试验示范区建设方案》等一系列推进农业可持续发展的文件,引导各地农业生产转换方式、调整生产结构,助推资源环境走可持续发展道路。《中华人民共和国民法典》用 18 个条文专门规定"绿色原则",绿色原则给长江经济带经济与生态协调发展提出了新的要求,迫切需要健全以绿色原则为导向的长江经济带水资源生态补偿制度机制,建立生态优先的绿色产业体系,构建科学适度有序的生产空间布局体系,切实改变过去生产过度依赖资源消耗的发展模式。

三、坚持协同提升

过去,长江流域不同地区的发展方式都是以经济增长速度为主要衡量指标,忽视了对生态环境的考量。随着习近平生态文明思想逐渐深入人心,推动长江经济带高质量发展成为进入新时期后的重要发展目标。从空间正义理论视角出发,不难发现,长江经济带不同区域发展存在较大的不平衡性,主要存在于水资源的生态保护的责任关系、经济发展利益结构失衡以及生态利益与经济利益不协调等方面。在水资源的生态保护与修复方面,应统筹全局,既不能因为上游地区的生产、生活行为而产生的水污染情况让下游的居民和地区所承受,更不能任由下游地区对水资源的无休止利用与污染,否则就是违背了空间正义的准则。在经济带发展利益方面,更要统筹好一盘棋,一般来说上游地区多处于山岭地带,经济发展相对落后,可通过技术、人才引入,依靠发展特色绿色产业、绿色技术的推广减轻相对落后地区经济发展及环境保护的双重阻力。同时,以空间正义为发展与改革进路的长江经济带水资源生态补偿协同机制的完善还应涵盖为增强环保意识、提高环境保护水平而进行的科研和教育经费的支出等。长江经济带生态利益与经济利益不协调的问题由来已久,如何实现落后地区的产业转型发展,实现经济的弯道超车,应当是当前长江经济带经济较为落后地区发展的核心思路,逐步实现长江经济带水资源生态补偿机制的产业发展机会成本的补偿机制升级,通过绿色技术实现绿色发展与绿色生产,提升绿色产业要素在长江经济带的自由流动,助推长江经济带协同发展。

基于此,水资源生态补偿机制的构建应注重协同机制的实现,协同机制是构建长江经济带全域水资源生态补偿的基础,也是促进长江经济带发展整体推进的重要手段。协同是指各子系统之间以及同一系统内的各要素之间的功能要优势互补,充分发挥各自的作用,实现效益最大化和成本的最小化。从协同机制的实现与构建方式来看,一是水资源生态环境保护投入的协同,依照顶层设计与相关部门法规,开展水资源环境治理投资,并在实际生产中注重开发的同时更要注意保护,提升环境治理的投入产出效果;二是经济——社会——生态发展效益的协同,旨在通过水资源生态补偿协同机制发挥好协调区域经济、社会、生态发展三者关系,补短板,强弱项;三是水资源环境质量协同,水资源治理投入的目的是提升水资源生态环境质量,保护好绿水青山,控制性开发自然资源,即对可能造成的污染问题及时予以介入,避免造成二次污染等,实现区域联动的绿色化发展。三位一体的协同机制共同使长江经济带各个系统与要素之间形成动态平衡,为长江流域经济社会生态的健康平稳发展提供源源不断的动力。

第二节　长江经济带水资源生态补偿
协同机制的影响机理

一、影响机理

水资源生态补偿机制是一个复合的机制体系,以水资源生态绩效与效率来表征可量化的水资源生态补偿机制运行效果,能够涵盖水资源生态补偿存量利益与增量利益的利益机制关系。从前面章节分析可知,影响水资源生态补偿机制利益的因素涉及水资源利用、水资源生态保护,产业经济发展、社会分配消费公平正义等诸多方面,需要从解决相关要素资源配置失调以及实现外部性影响内部化的方式解决。构建长江经济带水资源生态补偿协同机制的目的是改善生产要素资源配置效率的同时兼顾社会发展成果由全民共享,因此,长江经济带水资源生态补偿机制的构建应当以空间正义视角与协同发展原则为优化建设导向,减少空间不正义因素对水资源生态补偿机制效率带来的负面影响。

此外,在研究长江经济带水资源生态补偿机制的同时,必须考虑以绿色原则为导向的水资源生态补偿机制的协同情况,即关注生态补偿绩效、效率与生态补偿协同水平之间的关系。从影响长江经济带水资源生态补偿效率的机制路径来看,空间正义对长江经济带水资源生态补偿效率影响的作用表现为增量利益的变化,同样应当检视四个空间正义维度下水资源生态补偿效率的影响。从绿色发展的要求来看,还应当检验水资源生态补偿协同水平对改善与调节水资源生态补偿效率是否存在促进关系。空间正义视角下长江经济带水资源生态补偿协同机制的影响机理如图所示。

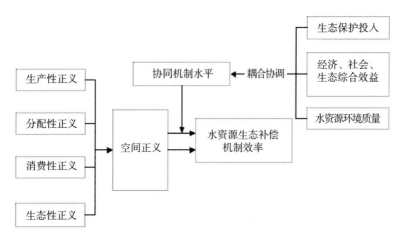

空间正义视角下长江经济带水资源生态补偿协同机制的影响机理

二、传导路径

从影响长江经济带水资源生态补偿机制效率的传导路径来看,水资源生态补偿机制利益的提升由绩效与效率共同表征,而通过全局主成分分析方法测算的水资源生态补偿绩效内部各个子系统之间的协同耦合关系最能够恰当地反映水资源生态补偿机制的协同水平。

由于存在不同的协同水平发展阶段,空间正义因素对水资源生态补偿效率的影响可能存在显著的变化,研究试图解释第六章空间正义因素中的生产性正义维度因素与分配性正义维度因素对水资源生态补偿效率影响显著为负相关与原假设结果不相符的问题,因此还需要进一步检验水资源生态补偿协同水平在不同的时空间发展阶段的调节作用下,空间正义因素对改善与调节水资源生态补偿机制效率是否存在正向促动关系,从而全面地审视长江经济带水资源生态补偿机制效率的提升逻辑。传导机理如图所示。

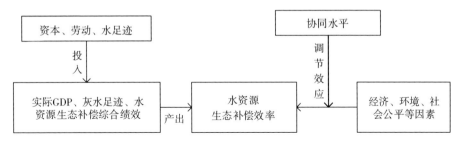

影响水资源生态补偿机制效率的传导机理

第三节　长江经济带水资源生态
补偿协同水平评价

一、长江经济带水资源生态补偿协同机制构建

长江经济带水资源生态补偿协同机制构建是基于长江经济带经济发展利益与生态保护利益的协同关系。有研究指出,经济系统与自然系统之间之所以能形成协同耦合交互关系,主要在于经济系统的运行不超过自然系统的承载边界以及经济系统对自然系统的投入有效率,并且能拓展自然系统的承载边界(胡鞍钢、周绍杰,2014)。因此,长江经济带水资源生态补偿协同机制首先应遵循绿色发展的基本原则,而从绿色发展的现实要求看,是基于生态环境容量和资源承载力的约束与长江经济带高质量发展的双重目标,应当充分考虑绿色化发展的手段、模式的应用(王玲玲、张艳国,2012),改善传统的经济发展方式。绿色发展不仅反映了人与环境的和谐共融会推动生产力的高质量提升,也反映了人类社会与生态环境之间的自然规律和约束机制(黄茂兴、叶琪,2017)。因此,绿色化协同耦合系统符合长江经济带发展战略,能够为长江经济带高质量发展提供必要的发展条件。

本章选取 2004—2018 年长江经济带的 11 个省级行政单元,基于绿色化、协同化发展的理论框架,通过第五章全局主成分分析方法对于水资源生态补偿相关的三个绿色化协同系统维度的 21 个指标进行绩效评价,对其子系统间的协调发展程度进行耦合协调评价分析,客观评价水资源生态补偿绩效与耦合协调度发展规律,力求找到长江经济带不同地区在水资源生态补偿制度设计上的突破口。长江经济带各省市经济——社会——生态环境发展要求决定了水资源生态补偿投入的必要性,水资源生态环境保护投入则直接影响了水资源环境质量状况,水资源环境状况也对经济——社会——生态环境综合效益产生了反馈调节作用,三个子系统之间存在相互影响的耦合协调关系,其耦合协调水平可以充分地表征长江经济带自然系统与社会系统间的绿色化协同发展关系,以上三个子系统最终形成并构建了以绿色投入、高质量耦合、合理补偿反馈的长江经济带水资源生态补偿绿色化协同耦合系统,以此来表征长江经济带水资源生态补偿内部系统的耦合协调关系。

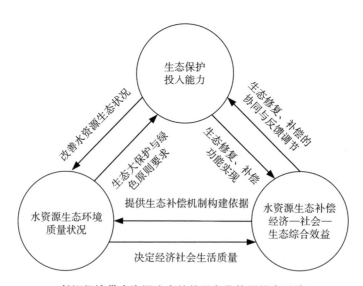

长江经济带水资源生态补偿绿色化协同耦合系统

二、长江经济带水资源生态补偿协同水平测算方法

耦合协调度模型可通过计算出的系统之间的耦合协调程度,反映各个子系统之间的协调程度,并能够判断出各个系统之间的协调发展程度(王伟新,2020)。研究以 F_1、F_2、F_3 分别表示水资源生态保护投入能力、水资源生态补偿经济——社会——生态综合效益、水资源环境保护状况三个子系统的协同系统的评价函数及综合评价指数,三个子系统间耦合协调度公式与解释如下:

$$C = \left\{ \frac{F_1 \cdot F_2 \cdot F_3}{\left[\dfrac{F_1 + F_2 + F_3}{3} \right]^3} \right\}^{\frac{1}{n}}$$

$$T = w_1 F_1 + w_2 F_2 + w_3 F_3$$

$$D = \sqrt{C \cdot T}$$

其中,C 表示水资源生态补偿投入水平子系统、水资源生态补偿经济——社会——生态效益子系统、水资源污染控制水平子系统之间的耦合度,n 为调节系数,一般要求 $n > 2$,在本书中取 $n = 3$;T 为三个子系统之间的综合绩效评价指数,即第五章测度的综合绩效。$w_i(i = 1, 2, 3)$ 分别为三个子系统的权重,在评价过程中将三个子系统视为同样重要,取 $w_1 = w_2 = w_3 = 1/3$;D 为水资源生态补偿投入水平子系统、水资源生态补偿经济——社会——生态效益子系统、水资源生态补偿绿色化水平子系统间的耦合协调度。

通过上述公式计算得到的系统耦合协调度介于 0—1 之间,D 的取值越大则说明系统的协调发展程度越高,反之则越低。本书参照石培基(2010)、洪开荣(2013)和付云鹏(2018)等学者的相关研究成果中对协调发展的判别标准对本书三系统耦合协调度的类型进行划分,系统协调发展类型的划分如表所示。

协调发展类型划分

耦合协调度区间	失调类型	耦合协调度区间	协调类型
[0,0.1)	极度失调(i_5)	[0.5,0.6)	勉强协调(c_1)
[0.1,0.2)	严重失调(i_4)	[0.6,0.7)	初级协调(c_2)
[0.2,0.3)	中度失调(i_3)	[0.7,0.8)	中级协调(c_3)
[0.3,0.4)	轻度失调(i_2)	[0.8,0.9)	良好协调(c_4)
[0.4,0.5)	濒临失调(i_1)	[0.9,1.0)	优质协调(c_5)

三、长江经济带水资源生态补偿协同水平评价

根据水资源生态补偿协同系统评价体系,处理并计算各指标数据,对长江经济带各省市水资源生态补偿绩效的绿色化协同系统耦合协调度进行评价。评价数据全部来自《中国统计年鉴2004—2018》和长江经济带各省份《环境统计年鉴2004—2018》以及2004—2018年的《长江年鉴》数据。

根据第五章对水资源生态补偿综合绩效的测算,求得三组子系统间的耦合协调度。从图中我们可以看出,2004—2018年长江经济带11省市水资源生态补偿保护投入能力子系统、水资源生态补偿经济——社会——生态综合效益子系统、水资源环境质量状况水平子系统之间的耦合协调度均值为0.566。从各省市水资源生态补偿绿色化协同系统的协调度水平来看,上海市、江苏省、浙江省、重庆市4个省市地区的三系统间耦合协调度高于经济带平均水平,分别为0.671、0.668、0.635、0.606。从整体上看呈现出东部高、中西部偏低的格局。

从2004—2018年长江经济带11省市水资源生态补偿绿色化发展协调度动态变化上看,2004年长江经济带各省市的绿色化协同水平差异较大,东部地区水资源生态补偿绿色化协同程度远高于其他地区,地区间最大差值为0.284(最大值上海市为0.558,最小值贵州省为0.273)。经过15年的发展,中部和西部地区水资源生态补偿绿色化协同程度得到了较为明显的

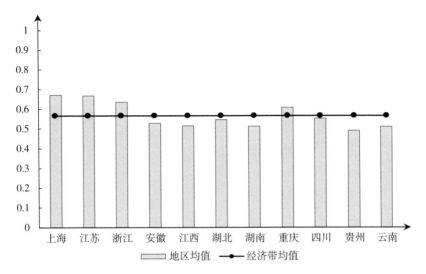

2004—2018 年长江经济带 11 省市水资源生态补偿绿色化发展系统耦合协调度平均值

改善,2018 年各省市水资源生态补偿绿色化耦合协调度的最大差值为 0. 116(最大值上海市为 0. 785,最小值江西省为 0. 669)。从 2004—2018 年水资源生态补偿绿色化协同耦合协调度的年平均增长率水平看,经济带均值为 4. 401%。上海市为 2. 472%,江苏省为 3. 091%,浙江省为 3. 498%,安徽省为 4. 987%,江西省为 4. 943%,湖北省为 4. 219%,湖南省为 4. 632%,重庆市为 5. 155%,四川省为 4. 408%,贵州省为 7. 586%,云南省为 4. 973%。其中,年平均增长最高的省份为贵州省,长江经济带各省水资源生态补偿绿色化发展耦合协调度均呈现稳固增长态势。

通过对协调发展类型划分,对应失调(协调类型)并结合图中雷达图可以看出,从整体轮廓上看,内圈图形向右上方和左下方偏斜,外圈图形向右上方与左下方偏斜,可以得出系统耦合协调度发展的地区偏移规律,即经济带东部地区上海市、江苏省、浙江省与经济带西部地区重庆市一直保持高水平系统耦合协调度,而四川省、贵州省则呈现较高的系统耦合协调度增长速率。从年均增长速度上看,整体增速较为均匀,并在 2016 年产生了较为快速的增长。可见,十八届五中全会提出的牢固树立并切实贯彻"创新、协调、绿色、开放、共享"的五大发展理念对长江经济带水资源生态补偿的绿色化协同耦合水平的提升产生了积极影响。

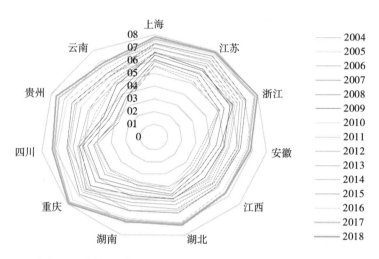

2004—2018 年长江经济带 11 省市水资源生态补偿绿色化协同耦合协调度态势雷达图

第四节 长江经济带水资源生态补偿
协同机制的影响实证分析

根据本书提出的假设与本章机理分析,环境不确定性可能会对效率产生冲击(林家宝等,2018),需考虑空间正义影响因素在水资源生态协同优势的环境下能否提升水资源利用与保护的再配置效率,促进经济生态协调发展,即可能存在"协同耦合机制下能够更好实现水资源生态补偿效率提升"的作用路径。因此,本书加入了协同耦合指标变量的交互效应分析,构建如式回归模型。

$$\ln \mathrm{ECE}_{i,t} = \gamma_0 + \gamma_1 X_{i,t} + \gamma_2 X_{i,t} \cdot \mathrm{GCL}_{i,t} + \gamma_3 \mathrm{GCL}_{i,t} + \gamma_4 \ln$$
$$\mathrm{Control}_{i,t} + \mu_i + \varepsilon_{i,t}$$

其中,GCL 表示协同耦合水平虚拟变量,设置耦合协调度区间分界点值 0.5 为失调与协调类型的划分依据,取值为 0(失调)或 1(协调)的虚拟变量,其他参数含义与第六章相关公式含义一致。

为了使模型估计更加稳健且具有较好对照性,分别加入模型 1:不加入耦合协同指标的估计模型;模型 2:不加入耦合协同交互项的估计模型。根据回归模型分析结果,模型 1、模型 2 中城乡消费正义指标(CF)与生态性正义指标(WP)均得到了显著水平,从模型 3 估计的稳健性检验来看,由于表示技术进步与技术扩散指标的代理变量技术市场成交额指标通过了Durbin-Wu-Hausman 检验,得出技术投入指标(TECH)不存在明显的内生性。通过模型 2 与模型 1、模型 3 相比,除了分配正义指标(DF)在模型 3 中的系数不显著,其他解释变量的显著性水平与系数大小、符号均保持相对一致,说明模型 2 的估计结果是比较稳健的。同样采用增减控制变量的方法对模型 4 和模型 5 的稳健性进行检验,通过比较,删减变量后的回归方程中主要解释变量的显著性水平、系数大小、符号方向无明显差异,说明模型 4和模型 5 的估计也是稳健的。通过对模型 3 的内生性检验,技术市场成交额指标并不存在明显的内生性问题,故本研究选取模型 2、模型 4 和模型 5作为最终采纳的模型估计结果展开对照分析。

模型 4 加入了协同耦合水平虚拟变量,重点考察生产性正义与水资源生态补偿协同耦合指标的交互效应影响;模型 5 同样加入协同耦合水平虚拟变量,使用 Prais-Winsten 估计法考察分配性正义与水资源生态补偿绩效绿色化协同指标的交互效应影响,模型 1、2、3 中消费正义指标与生态正义指标均得到了显著且与假设一致的结果,故需要重点考察与假设不一致的生产性正义与分配性正义指标,能否在协同耦合指标的调节作用下得到与假设相近的结论。采用增减控制变量的方法对模型 4 和模型 5 的稳健性进行检验,通过比较,删减变量后的回归方程中主要解释变量的显著性水平、系数大小、符号方向无明显差异,说明模型 4、模型 5 的估计也是稳健的。

模型回归结果

变量	模型 1		模型 2		模型 3		模型 4		模型 5	
	系数	标准误	系数	标准误	系数	标准误	系数	标准误	系数	标准误
lnPI	−0.199 **	0.084	−0.237 **	0.096	−0.136	0.096	−0.335 **	0.118		
DF	−3.770 ***	0.782	−4.136 ***	1.022	−0.897	1.563	−4.136 ***	1.302	−5.753 ***	1.690
CF	1.850 ***	0.431	2.004 ***	0.511	0.235	0.808	1.418 ***	0.471		
lnWP	−1.083 ***	0.202	−1.080 ***	0.206	−0.268 *	0.145	−1.050 ***	0.254		
GCL			0.079	0.097	0.066	0.120	−0.212	0.235	−0.850 **	0.315
lnPI×GCL							0.260 ***	0.080		
DF×GCL							−0.320	0.786	2.569 **	1.022
lnWRE	−0.865	0.632	−0.834	0.642	0.257 **	0.115	−1.032	0.614	−0.568	0.575
lnTECH	0.087	0.050	0.086	0.051	0.033	0.057	0.089 *	0.050	0.055	0.054
lnENER	0.070	0.090	0.083	0.087	−0.141	0.087	0.098	0.089	−0.051	0.070
SER	3.543 ***	0.967	3.626 ***	0.984	6.696 ***	1.486	2.918 ***	0.822	3.926 ***	0.810
IND	2.639 ***	0.590	2.390 ***	0.579	1.504	0.109	2.871 ***	0.579	−0.101	0.609
常数项	−12.600 ***	6.237	12.412 ***	6.372	−1.684	1.325	13.996 **	5.960	5.626	5.585
F 统计概率	0.000		0.000		—		0.000		0.000	
R^2	0.375		0.377		0.469		0.390		0.285	
样本数	165		165		154		165		165	

注:*** 、** 、*分别表示在显著水平 1%、5%和 10%下显著。

通过表中研究结果可知,消费性正义、生态性正义指标均与生产性正义指标(人均固定资产投资存量)对长江经济带水资源生态补偿效率的影响与原假设一致,即空间正义视角下消费正义的提升与生态环境的提升对长江经济带水资源生态补偿效率的提升具有积极作用。对于生产性正义指标(人均固定资产投资存量)对长江经济带水资源生态补偿效率有显著的负向影响应做何解释?本研究在模型 4 估计结果的分析中给予了回应。通过模型 4 的实证结果可知,生产性正义与绿色化协同的交互项的符号为正,且在 1%的显著性水平上显著,表明在绿色化协同程度较高的时空间内,生产性正义(人均固定资产投资存量)的提升优化了长江经济带水资源生态补偿效率,原因在于人均固定资产投资存量的提升使得地方政府更加注重财政生态与水利建设投资。一方面各地政府存在生态优先的绩效考核压力,在践行新发展理念的政策目标上做出了一定的努力;另一方面长江经济带各地区的生态环境和各地区的生产生活方式息息相关,长江经济带水资源生态补偿效率也是该地区经济社会生态建设的综合体现,因此地方政府不会忽视水资源生态状况而只关注经济增长。长江经济带水资源生态补偿相关制度与政策主要是由中央政府推动、地方政府实施的,是生态文明建设理念下的具体任务与目标。以绿色化协同发展的顶层设计要求规范长江经济带水资源生态补偿制度机制,有利于形成对长江经济带水资源利用与保护的统筹安排,并能够在经济发展与生态保护之间找到实现新旧动能转换的平衡点,兼顾经济效率、社会公平与生态保护,实现经济带各省市的平衡与协调发展。显然从现有发展情况看,绿色化协同能够将生态性正义即人均固定资产投资存量由投入冗余转变为投入有效,即生产性正义在绿色化协同的调节作用下减少因生产性投入带来的效率冗余,并能够更好地实现长江经济带水资源生态补偿效率提升。

　　同样对于在模型 2 中分配性正义指标对长江经济带水资源生态补偿效率影响为显著负相关的问题,模型加入分配性正义指标与绿色化协同指标交互项后再次进行估计,得到的估计结果与模型 5 进行对比,当加入绿色化协同指标分配性正义与绿色化协同交互项指标后,模型分配正义指标与绿色化协同指标的交互估计结果在 5% 的显著性水平下系数为正,表明在绿色化协同程度较高的时空内,分配性正义的提升优化了长江经济带水资源生态补偿效率,印证了分配正义在水资源生态补偿效率的不同绿色化发展阶段的不同作用方式的推测,即在绿色化协同水平的调节作用下,分配性正义能够对水资源生态补偿效率产生正向影响,研究假设 4 得证。这与1991 年格罗斯曼和克鲁格曼对研究人均收入与环境质量之间的关系研究具有相似的结论(库兹涅茨曲线),即在低绿色化协同水平下,水资源生态补偿效率随着分配正义的增加而降低;而在高绿色化协同水平下,水资源生态补偿效率随着分配正义的增加而增加,也说明水资源生态补偿绿色化协同水平存在不同发展阶段,即水资源生态补偿效率与分配性正义之间存在非线性影响关系。

根据本章对实证结果的分析与讨论,与时润哲、李长健(2020)提出的相关理论构建研究一致,说明空间正义的行为、制度能够提升长江经济带水资源生态补偿效率,并且在绿色化协同作用下能够改善投入冗余,提升投入产出效率。虽然一些污染企业向乡下或欠发达地区转移能为农村居民提供就业机会,甚至提高了收入,但是考虑到欠发达地区多处于长江大保护的关键地区,且农村为生态系统保护的薄弱环节,经济发展绝不能以破坏生态环境为代价,需要转换落后产能的发展思路,落实供给侧结构性改革的要求,以长江经济带绿色化、集约化为生产新标准。因此,在长江经济带水资源生态补偿机制相关制度设计的思路上,应在农村地区的财政资源配置与转移支付问题上有所侧重的同时,在政策上鼓励乡村产业新动能绿色化产业发展,有侧重地引入新绿色化工艺与技术,广泛开展清洁生产,追求长江经济带内的空间正义,从而提升长江经济带水资源生态补偿的整体机制运行效率。综上,空间正义视角下长江经济带水资源生态补偿绿色化协同机制的构建,是区域平衡发展战略的重要实践尝试,能够统筹长江经济带水资源利用与保护,更好地实现长江经济带各地区乃至整个长江流域各地区的经济发展与生态保护协调发展。

第五节　长江经济带水资源生态补偿协同机制的优化提升路径

长江经济带水资源生态补偿绿色化协同机制设计目的就是长江经济带

社会发展与生态利益、经济利益的空间正义实现,是经济带经济——社会——生态利益和谐发展的内在需求。通过研究可知,长江经济带水资源生态补偿绿色化协同机制重点在于空间正义与绿色化协同这两个重要的抓手。其中,空间正义是在空间生产和空间资源配置中的社会正义,空间发展的不均衡、不平衡始终制约着长江经济带不同地区与城乡之间协同发展的步伐,通过空间内区域的协调规划与人的发展权保障,实现长江经济带内部不同主体的生产、分配、生态以及公共权力保障的正义。而协同机制则关注长江经济带水资源生态补偿机制的存量利益与增量利益,既能够从社会经济视野统筹长江经济带经济发展的一盘棋,保护好金山银山,也更能够守住绿水青山,为子孙后代留下更大的财富。综合空间正义与绿色化、协同化的系统性视角,能够从时间与空间多个维度关注长江经济带水资源生态补偿问题,空间与时间的调控不仅能促成研究的层次感,也在一定程度上充实了生态补偿政策研究设计的维度,加之多元主体参与的个体维度,能够较为全面地对长江经济带水资源生态补偿机制的健全提供必要的参考。

本章第一、二、三节主要讨论了长江经济带水资源生态补偿协同耦合水平、水资源生态补偿协同机制路径等主要问题,并基于空间正义视角对当前长江经济带水资源生态补偿效率的时空特征以及影响水资源生态补偿机制绩效与效率的主要因素进行了实证检视。通过研究,对长江经济带水资源生态补偿综合发展现状有了一个大体的认识,并明确了当前长江经济带水资源生态补偿机制发展的机遇与不足。作为生态文明建设的重要组成部分,长江经济带水资源生态补偿机制的健全理应加快推进步伐,尤其是以长江为纽带的长江经济带水资源生态补偿建设更应该摆在突出位置。通过前面章节的研究分析可知,近年来长江经济带水资源生态补偿制度建设过程中,虽然取得了一定的成效,但是成效还比较缓慢,原因在于长江经济带依旧存在区域发展不平衡、地区技术效率偏低、绿色化程度与新旧动能转换之间的关系不协调不适配等一系列的问题。长江经济带水资源生态补偿的利益协调机制就是要在生态环境容量不突破的前提下,注重协调生态补偿利益主体间的权益关系,本着生态优先、绿色发展的原则,使绿水青山产生巨大生态效益、经济效益、社会效益,同时开放流域内和流域间水资源生态补偿方式,协调自然系统与社会系统,强调良好的生态福利为全民所有,实现经济带内生态利益与经济利均衡共享。

一、空间布局与开发的多元主体利益协同

长江经济带水资源生态补偿主体涉及"流域、城市、乡村"等地理空间的方方面面,水资源生态补偿作为多元主体利益协调的方式,需要了解主体利益因何而生,又将如何分配,保障各方主体利益均衡。从市场主体来看,以政府主导的流域生态补偿机制发展较为成熟,省际如皖浙两省"新安江水资源生态补偿机制"、省内部如宜昌"黄柏河流域水资源生态补偿机制",二者都是将水资源治理质量作为生态补偿的标准,通过设立府际"对赌"的市场机制,对水资源治理达标的地区进行奖励,反之则受到一定处罚。通过建立市场机制,放大了对水资源生态保护带来的额外利益,也在一定程度上强化了主体利益。从这两个案例可以看出,长江经济带水资源生态补偿在一定程度上具备了建立市场机制的基础。政府主体是水资源生态补偿最主要的主体,不管是通过市场机制的探索还是通过立法实现生态补偿政策,都能起到决定性作用,是协调流域内、地区间水资源生态补偿制度的核心。但由于生态补偿机制过于依赖政府主体,加之水资源作为特殊"公共物品的属性",导致市场机制创新相对乏力,利益系统单调。空间正义视角的引入可以为长江流域水资源生态补偿机制带来新的思路,例如在生产环节相对依赖自然资源的地区较多地承担水资源治理责任,在利益分配环节上,对经济发展较弱且处于生态保护区的地区进行倾斜性补偿,尤其是生态补偿横向转移支付上要给予更多支持。重点关注长江经济带内部相对落后的地区,确保其能够在不触碰生态红线的同时,更多地给予其政策、资金、技术等方

面的支持,以实现经济带水资源生态补偿的空间正义。

二、产业结构的优选与侧重并重的协同发展机制

长江经济带作为我国集经济、社会、生态三大功能实践的载体,其资源配置状况及运转效益,反映出不同区域功能发展水平与可持续发展的状况,不仅需要从全局上把握长江经济带内空间发展关系,完善流域水资源生态补偿机制,也需要关注经济带内空间的特殊性要求,采取整体论和还原论有机结合的改进路径,需从产业结构与生产结构角度进行结构优选与侧重发展,有针对性地制定区域内的水资源生态补偿机制,发展新动能产业。

重视长江经济带产业协同发展,以新动能转换与绿色化发展路径推动不同区域与城乡间的空间修复。已有学者提出对传统产业的生态化改造,是提高资源使用效率,实现节能减排目标,推动产业高质量发展的有效途径(于法稳、方兰,2020)。长江经济带经济协同发展与生态可持续发展的核心动力在于提高绿色资本回报率。首先,长江经济带转型发展过程中,一些对生态环境破坏较大的传统工业产业要逐步改变过去粗放式的生产结构,不能简单地转移一些落后产能与污染的企业厂区,这样只会造成更多的权力寻租行为,不利于长江经济带水资源生态环境的真正改善,更不能简单地将城市污染源转嫁到农村地区,这样只会更加疏于保护当地生态资源环境。其次,要对城乡产业布局做好统筹规划,根据绿色化协同发展规划列出鼓励清单,明确对资金流、技术流和人才流的载体建设和绿色化产业创新发展方向,强化要素在流动中的数量、质量与公平、效率的相对协调统一的同时,也要统筹好城乡发展的一盘棋。通过制定空间正义制度,使乡村的经济社会发展与生态绿色可持续相协调。在对潜在的污染排放企业纠查和督促改建时,首先,政府需要对产业排污改进标准做出鼓励、引导、规范和扶持,各级政府不能再受传统"一刀切""城乡区隔"思维的影响,循序渐进地推进产业

结构升级,转变经济发展方式,要充分利用市场机制,优化资源配置,鼓励人才、资金、技术等生产要素在绿色化生产方式通道中自由流通,实现企业长期健康可持续发展。其次,各级政府要根据顶层设计要求,明确监督与惩治责任,防微杜渐,守好绿水青山,以防"生态红线"遭到冲击和破坏,更不能让落后偏远地区、农村地区成为污染企业的避难所,使"新动能产业得发展、农村和农民得实惠、生态环境受保护"三者协调发展,确保区域水资源生态补偿利益不受负面影响。此外,对于合理推进长江经济带产业优化升级,还要各级政府与立法部门制定出更多、更好、更优惠的绿色产业政策,在税收、融资、产权保护、项目审批、社区管理绿色化等方面为新动能产业扫清障碍,逐步提高产能相对落后与存在污染物排放企业的排放标准,明确其生态修复责任,统一水资源生态补偿的产业、行业责任。通过制定长江经济带水资源生态补偿的空间正义制度,解决当前长江经济带发展潜在的绿色化产业结构发展失衡风险,并且兼顾社会正义在城乡产业发展中的利益均衡格局。

三、生产要素的自由流动与协同促进机制

合理的要素配置与有效率的资源使用是指引未来长江经济带发展的关键,也是城镇化与城乡融合发展背景下的核心过程。它不仅可以解决同一空间区域内城乡协同发展问题,更可以推而广之促进区域之间交流协作发展,使各种生产要素既能在区域内部充分流动,也可以通过合理的渠道运用于区域之间,不同地区的需求随要素禀赋相向而行,彼此利益互通。通过对经济带空间发展规划的空间正义安排,协调城与乡、城与城、省与省之间的发展利益关系。空间正义的制度安排能够排除长江经济带发展过程中潜在的要素流动不平衡风险,也兼顾了社会正义在经济带发展中的利益均衡格局,能够实现要素的高质量跨区域流动。在具体操作中,政府在引导生产要素进入乡村时,不仅需要考虑乡村生产力的实际匹配状况,更要考

虑到要素流入乡村后的直接受益者是否为村民自身,把能否提升农村居民的福利水平作为重要考量因素。生产要素从城市流向农村或者从发达地区流向落后地区的长期动力取决于城乡发展利益的均衡与区域利益协调的持续性保障,使要素流动能够相向而行。空间正义的制度安排既考虑了城乡区域空间要素流动差异配置,也指明了填补区域间空间差异的制度设计原则,这种制度的示范性表达可以打开城乡与区域协调发展的利益通道。

从如何发挥市场在资源配置中起决定性作用的内在要求上看,通过强化对长江经济带发展规划的空间正义安排,协调发展利益,建立兼顾利益普惠与风险防范的制度体系,推进城乡要素实现自由流动和平等交换,增加区域间的对口帮扶支持力度,强化地区间要素流动的活跃度,尤其是积极引导绿色化生产要素向农村与经济发展相对落后地区转移,以实现空间正义的"市场化"的制度政策的实施。

四、全面推进可持续——"点、线、面、体"协同共促机制

符合空间正义原则的生态补偿机制必须是一种可持续的机制。它以经济、社会、环境的可持续发展为目标,以长江流域的环境容量和资源承载力为限度,以长江经济带一体化的协调发展为中心内容,兼顾代内与代际利益协调,实现空间资源在代际之间的公平分配。只有这种符合空间正义的生态补偿机制,才是值得在未来推广的生态补偿机制。通过"点、线、面、体"协同共促,全面推进长江经济带水资源生态补偿协同利益机制构建,其利益关系架构如图所示。

在这一机制关系构成中,值得关注的是每一个要素作用点如何产生利益联系,以及如何形成点、线、面、体的经济带一体化协同发展体系。在长江经济带内部,城市与农村、不同的产业结构以及要素流动代表着不同的发展作用点,城市与农村要协调发展、产业要绿色化转型,要素要平衡且自由流

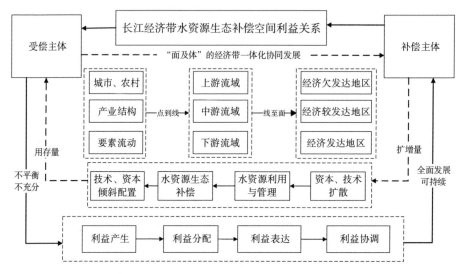

长江经济带水资源生态补偿机制空间利益关系图

动,这些不同类型的作用点以长江为共同纽带,才能形成长江流域上、中、下游的经济社会生态的整体空间的协调发展格局,并且覆盖经济带中经济欠发达地区、经济较发达地区与经济发达地区,进而才能形成长江经济带全面发展的链条。另外,在图中存在点、线、面协同为一体的经济与生态双循环发展回路,从生态补偿机制设计循环来看,长江经济带水资源生态补偿利益协调关系首先要从受偿主体的水资源生态补偿的需求出发。由于历史发展的原因,生态补偿的存量利益相对不足,可以使补偿主体通过增量利益传递,依靠技术资本的倾斜配置,制定具有跨省域、跨流域的水资源生态补偿机制,提升区域水资源利用与管理能力,并通过水资源生态补偿的绿色化协同机制促进绿色产业资本、绿色化的生产技术、绿色化管理经验的扩散与普及,缩小长江经济带水资源生态补偿绩效与效率的差距。在经济循环发展利益机制回路设计中,通过空间正义视角下的利益产生、利益分配、利益表达与利益协调机制,形成长江经济带整体的全面可持续发展,进而解决长江经济带经济发展不平衡不充分的问题。

五、兼顾时空利益一体化的绿色化协同机制

在水资源生态补偿机制的时空分布和选择上,由于长江流域所覆盖的省市众多,行政区划复杂,要实现流域整体水资源生态补偿的效率提升和水质改善,需要从全局出发,宏观把握时间和空间两方面对水资源生态补偿的政策工具进行调度。在时间方面,应注意循序渐进,根据水资源治理的实际情况和下一步利益需求逐步出台水资源生态补偿政策,一步一步积累政策所带来的生态效益和经济效益。在空间方面,水资源生态补偿绝不是一个依靠个别地区带动就可以完成的工作,需要流域整体的提升和完善,特别是长江流域流经地区广袤,如果只有个别地区实施水资源生态补偿情况较好,水质量提升较多,但对其他地区可以提供的正外部性作用有限,对长江流域整体的水质改善效果不大,需流域全局均能在水资源生态补偿方面有所积累,在各个有需求的地区开展水资源生态补偿,并实现从点扩展到面,进而达到流域整体的生态补偿目标。

过去对跨流域水资源生态补偿机制的构建往往陷入一种单线思维,更多关注的是市场主体和政府主体之间的协同,而这仅仅只是生态补偿机制建设应注意的一种。长江经济带水资源生态补偿利益机制的协同不仅包括补偿主体的协同,也包括制度要素之间、技术要素之间及制度要素与技术要素之间的协同,又包括多元利益主体关系的协同、水资源生态补偿绩效与效率的协同、跨流域补偿的协同、资源系统与社会系统的协同以及政策促进与生产方式的协同,这些协同机制要在时空一体化视角下,以绿色化协同为导向,通过空间正义的制度安排来实现,从根本上扫清因时空发展不协调不匹配造成的政策与制度推行的阻碍。解决这一问题则需通过促进主体、方式手段、政策工具、法治要素从"用好存量"制度政策到"扩备增量"方向发展,在充分汲取空间正义内涵的基础上,重视长江经济带平衡发展,从而达到经济带内空间社会系统与自然系统的协同与平衡,最终实现长江经济带水资

源生态补偿时空间一体的协同机制的构建。

第六节 本章小结

由长江经济带水资源生态补偿绿色化发展系统耦合协调度情况可知，从2004—2018年水资源生态补偿绿色化协同耦合协调度的年平均增长率水平看，经济带均值为4.401%。上海市为2.472%，江苏省为3.091%，浙江省为3.498%，安徽省为4.987%，江西省为4.943%，湖北省为4.219%，湖南省为4.632%，重庆市为5.155%，四川省为4.408%，贵州省为7.586%，云南省为4.973%。其中，年平均增长最高的省份为贵州省。具体来说，2004年长江经济带各省市的绿色化协同水平差异较大，东部地区水资源生态补偿绿色化协同程度远高于其他地区，地区间最大差值为0.284（最大值上海市为0.558，最小值贵州省为0.273）。经过十余年的发展，中部和西部地区水资源生态补偿绿色化协同程度得到了较为明显的改善，2018年水资源生态补偿绿色化耦合协调度的地区间最大差值为0.116（最大值上海市与浙江省为0.785，最小值江西省为0.669）。

在研究长江经济带水资源生态补偿增量利益（即效率）的同时，考虑了以绿色原则为导向的水资源生态补偿协同情况，即关注生态补偿效率与生态补偿协同耦合水平之间的影响关系。通过生产性正义与协同水平的交互项结果可知，在协同程度较高的时空间内，生产性正义（人均固定资产投资存量）的提升优化了长江经济带水资源生态补偿效率，可以认为，生产性正义在绿色化协同的调节作用下减少因生产性投入带来的效率冗余，能够更好地促进长江经济带水资源生态补偿效率提升；分配性正义指标对长江经济带水资源生态补偿效率影响显著呈负相关，但在加入绿色化协同水平的交互项作用后，分配性正义能够对水资源生态补偿效率产生正向影响，印证了分配正义在不同协同发展阶段对水资源生态补偿效率具有不同作用效果的推测。

通过对空间正义视角下长江经济带水资源生态补偿协同机制的分析，提出构建长江经济带空间布局与开发协同机制，协调多元主体利益协调机制；发挥不同区域产业优势，注重发展结构优选与侧重并重的协同机制，协调区域间产业发展质量；重视要素配置与运用的合理性，促进区域、城乡要素禀赋相向流动，构建生产要素的自由流动与协同促进机制；注重整体利益，统筹一盘棋全面推进可持续，形成"点、线、面、体"协同共促的发展格局；重视水资源生态补偿机制的时空利益的一体化与协同性，强化绿色化与协同机制的架构等五个方面的机制构建策略，为长江经济带水资源生态补偿机制提供政策建议。

第八章 长江经济带水资源生态补偿机制的演化博弈分析

　　根据第五、六、七章实证研究结果可知,空间正义对长江经济带水资源生态补偿机制优化提升产生了积极的影响。为了验证水资源协同机制在现实策略演进选择中是否为最优选择,本章将进一步对长江经济带水资源生态补偿协同机制的演化博弈展开研究分析,通过长江经济带上下游地区之间的行动与决策,检验政府主体之间生态补偿协调机制,构建数理推演模型,检验水资源协同机制能否提升长江经济带水资源生态补偿机制的整体收益,通过演化博弈方法研究长江经济带水资源生态补偿上下游参与主体的行为特征,进而根据理论模型验证实证分析的准确性。其中,博弈策略模拟的现实依据来源于《支持长江全流域建立横向生态保护补偿机制的实施方案》政策意见。2021年4月30日,财政部、生态环境部、水利部、国家林草局关于印发《支持长江全流域建立横向生态保护补偿机制的实施方案》的通知中明确提出了支持长江全流域建立横向生态保护补偿机制的实施方案,旨在逐步健全流域横向生态保护补偿机制,并提出了中央财政支持引导长江流域相关省市进一步建立流域横向生态保护补偿机制,这一举措为本书长江经济带水资源生态补偿协同机制的研究提供了政策支持,也为长江经济带水资源生态补偿协同机制的演化博弈分析提供了现实指导依据。

第一节 长江经济带水资源生态补偿机制博弈构建的基本前提与假设

一、长江经济带上、下游水生态补偿参与主体的有限理性特征

综合各省市经济社会发展与生态环境基本情况,在长江经济带上、下游水资源生态补偿利益与利益机制的表达存在不均衡不充分性的基本前提下,根据新古典经济学观点,个体的行为或决策是符合理性预期的,根据周围环境信息选择对自身利益最大化的方案。在亚当·斯密"经济人"假设边界中,利己与利他一致,个人利益和公共利益紧密相联,具有自利性和理性的"经济人"是西方经济学的理论基础,但现实中,具有完全理性的"经济人"是不存在的。赫伯特·西蒙提出了有限理性标准(Bounded Rationality Model),提出使用"社会人"概念取代"经济人"概念,建立了有限理性决策理论,而这正是长江经济带上下游明确演化博弈关系的理论前提。基于此理论特征可知,长江经济带水资源生态补偿机制参与主体面临着多重合作或竞争环境,上下游参与主体如政府、企业、社会组织或者个体参与者之间存在彼此之间信息不对称问题,主体之间的决策存在不确定性,从而无法真正衡量水资源生态补偿机制的效果。

二、长江经济带水资源生态补偿主体具有适应性学习能力

长江经济带上下游之间水资源生态补偿是一个重复博弈过程,各参与主体能够在双方合作或竞争的历史经验中不断改进自我博弈策略的变化,这一变化过程涵盖了"尝试试探、模仿学习、调整适应、成长改进"的行为逻辑,并不断调整自身策略。从长江经济带水资源生态补偿机制实践过程看,参与生态补偿行为主体会通过初期的生态补偿行动获得初期的收益,而主

体能够在博弈中获得未预期的新信息,并且能够根据这些新获取的信息制定下一步行动策略,修正初次行动中不成功的决策。如此往复的"策略——行动——获取信息——修正策略——行动"直至自身收益最大化。由此可见,长江经济带水资源生态补偿主体适应性学习能力体现在将所获取的信息转化到下一次的行动策略中,并且能够不断地通过策略提升更新提高参与主体行动决策获取的效益。

三、长江经济带水资源生态补偿主体网络的空间异质性

通过前面章节对长江经济带水资源生态补偿机制的分析可知,当前,长江经济带各省市的水资源生态补偿绩效与效率存在差距,水资源生态补偿协同水平也存在较大差异,并且有些省市已经率先开展了跨省域、跨流域的水资源生态补偿机制探索。正是由于各主体间的地位、资源和影响力均存在差异,这种异质性影响了不同主体之间选择的收益,导致即使选择相同的策略也会存在各自收益不同的情形。在现实社会中,水资源生态补偿参与主体均处于社会空间网络的联系中,利益一致行动者与竞争者之间会根据上级水资源生态补偿政策要求与多种水资源生态补偿实践探索,在政府为主导的水资源生态补偿机制中不断地协商并调整自我策略,并以各自利益为导向达成正式合作或非正式合作,这种空间网络为水资源生态补偿主体之间提供了信息交流、资源共享与协商谈判等连结基础。

第二节　长江经济带水资源生态补偿机制的演化博弈策略

长江经济带不同政府主体在参与区域水资源生态补偿中,参与协作主体的空间分布为上、下游主体,水资源生态补偿协作随机发生在上下游主体之间,一般而言,每个主体在面对水资源生态补偿协作方面通过两种选择策

略,选择彼此合作或者不合作。在这些重复博弈过程中,各主体都能够从过去双方彼此对局的结果得到各自的平均支付水平等信息。根据《支持长江全流域建立横向生态保护补偿机制的实施方案》的通知(以下简称《通知》)的指导要求可知,首先是生态优先、绿色发展,其次是权责清晰、协同推进,最后是硬化约束、结果导向。这三个要求传递了一组重要的政策导向,即推进水资源生态补偿的目的是双重的,具有护航生态保护与经济发展的双重功效,而且水资源生态补偿机制的建立是规范且严格的,不仅需要参与主体的协同参与,更要规范监督实施效果。在《通知》中的主要政策措施方面则提出了中央财政安排引导和奖励资金,以地方省市政府为主体建立横向生态保护补偿机制等两项关键措施。

本章基于对《通知》的要求与政策措施的解读,结合实际发展过程中相关策略演进状况,提出了三种水资源生态补偿合作机制策略:一是无上级政府参与的合作博弈策略,二是加入政府奖励机制的合作博弈策略,三是加入政府奖励机制并强化协同发展机制的合作博弈策略。以现实与理想化方案相结合的机制策略模拟长江经济带水资源生态补偿机制政府主体间的演化博弈情况。

一、缺少上级政府参与机制的假设策略

当缺少上级政府参与相关机制时,假设上下游主体初始的生态补偿存量为 r_1 与 r_2,当上游积极治理生态环境,其付出的治理成本为 c_1(包含因生态大保护要求损失的发展机会成本),下游配合水资源生态补偿支付给上游的成本为 b_1,上游通过环境治理得到的生态效益为 g_1,下游得到的生态效益为 a,上下游区域水资源生态补偿的收益分别为$(r_1+b_1+g_1-c_1, r_2+a-b_1)$。当下游主体选择合作而上游主体不积极配合生态治理时,即上游水环境保护治理不理想时,其付出的治理成本为 c_2,其中 $c_2<c_1$,得到的生态收益为 g_2,其中 $g_2<g_1$,下游额外承担的生态恶化损失为 d_2。通常来说,由于上

游对水环境治理未达标,下游主体一般不愿按合同支付b_1,而选择支付成本为b_2,其中,$b_2 < b_1$,此时,上下游区域水资源生态补偿的收益分别为$(r_1 + b_2, r_2 - b_2 - d_2)$。当上游主体积极配合下游主体不配合时,上游对水环境治理的投入与生态获益仍为c_1、g_1,而下游因上游的积极治理获得的额外生态收益为a,上下游区域水资源生态补偿的收益分别为$(r_1 + g_1 - c_1, r_2 + a)$,当上下游都不愿意合作进行有效的生态补偿机制的探索时,上下游区域水资源生态补偿的收益分别为$(r_1, r_2 - d_1)$,其中$d_2 < d_1$。进一步假定上游主体配合生态补偿的概率为p,下游主体配合生态补偿的概率为q,其收益矩阵如表所示。

无上级政府参与的上下游水资源生态补偿合作收益矩阵

上游主体＼下游主体	合作(q)	不合作($1-q$)
合作(p)	$r_1 + b_1 + g_1 - c_1, r_2 + a - b_1$	$r_1 + g_1 - c_1, r_2 + a$
不合作($1-p$)	$r_1 + b_2 + g_2 - c_2,$ $r_2 - b_2 - d_2$	$r_1, r_2 - d_1$

由上下游水资源生态补偿参与主体合作收益矩阵可知,当主体之间随机进行博弈时,上游主体的平均期望收益为:

$$U_{Ap} = (r_1 + b_1 + g_1 - c_1)q + (r_1 + g_1 - c_1)(1 - q)$$
$$U_{A(1-p)} = (r_1 + b_2 + g_2 - c_2)q + r_1(1 - q)$$
$$U_{\bar{A}} = [(r_1 + b_1 + g_1 - c_1)q + (r_1 + g_1 - c_1)(1 - q)]p + [(r_1 + b_2 + g_2 - c_2)q + r_1(1 - q)](1 - p)$$

下游主体的平均期望收益为:

$$U_{Bq} = (r_2 + a - b_1)p + (r_2 - b_2 - d_2)(1 - p)$$
$$U_{B(1-q)} = (r_2 + a)p + (r_2 - d_1)(1 - p)$$
$$U_{\bar{B}} = [(r_2 + a - b_1)p + (r_2 - b_2 - d_2)(1 - p)]q + [(r_2 + a)p + (r_2 - d_1)(1 - p)](1 - q)$$

二、存在上级政府的奖励机制后上下游生态补偿策略

为了鼓励建立长江经济带水资源生态补偿机制,上级政府一般会采取奖励措施来激励上、下游之间积极开展生态补偿协作与机制探索,加入政府补贴奖励可以相应地减少上下游之间上游的治理成本与下游的支付成本,以便更好地促成合作。

当加入上级政府参与的奖励机制策略后,同时假设上下游主体初始的生态补偿存量为 r_1 与 r_2,当上游积极治理生态环境,其付出的治理成本为 c_1(包含因生态大保护要求损失的发展机会成本),下游配合水资源生态补偿支付给上游的费用为 b_1,上游通过环境治理得到的生态收益为 g_1,下游得到的生态效益为 a,因积极配合参与合作上级政府给予上下游主体的奖励为 e,上下游区域水资源生态补偿的收益分别为($r_1+b_1+g_1-c_1+e,r_2+a-b_1+e$)。当下游主体选择合作而上游主体不积极配合生态治理时,即上游水环境保护治理不理想时,付出的治理成本 c_2,其中 $c_2<c_1$,得到的生态收益为 g_2,其中 $g_2<g_1$,下游额外承担的生态恶化损失为 d_2,而下游为了得到上级政府的奖励 e,仍然付出 b 作为支付给上游的费用,上下游区域水资源生态补偿的收益分别为($r_1+b+g_2-c_2,r_2-b-d_2+e$)。当上游主体积极配合下游主体不配合时,上游对水环境治理的投入与生态获益仍为 c_1、g_1,而下游因上游的积极治理获得的额外生态收益为 a,因积极参与治理上级政府对上游的奖励为 e,上下游区域水资源生态补偿的收益分别为($r_1+g_1-c_1+e,r_2+a$),当上下游都不愿意合作进行有效的生态补偿机制的探索时,上下游区域水资源生态补偿的收益分别为(r_1,r_2-d_1)。假定上游主体配合生态补偿的概率为 p,下游主体配合生态补偿的概率为 q,其收益矩阵如表所示。

加入上级政府的奖励机制的上下游水资源生态补偿合作收益矩阵

上游主体＼下游主体	合作(q)	不合作($1-q$)
合作(p)	$r_1+b+g_1-c_1+e, r_2+a-b+e$	$r_1+g_1-c_1+e, r_2+a$
不合作($1-p$)	$r_1+b+g_2-c_2,$ r_2-b-d_2+e	r_1, r_2-d_1

由上下游水资源生态补偿参与主体合作收益矩阵可知,当主体间随机进行博弈时,上游主体的平均期望收益为:

$$U_{Ap} = (r_1 + b + g_1 - c_1 + e)q + (r_1 + g_1 - c_1 + e)(1 - q)$$

$$U_{A(1-p)} = (r_1 + b + g_2 - c_2)q + r_1(1 - q)$$

$$U_{\bar{A}} = [(r_1 + b + g_1 - c_1)q + (r_1 + g_1 - c_1 + e)(1 - q)]p + [(r_1 + b + g_2 - c_2)q + r_1(1 - q)](1 - p)$$

下游主体的平均期望收益为:

$$U_{Bq} = (r_2 + a - b + e)p + (r_2 - b - d_2 + e)(1 - p)$$

$$U_{B(1-q)} = (r_2 + a)p + (r_2 - d_1)(1 - p)$$

$$U_{\bar{B}} = [(r_2 + a - b_1 + e)p + (r_2 - b - d_2 + e)(1 - p)]q + [(r_2 + a)p + (r_2 - d_1)(1 - p)](1 - q)$$

三、多主体协同机制介入后上下游水资源生态补偿假设策略

本书在第七章的实证研究分析中得出协同机制能够较好地促进水资源生态补偿机制效率,进而提出协同机制介入的博弈策略。长江经济带水资源生态补偿协同机制的有效建立不仅能够有效提升水资源生态补偿上下游之间的收益,也会相应的降低治理成本。由于协同机制带来的机制效率提升也是空间正义的具体表现,故而在加入上级政府奖励机制策略的基础上,考虑因协同机制策略带来的效率提升时,引入系数变化关系来表征对应的策略变化。

协同机制介入后,假设上下游主体初始的生态补偿存量为r_1与r_2,当上游积极治理生态环境,其付出的治理成本为$\alpha_2 \cdot c_1$(包含因生态大保护要求损失的发展机会成本),下游配合水资源生态补偿支付给上游的费用为b_1,上游通过环境治理得到的生态收益为$\alpha_1 \cdot g_1$,下游得到的生态效益为$\beta \cdot a$,上下游区域水资源生态补偿的收益分别为$(r_1+b_1+g_1-c_1, r_2+\beta_1 \cdot a-b_1)$。当下游主体选择合作而上游主体不积极配合生态治理时,即上游水环境保护治理不理想时,下游额外承担的生态恶化损失为d_2,而下游不愿按合同支付b_1而选择支付b_2,上下游区域水资源生态补偿的收益分别为$(r_1+b_2, r_2-b_2-d_2)$。当上游主体积极配合下游主体不配合时,上游对水环境治理的投入与生态获益仍为c_1、g_1,而下游因上游的积极治理获得的额外生态收益为a,上下游区域水资源生态补偿的收益分别为$(r_1+g_1-c_1, r_2+a)$,当上下游都不愿意合作进行有效的生态补偿机制的探索时,上下游区域水资源生态补偿的收益分别为(r_1, r_2-d)。假定上游主体配合生态补偿的概率为p,下游主体配合生态补偿的概率为q,其收益矩阵如表所示。

协同机制介入后的上下游水资源生态补偿合作收益矩阵

上游主体 ＼ 下游主体	合作(q)	不合作($1-q$)
合作(p)	$r_1+b+\alpha_1*g_1-\alpha_2*c_1+e$, $r_2+\beta_1*a-b+e$	$r_1+g_1-c_1+e, r_2+a$
不合作($1-p$)	$r_1+b+g_2-c_2$, r_2-b-d_2+e	r_1, r_2-d_1

由上下游水资源生态补偿参与主体合作收益矩阵可知,当主体间随机进行博弈时,上游主体的平均期望收益为:

$$U_{Ap} = (r_1 + b + \alpha_1 * g_1 - \alpha_2 * c_1 + e)q + (r_1 + g_1 - c_1 + e)(1 - q)$$

$$U_{A(1-p)} = (r_1 + b + g_2 - c_2)q + r_1(1 - q)$$

$$U_A = [(r_1 + b + \alpha_1 * g_1 - \alpha_2 * c_1)q + (r_1 + g_1 - c_1 + e)(1 -$$

$q)]p + [(r_1 + b + g_2 - c_2)q + r_1(1-q)](1-p)$

下游主体的平均期望收益为:

$U_{Bq} = (r_2 + \beta*a - b + e)p + (r_2 - b - d_2 + e)(1-p)$

$U_{B(1-q)} = (r_2 + a)p + (r_2 - d_1)(1-p)$

$U_{\bar{B}} = [(r_2 + \beta*a - b_1 + e)p + (r_2 - b - d_2 + e)(1-p)]q +$
$[(r_2 + a)p + (r_2 - d_1)(1-p)](1-q)$

第三节　长江经济带水资源生态补偿机制的演化均衡策略分析

长江经济带上、下游的每一个参与博弈主体的收益不仅取决于自身的策略选择,也会受到系统内其他主体策略选择的影响,上下游各博弈主体之间是互相依存的关系,描述这种关系可以设 p 表示上游水资源生态补偿参与主体中采取合作策略的主体所占比例。基于种群博弈演化的原理,若某种策略的适应程度高于种群的平均适应程度,那么这种策略就会在种群博弈演化中以大于零的增长率采纳或发展,这种动态调节机制就是"复制动态"过程,而这种演化过程可以通过复制动态方程表示,即描述某一特定策略在种群中被采用几率的动态微分方程。

一、缺少上级政府参与上下游水资源生态补偿机制的演化均衡策略

在缺少上级政府参与上下游水资源生态补偿的收益矩阵中,根据上下游生态补偿假设与模型分析结果,上游生态环境保护方的复制动态方程为:

$$\frac{dp}{dt} = p(u_{s_1} - \bar{u}_s) = p(1-p)[(b_1 - b_2 + c_2 - g_2)*q - c_1 + g_1]$$

下游生态环境受益方的复制动态方程为:

$$\frac{dq}{dt} = q(u_{d1} - \bar{u}_d) = q(1-q)\left[(b_2 - b_1 + d_2 - d_1) * p - b_2 - d_2 + d_1\right]$$

其中 u_{s1} 为长江经济带上游水资源生态保护主体参与合作策略的期望收益，$\bar{u}_s$ 为上游水资源生态保护主体的平均收益；u_{d1} 为长江经济带下游水资源生态保护主体参与合作策略的期望收益，$\bar{u}_d$ 为下游水资源生态保护主体的平均收益。上述微分方程式共同表示长江经济带上下游主体参与水资源生态补偿的博弈演化全体的复制动态方程。令 $\frac{dp}{dt} = 0$，$\frac{dq}{dt} = 0$，可知以上博弈的均衡点有五个，分别为 $(0,0)$，$(0,1)$，$(1,0)$，$(1,1)$，(p^*, q^*)，其中 $p^* = (b + d_2 - d_1)/(b_2 - b_1 + d_2 - d_1)$，$q^* = (c_1 - g_1)/(b_1 - b_2 - g_2 + c_2)$。通过上下游博弈演化的复制动态方程，研究可以构建一个二维动力系统 T_1，参考 Friedman（1991）的研究，各个均衡点的稳定性可以通过构建系统的雅可比（Jacobi）矩阵分析得到。若均衡点对应矩阵行列式为正值，即 $(\partial F_1/\partial p) * (\partial F_2/\partial q) - (\partial F_1/\partial q) * (\partial F_2/\partial p) > 0$，且迹为负，即 $(\partial F_1/\partial p) + (\partial F_2/\partial q) < 0$，则该均衡点为进化稳定策略（ESS）；若行列式（Det.J）和迹（Tr.J）均为正，则该点不是演化稳定均衡点；若迹等于零，则该点为鞍点。令 $F_1 = \frac{dp}{dt}$，$F_2 = \frac{dq}{dt}$，则该系统的 Jacobi 矩阵为：

$$J = \begin{vmatrix} \partial F_1/\partial p & \partial F_1/\partial q \\ \partial F_2/\partial p & \partial F_2/\partial q \end{vmatrix} = \begin{vmatrix} (1-2p)\left[(b_1 - b_2 - g_2 + c_2)q - c_1 + g_1\right] \\ q(1-q)(b_2 - b_1 + d_2 - d_1) \end{vmatrix}$$

$$p(1-p)(b_1 - b_2 - g_2 + c_2)$$
$$(1-2q)\left[(b_2 - b_1 + d_2 - d_1)p - b_2 - d_2 + d_1\right]$$

令 $F_1 = \frac{dp}{dt} = 0$，$F_2 = \frac{dq}{dt} = 0$，上文可知 p，q 代表上下游选择策略的概率变化情况，所以 $0 \leq p \leq 1$、$0 \leq q \leq 1$，由此可得 $0 \leq p^* = (b + d_2 - d_1)/(b_2 - b_1) \leq 1$、$0 \leq (c_1 - g_1)/(b_1 - b_2 - g_2 + c_2) \leq 1$，根据以上分析，研究对 5 个可能的均衡点

进行计算,通过计算得到雅可比矩阵行列式与迹,如表所示。

无上级政府参与时上下游水资源生态补偿机制的各局部均衡点稳定性分析

均衡点	Det.J	Tr.J
$A(0,0)$	$(g_1 - c_1)$ * $(d_1 - b_2 - d_2)$ $(g_1 - c_1)$ * $(d_1 - b_2 - d_2)$	$g_1 + d_1 - b_2 - c_1 - d_2$
$B(1,0)$	$(c_1 - g_1)$ * $(-b_1)$	$c_1 - g_1 - b_1$
$C(0,1)$	$(b_1 + c_2 + g_1 - b_2 - c_1 - g_2)$ * $(b_2 + d_2 - d_1)$	$b_1 + c_2 + g_1 + d_2 - d_1 - c_1 - g_2$
$D(1,1)$	$(b_2 + c_1 + g_2 - g_1 - b_1 - c_2)$ * b_1	$b_2 + c_1 + g_2 - g_1 - c_2$
$E(p,{}^*q^*)$	$\left\{ \begin{array}{l} \dfrac{b_2 + d_2 - d_1}{b_2 - b_1 + d_2 - d_1}\left(1 - \dfrac{b_2 + d_2 - d_1}{b_2 - b_1 + d_2 - d_1}\right) * \\ (b_1 - b_2 - g_2 + c_2) * \\ \dfrac{c_1 - g_1}{b_1 - b_2 - g_2 + c_2}\left(1 - \dfrac{c_1 - g_1}{b_1 - b_2 - g_2 + c_2}\right) * \\ (b_2 - b_1 + d_2 - d_1) \end{array} \right\}$	0

通过分析各均衡点是否符合进化稳定均衡策略可知:

①当 $g_1 < c_1$, $d_1 < b_2 + d_2$ 且 $g_1 + d_1 < c_1 + b_2 + d_2$ 时,A(0,0)是进化稳定均衡策略,这时双方都采取不合作,可以使得自身利益最大化。

②当 $c_1 < g_1$,且 $c_1 < g_1 + b_1$ 时,B(1,0)是进化稳定均衡策略,这时上游采取合作合作,下游采取不合作,可以使得自身利益最大化。

③当 $b_1 + c_2 + g_1 > b_2 + c_1 + g_2$, $b_2 + d_2 > d_1$ 或 $b_1 + c_2 + g_1 < b_2 + c_1 + g_2$, $b_2 + d_2 < d_1$,且 $b_1 + c_2 + g_1 + d_1 < d_1 + c_1 + g_2$ 时,C(0,1)是进化稳定均衡策略,这时上游采取不合作,下游采取合作,可以使得自身利益最大化。

④当 $b_2 + c_1 + g_2 > g_1 + b_1 + c_2$,且 $b_2 + c_1 + g_2 < g_1 + c_2$ 时,D(1,1)是进化稳定均衡策略,这时上下游双方采取合作,可以使得自身利益最大化。

由于研究关注的是如何更好地实现上下游的合作,因而只需要关注 D (1,1)点是否是进化稳定均衡策略,可通过解不等式以及根据策略中字母所代表的真实含义来判断。分析可知,g_1-g_2可视为上游水环境规制与环境治理的综合压力,即当g_1-g_2越小,越能体现上游合作的积极态度,因为有$b_1>0$故而有以下不等式须成立。

$$\begin{cases} b_1 + c_2 - c_2 < g_1 - g_2 \\ b_2 - b_1 + c_1 - c_2 > g_1 - g_2 \\ b_1 > b_2, c_1 > c_2, g_1 > g_2 \end{cases}$$

经求解计算、分析可知,该不等式无可行性解,即 D(1,1)不是进化稳定均衡策略,当环境规制与环境治理的综合压力g_1-g_2较小时,A(0,0)是进化稳定均衡策略,但当上游水环境规制与环境治理绩效的综合压力g_1-g_2较大时,B(1,0)也可能成为进化稳定均衡策略,而 C(0,1),也可以成为进化稳定均衡策略。但这三种均衡策略均无法满足水资源生态补偿机制的构建初衷,故不予以分析。

通过分析可知,缺少上级政府参与的生态补偿机制具有较大的自主性,上下游之间的决策可能会受生态修复成本高低、涉及的补偿金额大小的影响,从而缺乏有效的约束机制,导致上下游之间水资源生态补偿机制的具体实施存在较大困难,不能较好地改善使长江经济带上下游之间水环境保护与经济社会平衡发展相协调。因此,为了避免流域生态环境与经济发展差距进一步恶化与扩大,上级政府介入水资源生态补偿机制显然是必要的。

二、存在上级政府奖励机制上下游水资源生态补偿机制的演化均衡策略

在上级政府奖励机制介入的上下游生态补偿的收益矩阵中,根据上下游生态补偿假设与模型分析结果,上游生态环境保护方的复制动态方程为:

$$\frac{dp}{dt} = p(u_{s_1} - \bar{u}_s) = p(1-p)\,[(c_2 - g_2)*q - c_1 + g_1 + e]$$

下游生态环境受益方的复制动态方程为：

$$\frac{dq}{dt} = q(u_{d1} - \bar{u}_d) = q(1 - q)\,[(d_2 - d_1) * p - b - d_2 + d_1 + e]$$

其中 $us1$ 为长江经济带上游水资源生态保护主体参与合作策略的期望收益，$\bar{u}_s$ 为上游水资源生态保护主体的平均收益；u_{d1} 为长江经济带下游水资源生态保护主体参与合作策略的期望收益，$\bar{u}_d$ 为下游水资源生态保护主体的平均收益。上述微分方程式共同表示长江经济带上下游主体参与水资源生态补偿的博弈演化全体的复制动态方程。令 $\frac{dp}{dt} = 0$，$\frac{dq}{dt} = 0$，可知以上博弈的均衡点有五个，分别为 $(0,0)$，$(0,1)$，$(1,0)$，$(1,1)$ (p^*,q^*)，其中 $p^* = (b+d_2-d_1-e)/(d_2-d_1)$，$q^* = (c_1-g_1-e)/(c_2-g_2)$。通过求解上下游博弈演化的复制动态方程，可以构建一个二维动力系统 T_2，经求解，若均衡点对应矩阵的行列式为正值，即 $(\partial F_1/\partial p) * (\partial F_2/\partial q) - (\partial F_1/\partial q) * (\partial F_2/\partial p) > 0$；且迹为负，即 $(\partial F_1/\partial p) + (\partial F_2/\partial q) < 0$，则该均衡点为进化稳定策略（ESS）；若行列式和迹均为正，那么该点不是稳定均衡点；若迹等于零，则该点为鞍点。令 $F_1 = \frac{dp}{dt}$，$F_2 = \frac{dq}{dt}$，得到该系统的 Jacobi 矩阵为：

$$J = \begin{vmatrix} \partial F_1/\partial p & \partial F_1/\partial q \\ \partial F_2/\partial p & \partial F_2/\partial q \end{vmatrix} =$$

$$\begin{vmatrix} (1-2p)\,[(c_2-g_2)\,q - c_1 + g_1 + e] & p(1-p)\,(c_2-g_2) \\ q(1-q)\,(d_2-d_1) & (1-2q)\,[(d_2-d_1)\,p - b - d_2 + d_1 + e] \end{vmatrix}$$

令 $F_1 = \frac{dp}{dt} = 0$，$F_2 = \frac{dq}{dt} = 0$，上文可知 p，q 代表上下游选择策略的概率变化情况，所以 $0 \leq p \leq 1$、$0 \leq q \leq 1$，由此可得 $0 \leq p^* = (b+d_2-d_1-e)/(d_2-d_1) \leq 1$，$0 \leq q^* = (c_1-g_1-e)/(c_2-g_2) \leq 1$，根据上述分析，对 5 个均衡点计算求解得到雅可比矩阵行列式与迹，如表所示。

加入上级政府奖励机制上下游生态补偿机制的各局部均衡点稳定性分析

均衡点	Det.J	Tr.J
A(0,0)	$(g_1 + e - c_1) * (d_1 + e - b - d_2)$	$g_1 + 2e + d_1 - c_1 - b - d_2$
B(1,0)	$(c_1 - g_1 - e) * (e - b)$	$c_1 - g_1 - b$
C(0,1)	$(e + c_2 + g_1 - c_1 - g_2) * (b + d_2 - d_1 - e)$	$c_2 + g_1 + b + d_2 - c_1 - g_2 - d_1$
D(1,1)	$(g_2 + c_1 - c_2 - g_1 - e) * (b - e)$	$b + g_2 + c_1 - 2e - c_2 - g_1$
$E(p^*, q^*)$	$\left\{ \begin{aligned} &\frac{b + d_2 - d_1 - e}{d_2 - d_1}\left(1 - \frac{b + d_2 - d_1 - e}{d_2 - d_1}\right) * \\ &(c_2 - g_2) * \\ &\frac{c_1 - g_1 - e}{c_2 - g_2}\left(1 - \frac{c_1 - g_1 - e}{c_2 - g_2}\right) * (d_2 - d_1) \end{aligned} \right\}$	0

通过分析各均衡点是否符合进化稳定均衡策略可知：

①当 $g_1 + e > c_1, d_1 + e > b + d_2$ 或 $g_1 + e < c_1, d_1 + e < b + d_2$，且 $g_1 + 2e + d_1 < c_1 + b + d_2$ 时，A(0,0)是进化稳定均衡策略，这时双方都采取不合作，可以使得自身利益最大化。

②当 $c_1 > g_1 + e, e > b$ 或 $c_1 < g_1 + e, e < b$ 且 $c_1 < g_1 + b$ 时 B(1,0)是进化稳定均衡策略，这时上游采取合作合作，下游采取不合作，可以使得自身利益最大化。

③当 $e + c_2 + g_1 > c_1 + g_2, b + d_2 > d_1 + e$ 或 $e + c_2 + g_1 < c_1 + g_2, b + d_2 < d_1 + e$ 且 $c_2 + g_1 + b + d_2 < c_1 + g_2 + d_1$ 时，C(0,1)是进化稳定均衡策略，这时上游采取不合作，下游采取合作，可以使得自身利益最大化。

④当 $g_2 + c_1 > c_2 + g_1 + e, b > e$ 或 $g_2 + c_1 < c_2 + g_1 + e, b < e$ 且 $b + g_2 + c_1 < g_1 + c_2 + 2e$ 时，D(1,1)是进化稳定均衡策略，这时上下游双方采取合作，可以使得自身利益最大化。

同样，由于研究关注的是如何更好地实现上下游的合作，因而只需要关注 D(1,1)点是否是进化稳定均衡策略，同样将 $g_1 - g_2$ 视为上游水环境规制与环境治理绩效的综合压力,故而有以下不等式须成立。

$$\begin{cases} c_1 - c_2 - e > g_1 - g_2 \\ b + c_1 - c_2 - 2e < g_1 - g_2 \quad ① ; \\ c_1 > c_2, g_1 > g_2, b > e \end{cases} \quad 或 \quad \begin{cases} c_1 - c_2 - e < g_1 - g_2 \\ b + c_1 - c_2 - 2e < g_1 - g_2 \quad ② \\ c_1 > c_2, g_1 > g_2, b < e \end{cases}$$

要想使双方均选择合作的策略$(1,1)$,经求解计算、分析可知,上述式中①无可行性解,而上述式中②有解,因此可知当加入上级政府的激励机制后,能够促成$D(1,1)$成为进化稳定均衡策略,这时上下游双方采取合作,可以使得自身利益最大化。

三、多主体协同机制介入上下游水资源生态补偿机制的演化均衡策略

在协同机制介入后上下游生态补偿的收益矩阵中,根据协同机制介入后上下游生态补偿假设与模型分析结果,上游生态环境保护方的复制动态方程为:

$$\frac{dp}{dt} = p(u_{s_1} - \bar{u}_s) = p(1-p)\{[g_1(\alpha_1 - 1) - g_2 + c_1(1-\alpha_2) + c_2] * q - c_1 + g_1 + e\}$$

下游生态环境受益方的复制动态方程为:

$$\frac{dq}{dt} = p(u_{d1} - \bar{u}_d) = q(1-q)\{[a(\beta_1 - 1) + d_2 - d_1] * p - b - d_2 + d_1 + e\}$$

其中u_{s_1}为长江经济带上游水资源生态保护主体参与合作策略的期望收益,$\bar{u}_s$为上游水资源生态保护主体的平均收益;u_{d1}为长江经济带下游水资源生态保护主体参与合作策略的期望收益,$\bar{u}_d$为下游水资源生态保护主体的平均收益。上述微分方程式共同表示长江经济带上下游主体参与水资源生态补偿的博弈演化全体的复制动态方程。令$\frac{dp}{dt} = 0, \frac{dq}{dt} = 0$,可知以上

博弈的均衡点有五个,分别为$(0,0)$,$(0,1)$,$(1,0)$,$(1,1)$,(p^*,q^*),其中
$p^*=(b+d_2-d_1-e)/[a(\beta_1-1)+d_2-d_1]$,$q^*=(c_1-g_1-e)/[(\alpha_1-1)-g_2+c_1(1-\alpha_2)+c_2]$。通过上下游博弈演化的复制动态方程,可以构建一个二维动力系统 T_3,经求解,如果均衡点所对应矩阵行列式为正值,即 $(\partial F_1/\partial p)*(\partial F_2/\partial q)-(\partial F_1/\partial q)*(\partial F_2/\partial p)>0$;且迹为负,即 $(\partial F_1/\partial p)+(\partial F_2/\partial q)<0$,则该均衡点为进化稳定策略(ESS);若行列式与迹均为正值,则该点不是系统稳定均衡点;若迹等于零,则为鞍点。令 $F_1=\dfrac{dp}{dt}$,$F_2=\dfrac{dq}{dt}$,则该系统的 Jacobi 矩阵为:

$$J=\begin{vmatrix} \partial F_1/\partial p & \partial F_1/\partial q \\ \partial F_2/\partial p & \partial F_2/\partial q \end{vmatrix}=\begin{vmatrix} (1-2p)\{[g_1(\alpha_1-1)-g_2+c_1(1-\alpha_2)+c_2] & p(1-p)[g_1(\alpha_1-1)-g_2+c_1(1-\alpha_2)+c_2] \\ q(1-q)[\alpha(\beta_1-1)+d_2-d_1] & \\ q-(c_1-g_1-e)\} & \\ (1-2q)\{[\alpha(\beta_1-1)+d_2+d_1]p-(b+d_2-d_1-e)\} & \end{vmatrix}$$

令 $F_1=\dfrac{dp}{dt}=0$,$F_2=\dfrac{dq}{dt}=0$,上文可知 p,q 代表上下游选择策略的概率变化情况,所以 $0\leq p\leq1$、$0\leq q\leq1$,由此可得 $0\leq p^*=(b+d_2-d_1-e)/[a(\beta_1-1)+d_2-d_1]\leq1$,$0\leq q^*=(c_1-g_1-e)/[(\alpha_1-1)-g_2+c_1(1-\alpha_2)+c_2]\leq1$,根据分析,计算 5 个均衡点得到雅可比矩阵行列式与迹,如表所示。

协同机制介入上下游水资源生态补偿机制的各局部均衡点稳定性分析

均衡点	Det.J	Tr.J
A(0,0)	$(g_1+e-c_1)*(d_1+e-b-d_2)$	$g_1+2e+d_1-b-d_2$
B(1,0)	$(c_1-g_1-e)*[a(\beta_1-1)+e-b]$	$c_1+a(\beta_1-1)-b-g_1$ $g_1(\alpha_1-1)+c_1(1-\alpha_2)+$ $c_2+g_1+d_2+b-g_2-c_1-d_1$ $\begin{bmatrix} g_1(\alpha_1-1)+c_1(1-\alpha_2) \\ +c_2+g_1+e-g_2-c_1 \end{bmatrix}*$ $(b+d_2-d_1-e)$

均衡点	Det.J	Tr.J
C(0,1)	$\left[\begin{array}{c} g_1(\alpha_1-1)+c_1(1-\alpha_2) \\ +c_2+g_1+e-g_2-c_1 \end{array}\right]*(b+d_2-d_1-e)$	$g_1(\alpha_1-1)+c_1(1-\alpha_2)+c_2$ $+g_1+d_2+b-g_2-c_1-d_1$
D(1,1)	$\left[\begin{array}{c} g_2+c_1-c_2-g_1-e-g_1 \\ (\alpha_1-1)-c_1(1-\alpha_2) \end{array}\right]*[b-e-a(\beta_1-1)]$	$g_2+c_1-c_2+b-g_1-$ $g_1(\alpha_1-1)-c_1(1-\alpha_2)$ $-2e-a(\beta_1-1)$
$E(p^*,q^*)$	$\left\{\begin{array}{c} \dfrac{b+d_2-d1-e}{a(\beta_1-1)+d_2-d_1}\left(1-\dfrac{b+d_2-d_1-e}{a(\beta_1-1)+d_2-d_1}\right)* \\ [g_1(\alpha_1-1)-g_2+c_1(1-\alpha_2)+c_2]* \\ \dfrac{c_1-g_1-e}{g_1(\alpha_1-1)-g_2+c_1(1-\alpha_2)+c_2} \\ \left(1-\dfrac{c_1-g_1-e}{g_1(\alpha_1-1)-g_2+c_1(1-\alpha_2)+c_2}\right)* \\ [a(\beta_1-1)+d_2-d_1] \end{array}\right\}$	0

显然,当 $E(p^*,q^*)$ 时,Tr.J 恒等于 0,不符合 Jacobi 矩阵约束条件,因此不予讨论。通过分析各均衡点是否符合进化稳定均衡策略可知:

①当 $g_1+e>c_1,d_1+e>b+d_2$ 或 $g_1+e<c_1,d_1+e<b+d_2$ 且 $g_1+2e+d_1<c_1+b+d_2$ 时,A(0,0)是进化稳定均衡策略,这时双方都采取不合作,可以使得自身利益最大化。

②当 $c_1>g_1+e,a(\beta_1-1)+e>b$ 或 $c_1<g_1+e,a(\beta_1-1)+e<b$ 且 $c_1+a(\beta_1-1)<b+g_1$ 时 B(1,0)是进化稳定均衡策略,这时上游采取合作合作,下游采取不合作,可以使得自身利益最大化。

③当 $\alpha_1*g_1+c_1(1-\alpha_2)+c_2+e>g_2+c_1,b+d_2>d_1+e$,或 $\alpha_1*g_1+c_1(1-\alpha_2)+c_2+e<g_2+c_1,b+d_2<d_1+e$ 且 $c_2+g_1+b+d_2<c_1+g_2+d_1$ 时,C(0,1)是进化稳定均衡策略,这时上游采取不合作,下游采取合作,可以使得自身利益最大化。

④当 $g_2+c_1-c_2>e+\alpha_1*g_1+c_1(1-\alpha_2),b>e+a(\beta_1-1)$,或 $g_2+c_1-c_2<e+\alpha_1*g_1+c_1(1-\alpha_2),b<e+a(\beta_1-1)$ 且 $g_2+c_1-c_2+b<g_1+2e+g_1(\alpha_1-1)+c_1(1-\alpha_2)+a(\beta_1-1)$ 时,D(1,1)是进化稳定均衡策略,此时上下游双方采取合作,可以

使得自身利益最大化。

同理,当模型加入绿色化向协同机制时,同样将亦 g_1-g_2 视为上游水环境规制与环境治理绩效的综合压力,故而有以下不等式须成立。

$$\begin{cases} c_1 - c_2 - e - c_1(1 - \alpha_2) > \alpha_1 * g_1 - g_2 \\ b + a_2 * c_1 - c_2 - 2e - a(\beta_1 - 1) < \alpha_1 * g_1 - g_2 \\ b > e + \alpha(\beta_1 - 1) \\ c_1 > c_2, g_1 > g_2 \end{cases} \quad ①$$

$$或\begin{cases} c_1 - c_2 - e - c_1(1 - \alpha_2) < \alpha_1 * g_1 - g_2 \\ b + \alpha_2 * c_1 - c_2 - 2e - a(\beta_1 - 1) < \alpha_1 * g_1 - g_2 \\ b < e + \alpha(\beta_1 - 1) \\ c_1 > c_2, g_1 > g_2 \end{cases} \quad ②$$

要想使上、下游双方均选择合作的策略(1,1),经求解计算、分析可知,上述式中①②存在可行性解,即不需要通过约束 b(下游支付成本)和 e(上级政府奖励)之间的关系,均可能达成进化稳定策略。因此可知当加入协同机制后,能够更好地促成 D(1,1)成为进化稳定均衡策略,这时上下游双方采取合作,可以使得自身利益最大化。

第四节　基于长江经济带水资源生态补偿合作机制的现实策略仿真

从水资源生态补偿机制的政策目标上看,建立跨流域或跨地区的水资源生态补偿机制是为了让各参与主体积极合作,共同推动水资源生态补偿,为流域水资源保护与区域发展提供优良的生态基础与良好发展机会,这需要将长江经济带经济——社会——生态发展实际紧密联系起来。因此,基于多种策略的长江经济带水资源生态补偿机制的演化博弈分析将不仅仅具有理论上的经济学效益分析的必要性,基于理论联系实际的需要,也为现实中如何更好地开展水资源生态补偿实践提供了较为合理的策略仿真模拟情形。即基于三种水资源生态补偿机制博弈的情形对参数进行赋值模拟,在变量的赋值上,斯特曼(2010)认为,仿真的意义不在于完全符合现实,其衡量的标准是在多大程度上揭示出事物变化的本质规律。根据巴隆迪等人(2014)的赋值方法,参考杨光明和时岩钧(2019)的研究,本节所有仿真值的选定主要考虑各个相关因素的改变对上下游参与主体行为选择的敏感性,不是现实中水资源生态补偿机制中的各方参与主体的真实收益值。

根据图中无上级政府参与上下游水资源生态补偿机制的演化均衡策略进行数值仿真:

①当 $g_1 < c_1, d_1 < b_2 + d_2$ 且 $g_1 + d_1 < c_1 + b_2 + d_2$ 时,A(0,0)是进化稳定均衡策略,令 $b_1 = 0.56, b_2 = 0.42, c_1 = 2.65, c_2 = 1.56, g_1 = 2.35, g_2 = 1.89, d_1 = 0.96, d_2 = 0.83$,通过 MATLAB R2021a 软件模拟稳定演化均衡策略结果如图所示。

②当 $c_1 < g_1$,且 $c_1 < g_1 + b_1$ 时,B(1,0)是进化稳定均衡策略,令 $b_1 = 1.5, b_2 = 0.3, c_1 = 2.65, c_2 = 2.33, g_1 = 3.25, g_2 = 1.89, d_1 = 0.96, d_2 = 0.83$,通过 MATLAB R2021a 软件模拟稳定演化均衡策略结果如图所示。

③当 $b_1 + c_2 + g_1 > b_2 + c_1 + g_2, b_2 + d_2 > d_1$ 或 $b_1 + c_2 + g_1 < b_2 + c_1 + g_2, b_2 + d_2 < d_1$,且 $b_1 + c_2 + g_1 + d_2 < d_1 + c_1 + g_2$ 时,C(0,1)是进化稳定均衡策略,令 $b_1 = 0.56, b_2 = 0.42, c_1 = 2.65, c_2 = 1.56, g_1 = 2.35, g_2 = 1.89, d_1 = 0.96, d_2 = 0.83$。通过 MATLAB R2021a 软件模拟稳定演化均衡策略结果如图所示。

根据上述公式协同机制介入后上下游生态补偿演化均衡策略进行数值仿真:

④当 $g_2 + c_1 - c_2 > e + \alpha * g_1 + c(1 - \alpha_2), b > e + a(\beta_1 - 1)$ 或 $g_2 + c_1 - c_2 < e + \alpha * g_1 + c(1 - \alpha_2), b < e + a(\beta_1 - 1)$ 且 $g_2 + c_1 - c_2 + b < g_1 + 2e + g_1(\alpha_1 - 1) + c_1(1 - \alpha_2) + a(\beta_1 - 1)$ 时,上、下游合作 D(1,1)为进化稳定策略,令: $b = 0.5, e = 1, c_1 = 1.7,$

$c_2 = 1, g_1 = 1.5, g_2 = 0.6, d_1 = 1.5, d_2 = 0.6, a = 1.5, \alpha_1 = 1.2, \alpha_2 = 0.8, \beta = 1.2$
通过 MATLAB R2021a 软件模拟稳定演化均衡策略结果如图所示。

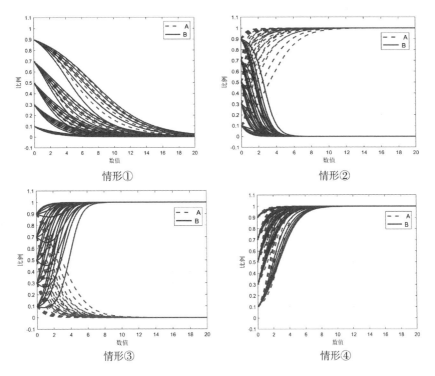

情形①　　　情形②

情形③　　　情形④

不同情形下水资源生态补偿策略仿真图

通过分析各组稳定均衡演化策略可窥探其背后的政策含义,从如何实现协同合作最优演化策略的路径来看,上级政府介入上、下游水资源生态补偿主体是必要的,能够更好地促成双方合作,降低上游治理成本的同时,也会减轻下游的支付成本,从而更易于达成协同合作策略。从水资源生态保护的发展阶段上来看,可以分为两大阶段:水资源生态补偿机制失灵阶段与水资源生态补偿有效阶段。水资源生态补偿机制失灵阶段又包含了水资源环境保护政策空窗阶段(对应策略为双方均不合作)、单一的生态功能区水资源环境治理阶段(对应策略为上游合作,下游不合作)、单一的经济发达区水资源环境治理阶段(对应策略为下游合作,上游不合作)。进入水资源生态补偿有效阶段是进一步对水资源生态补偿机制优化探索的前提,其中包含了横向水资源生态补偿探索阶段(如果没有上级政府的引导与上下游共同的环境综治压力,很难达成稳定演化均衡策略)与横——纵结合的水资源生态补偿探索阶段(对应策略为上下游水资源生态补偿主体均选择合作)。而伴随长江经济带水资源生态补偿协同机制的日趋成熟,不仅能够提升水环境治理效率,降低治理成本,符合空间正义的价值取向,也能更好地引导水资源生态补偿机制更好地走向合作,互利共赢。

第五节　本章小结

本章分析了长江经济带水资源生态补偿协同机制的演化博弈策略,目的是基于理论推导与现实策略双重角度更好地实现长江经济带水资源生态补偿绿色化协同机制。具体包括以下四个方面的内容:

第一,综合各省市经济社会发展与生态环境基本情况,长江经济带上、下游利益与利益机制的表达存在不均衡不充分性,提出了长江经济带水资源生态补偿绿色化协同机制博弈构建的基本前提与假设,一是长江经济带上、下游水生态补偿参与主体的有限理性特征,二是长江经济带水资源生态补偿主体具有适应性学习能力,三是长江经济带水资源生态补偿主体网络的空间异质性。这为建立长江经济带水资源生态补偿绿色化协同机制的演化博弈提供了理论依据。

第二,归纳了长江经济带水资源生态补偿机制的演化博弈策略,包括缺少上级政府参与的长江经济带上下游水资源生态补偿策略、加入上级政府奖励机制的长江经济带上下游水资源生态补偿策略以及绿色化协同机制介入上下游水资源生态补偿机制演化均衡策略,分别构建了不同策略下的收益矩阵,计算了当主体间随机进行博弈时,不同策略各参与主体的平均期望收益。

第三,通过对长江经济带水资源生态补偿主体间博弈演化均衡策略分析,建立了三种博弈策略下的复制动态方程,经计算可得,在缺少上级政府参与的长江经济带上下游水资源生态补偿策略下,A(0,0)、B(1,0)、C(0,1)是进化稳定均衡策略,但无法达成 D(1,1)的双向合作策略。在加入上级政府奖励机制的长江经济带上下游水资源生态补偿策略和绿色化协同机制介入上下游水资源生态补偿机制演化均衡策略中,D(1,1)为进化稳定均衡策略。

第四,本章基于长江经济带水资源生态补偿合作机制的现实策略仿真得出以下结论,从水资源生态保护的发展阶段上来看,可以分为两大阶段:水资源生态补偿机制失灵阶段与水资源生态补偿有效阶段。水资源生态补偿机制失灵阶段又包含了水资源环境保护政策空窗阶段(对应策略为双方均不合作)、单一的生态功能区水资源环境治理阶段(对应策略为上游合作,下游不合作)、单一的经济发达区水资源环境治理阶段(对应策略为下游合作,上游不合作);水资源生态补偿有效阶段是开展水资源生态补偿机制探索的基础,包含了横向水资源生态补偿探索阶段(如果没有上级政府的引导与上下游共同的环境综治压力,很难达成稳定演化均衡策略)与横—纵结合的水资源生态补偿探索阶段(对应策略为上下游水资源生态补偿主体均选择合作)。在上级政府设立奖励机制并结合水资源生态补偿协同机制时可以使策略进一步优化。

第九章 长江经济带水资源生态补偿机制的构建及展望

通过对长江经济带水资源生态补偿协同机制研究与演化博弈分析,深入了解长江经济带水资源生态补偿机制发展路径,引入了空间正义视角分析长江经济带水资源生态补偿机制运行效果的影响,较为全面地分析了长江经济带水资源生态补偿的利益损益,提出了长江经济带水资源生态补偿协同机制的构建策略,并在此基础上对长江经济带水资源生态补偿机制的演化博弈进行数值模拟仿真分析。基于对空间正义视角的分析可知,空间正义视角覆盖了长江经济带从生产、分配、消费与生存条件的各个环节,将水资源生态补偿机制的完善视为一种利益机制的协调过程,从利益的产生、表达、分配、协调等方面寻求整体提升,构建基于空间正义视角的"生态补偿主体利益协调、区域发展利益格局政策完善、补偿机制的可持续性以及补偿方式、标准、立法的多元化协同"的利益协调机制,进一步解决如何找到当前长江经济带水资源生态补偿协同机制构建抓手的问题。本书将基于前文的分析结论,进一步提出长江经济带水资源生态补偿协同机制构建的相关建议。

本章是对本书的总结部分,主要包含三方面内容:一是总结归纳出本书的主要结论与观点;二是立足于研究结果结合国内外先进经验提出推进长江经济带水资源生态补偿协同机制构建的政策建议;三是针对本书探讨存在的不足,结合各方面的研究,指出本书所存在的局限性,同时展望下一步的研究与改进方向。

第一节　基本结论

一、现状与问题分析结论

(一)水资源承载力水平

从长江经济带水资源承载力数据来看,2004—2018 年间,长江经济带东、中、西部分布情况,呈现出东部地区(上海、江苏、浙江)、中部地区(安徽、江西、湖北、湖南)的水资源承载力水平普遍高于西部地区(重庆、四川、贵州、云南)水资源承载力水平的态势。

(二)水足迹

2004—2018 年长江经济带水足迹的总量,从 2004 年的 10372.36 亿立方米上升到 2018 年的 12550.78 亿立方米,总体呈平稳上升趋势。从长江经济带水足迹均值来看,2004—2018 年间长江经济带水足迹变化呈现先缓慢增长后平稳下降的趋势。

(三)灰水足迹

长江经济带 2004—2018 年间灰水足迹呈现先平稳后增长再下降的趋势,2011 年灰水足迹达到最高值 6897.15 亿立方米,而 2018 年为最低水平 5137.93 亿立方米,下降了约 25.51%。从长江经济带各省情况看,灰水足迹较高的省份有江苏省、湖北省、四川省、湖南省、安徽省等地,灰水足迹高于经济带平均水平。浙江省、江西省、重庆市、贵州省、上海市灰水足迹处于经济带平均水平以下。

(四)水资源利用与水资源环境保护——经济协调发展脱钩评价

通过对长江经济带水足迹与灰水足迹的测算,结合水资源利用情况(水足迹指标)、生态情况(灰水足迹指标)与经济增长之间的协调发展脱钩评价模型,考察脱钩协调情况,经测算,水资源利用(水足迹)与环境保护(灰水足迹)—经济协调发展脱钩模型的两个评价模型结果显示,所有省市均在弱脱钩及以上水平。2004—2018 年间水足迹平均变化率为负的是浙江省,实际 GDP 变化为 12.686%,属于强脱钩优质协调。2004—2018 年间,灰水足迹平均变化率为正值的有贵州省与云南省,仍处于弱脱钩初级协调状态,说明两省的水资源环境仍需改善,其他省份水资源环境保护(灰水足迹)——经济协调发展脱钩模型评价均为强脱钩优质协调。

(五)关于长江经济带水资源利用、保护问题

当前长江经济带水资源利用、保护的主要问题体现在"日益增长的水资源需求与水资源供给的有限性之间矛盾突出""水资源利用与水污染治理保护之间的关系协调性不足""水资源生态修复与利用行为中的相关受益地区存在权利义务不匹配"三个主要方面。要想合理解决这三类问题,需要在协调利益机制的目标下,厘清长江经济带水资源生态补偿利益损益与利益机制,并从水资源生态补偿机制完善优化角度分析并解决当前水资源生态补偿利益不平衡不充分的矛盾。

(六)关于长江经济带水资源生态补偿机制的现状与问题

长江经济带横跨我国东中西部三大区域,长江经济带水资源利用与保护情况存在一定梯度的差异,而经济带东、中、西部经济社会发展状况也有较大差异,空间发展利益长期失衡、部分地区水污染治理难以形成合力、空

间正义视角下的全流域生态补偿机制相对缺乏等一系列问题,制约了长江经济带水资源利用与保护的良性发展。由于水资源生态补偿机制没有在全流域范围开展,长江经济带流域上下游之间环境保护成本和收益的区域错配问题严重影响经济带整体发展效率与社会公平,需要从政策上对资本向欠发达地区倾斜配置。在生态优先的原则下,创造新的生产与生态空间,发挥经济与生态空间的空间修复功能,实现资本的绿色化有效扩散,更好地解决长江经济带水资源生态补偿机制不平衡不适配的问题。

二、研究框架机理分析结论

基于对空间正义视角的分析,空间正义视角的研究覆盖了长江经济带从生产、分配、消费与生态的各个环节。从逻辑思路来看,研究将水资源生态补偿机制视为一种多元化利益协调机制,从利益的产生、表达、分配、协调等方面寻求整体提升,进一步找到当前长江经济带水资源生态补偿协同机制构建的现实推进抓手。具体来说,本书将水资源生态补偿机制评价标准通过评价绩效与测度效率来表征,目的是实现对水资源生态补偿机制评价的合理量化。对于空间正义的理解,本书根据前人研究总结归纳了生产性正义、分配性正义、消费性正义、生态性正义四个维度,并从长江经济带水资源生态补偿协同机制的框架、构成原则与价值取向、主体、重点内容等方面提出空间正义视角下长江经济带水资源生态补偿协同机制构建的核心要素。

三、长江经济带水资源生态补偿机制评价分析结论

(一)存量利益——绩效分析结论

2014—2018 年间长江经济带 11 省市水资源生态补偿综合绩效总体呈现出上升趋势,利用 Kernel 密度函数方法,长江经济带水资源生态补偿绩

效核密度分布由"单峰"分布向"双峰"演变。从静态面板和动态面板的模型估计中可以得出一致结论,空间正义多个维度指标对长江经济带水资源生态补偿绩效存在正向影响。在空间正义的各个维度指标中,生产性正义指标能够对长江经济带水资源生态补偿绩效产生促进作用,生态性正义的提升(减少灰水足迹)也能够促进长江经济带水资源生态补偿绩效的提升。静态面板的估计结果显示,分配性正义(减少城乡收入差距)也能够促进长江经济带水资源生态补偿绩效。长江经济带水资源生态补偿绩效在空间分布上具有明显的相关性,长江经济带水资源生态补偿绩效空间聚集现象表现为高绩效区域被低生态效率区域包围,其中主要解释变量——生态性正义的空间权重项的回归系数在地理距离和经济距离加权的空间权重矩阵下存在对水资源生态补偿绩效的区域积极的溢出效应。

(二)增量利益——效率分析结论

从理论层面提出长江经济带水资源生态补偿增量利益发展的主要来源是全要素生产率水平的提升,水资源生态补偿增量利益增长的核心在于水资源生态补偿效率的提升,这在很大程度上又依赖于经济与生态资源的配置效率。长江经济带水资源生态补偿机制的建立能够为长江经济带经济均衡发展、科技研发与成果转化的扩散、生态环境的合理利用与保护等提供有力的制度支持,可直接表现为促进水资源生态补偿效率。

通过使用双目标决策的序列 DEA-SBM 方法对长江经济带水资源生态补偿效率进行测算,2005—2018 年长江经济带水资源生态补偿效率变化 Malmquist-luenberger 指数变动较为剧烈,呈"W"型波动特征。从增长源泉来看,长江经济带水资源生态补偿效率的增长主要来自纯技术变化,规模效率变化对生态补偿效率的提升也起到了一定的推动作用。假定资本投入、劳动力投入和经济收益不变,可在实际生产生活中减少用水浪费,提升水资源生态补偿综合绩效、减少灰水足迹,以提高水资源生态补偿效率。空间正义视角下,城乡消费公平的提升(消费正义)与水资源生态环境保护的加强(生态性正义)对长江经济带水资源生态补偿效率的提高具有积极作用。

(三)协同机制构建分析结论

由长江经济带水资源生态补偿绿色化发展系统耦合协调度情况可知,从 2004—2018 年水资源生态补偿绿色化协同耦合协调度的年平均增长率水平看,经济带均值为 4.401%。上海市为 2.472%,江苏省为 3.091%,浙江省为 3.498%,安徽省为 4.987%,江西省为 4.943%,湖北省为 4.219%,湖南省为 4.632%,重庆市为 5.155%,四川省为 4.408%,贵州省为 7.586%,云南省为 4.973%。其中,年平均增长最高的省份为贵州省。具体来说,2004 年长江经济带各省市的绿色化协同水平差异较大,东部地区水资源生态补偿绿色化协同程度远高于其他地区,地区间最大差值为 0.284(最大值上海市为 0.558,最小值贵州省为 0.0.273)。经过多年的发展,中部和西部地区水资源生态补偿协同程度得到了较为明显的改善,2018 年水资源生态补偿耦合协调度的地区间最大差值为 0.116(最大值上海市与浙江省为 0.785,最小值江西省为 0.669)。

在研究长江经济带水资源生态补偿增量利益(即效率)的同时,考虑了以绿色原则为导向的水资源生态补偿协同情况,即关注生态补偿效率与生态补偿协同耦合水平之间的影响关系。通过生产性正义与协同水平的交互项的结果可知,在协同程度较高的时空间内,生产性正义(人均固定资产投资存量)的提升优化了长江经济带水资源生态补偿效率,可以认为,生产性正义在协同水平调节作用下减少生产性投入冗余,能够更好地提升长江经济带水资源生态补偿效率;分配性正义指标对长江经济带水资源生态补偿效率影响显著呈负相关,但在加入绿色化协同水平的交互项作用下,分配性正义能够对水资源生态补偿效率产生正向影响,印证了分配性正义在不同协同发展阶段对水资源生态补偿效率具有不同作用的推测,其政策含义在于,提升资本投入与关注城乡分配公平的同时,更需要扶植绿色化生产与高质量协同的发展环境。

四、长江经济带水资源生态补偿机制的演化博弈分析结论

基于理论推导与现实策略双重角度,更好地实现长江经济带水资源生态补偿绿色化协同机制。构建了长江经济带水资源生态补偿绿色化协同机制的演化博弈策略,包括无上级政府参与的长江经济带上下游水资源生态补偿策略、加入上级政府奖励机制的长江经济带上下游水资源生态补偿策略以及绿色化协同机制介入的上下游水资源生态补偿机制演化均衡策略。经计算可得,在缺少上级政府参与的长江经济带上下游水资源生态补偿策略下,A(0,0)、B(1,0)、C(0,1)是进化稳定均衡策略,但无法达成 D(1,1)的双向合作策略。在加入上级政府奖励机制的长江经济带上下游水资源生态补偿策略和绿色化协同机制介入上下游水资源生态补偿机制演化均衡策略中,D(1,1)为进化稳定均衡策略。基于长江经济带水资源生态补偿合作机制的现实策略仿真得出以下结论,从水资源生态保护的发展阶段上来看,可以分为两大阶段:水资源生态补偿机制失灵阶段与水资源生态补偿有效阶段。水资源生态补偿机制失灵阶段又包含了水资源环境保护政策空窗阶段(对应策略为双方均不合作)、单一的生态功能区水资源环境治理阶段(对应策略为上游合作,下游不合作)、单一的经济发达区水资源环境治理阶段(对应策略为下游合作,上游不合作);水资源生态补偿有效阶段则是以开展水资源生态补偿机制探索阶段为基础,包含了横向水资源生态补偿探索阶段(如果没有上级政府的引导与上下游共同的环境综治压力,很难达成稳定演化均衡策略)与横—纵向补偿结合的水资源生态补偿探索阶段(对应策略为上下游水资源生态补偿主体均选择合作),在上级政府设立奖励机制并结合水资源生态补偿绿色化协同机制时可以使策略进一步优化。

第二节　政策建议

一、以"绿色原则"为基础,健全多主体参与的水资源生态补偿机制体系

新中国首部民法典《中华人民共和国民法典》在保持公民社会一般私法的基本属性基础上,用18个条文专门规定"绿色原则",《民法典》总则第9条中要求"民事主体从事民事活动,应有利于节约资源、保护生态环境",需重视民事主体尤其是企业主体在未来生产作业中对生态环境保护的意识与责任,相应的环境治理投资应更加重视污染处理技术的提升与改良,持续落实推动新旧动能转换。国家倡导的挖掘长江经济带发展的新动能的内核就是实现资源错配再平衡的发展过程,需要构建符合区域平衡发展战略的基本要求的配套制度,更需要不同利益主体的协同参与。长江经济带水资源生态补偿实践应遵循绿色协同发展原则,协调国家与地区水资源生态补偿政策,建立政府组织、市场组织与社会中间层主体的协同参与机制,形成相对统一的水污染治理、水资源管控与补偿标准制度安排,并在补偿的方式与手段上形成以政府主体主导、市场主体辅助、社会主体参与的多元化水资源生态补偿机制。强化生态文明建设,重视用水浪费与水污染问题,大力推广清洁能源的利用与研发。鼓励新动能产业与绿色化产业发展,有侧重地向生态环境功能区引入绿色化工艺与技术,广泛开展清洁生产,从减少用水浪费与提升水质要求方面改善相对粗放的生产结构,助力生态产品价值实现,以水为纽带引导长江经济带实现全域绿色可持续发展,进而提升水资源生态补偿绩效与效率,形成以绿色化、协同化思想作为长江经济带水资源生态补偿机制构建的基本原则。以社区水权保护、产业绿色发展、生态效益优先的全方位协同机制体系,引领产业发展绿色化转型,着力解决当前长江经济带发展

潜在的绿色化发展结构失衡风险,从而让绿色发展成为长江经济带主体发展的最亮底色,让绿色化、协同化发展成为经济带长期可持续发展的动力源泉。

二、重视长江经济带城乡、产业、制度协同适配发展

重视城乡协调发展,在兼顾城乡收入与消费公平的同时,应持续推动绿色产业下沉,进一步优化资本投入结构。在现实发展实践中,相对落后地区的经济振兴与发展更不能以破坏生态环境为代价,政府部门应当遏止高能耗、高污染等相对落后产能企业向农村转移的趋势,向经济投入要绿色GDP,兼顾经济发展投入与水资源生态保护水平的协调,尽可能减少不合理生产性投入带来的效率冗余,积极引导传统高污染企业向绿色化、集约化和信息化生产转型赋能。农村作为生态系统保护的薄弱环节,极易被忽视周边生态环境与资源的合理利用与保护,往往导致经济发展与生态建设不能合理匹配。未来发展中,应充分将社会资本与农村劳动力资源引入绿色产业的发展中来,以长江大保护、经济绿色化发展为新发展标准,保护生态资源与环境的同时促成城乡分配与消费公平的实现,从而更好地提升长江经济带水资源生态补偿机制绩效与效率。对于合理推进长江经济带产业优化升级,还要各级政府与立法部门制定出更多、更好、更优惠的绿色产业政策,在税收、融资、产权保护、项目审批、社区管理绿色化等方面为新动能产业扫清障碍。逐步提高产能相对落后与存在污染物排放企业的排放标准,明确生态修复责任,统一水资源生态补偿的企业、产业、行业责任。在空间正义视角的理论支持下,探索多元化的生态补偿策略,强化长江经济带不同地区与城乡产业之间的协同关系,从梯度发展到补短板、强弱项,进而推动产业协同发展,兼顾社会正义在城乡产业发展中的利益均衡格局,形成集经济发展、社会治理、生态建设三位一体的共建共治共享机制。根据三个不同领域的特点规划要求,制定制度适配的政策法规,突出长江生态大保护的基本前置条件,进而谋求新的发展路径。

三、兼顾效率与公平,以空间正义视角创新政策工具选择

以政府为主导促成符合空间正义的生态补偿机制的实现路径是多重的,如通过制定排放标准对污水进行无害化处理,或以水资源生态环境协同治理的公共政策引导和控制长江经济带污水排放,均是走向空间正义的良好选择,并能确保流域内企业的生产顺利进行。在跨区域水资源生态补偿设置标准层面,可通过设立阶梯式的补偿标准或适当增加政府补贴的形式展开,充分考虑空间差异与地区生产力水平,在确保长江经济带大保护与绿色可持续发展的同时,力求实现经济带内部水资源生态补偿机制的公平、公正。从如何发挥市场在资源配置中起决定性作用的内在要求上看,通过强化对长江经济带发展规划的空间正义安排,协调发展利益,建立兼顾利益普惠与风险防范的制度体系,推进城乡要素实现自由流动和平等交换,增加区域间的对口帮扶支持力度,强化地区间要素流动的活跃度,尤其是积极引导绿色化生产要素向农村与经济发展相对落后地区转移,以实现空间正义的市场化调节的制度政策功能。在政策制定上,应注重创新和完善政策工具,从空间正义视角出发,平衡各地区利益。鼓励设立区域性的绿色发展基金,支持有利于促进区域均衡发展和生态可持续的项目。着力培育新质生产力,以绿色技术研发应用全面推动长江经济带产业结构的优化升级,从而在实现经济发展的同时兼顾发展效率与公平。此外,为了保护长江经济带的生态环境和资源,须持续加强监测评估机制,以解决潜在问题。未来,在制定环境保护政策时,还应充分考虑区域间经济与生态发展差异,避免"一刀切",精准实施差异化措施,促进绿色发展。

四、建立多层次、多阶段的长江经济带水资源生态补偿一体化协同机制

根据《中华人民共和国长江保护法》的要求,要从管控规划、资源保护、

水污染防治、生态环境修复、绿色发展五个具体方面找出解决长江问题的抓手,而水资源生态补偿绩效承载了经济、社会、生态这一集合系统的存量利益,长江经济带水资源生态补偿绩效的提升能够在很大程度上推进长江经济带乃至整个长江流域的经济社会发展进程,提高生态保护水平。长江经济带水资源生态补偿机制建设是一项复杂、系统的综合工程,应把水资源生态补偿协同机制置于一种空间化、体系化视野,充分挖掘国家、省域与城市群之间的政策制定的协同能力,形成不同层级之间的制度共振效应,兼顾各方利益的协同,实现经济带区域协同一体化发展。在具体的水资源生态补偿制度设计中,建议将长江经济带内的各省份、经济圈、城市群的水资源生态补偿政策有机串联,树立"一盘棋"思想,以顶层设计为指导,发挥各省区的协同动员力,将城市群的经济社会系统与水生态系统同时纳入相对统一的生态补偿制度或立法设计当中,各级政府应根据当地经济发展与生态保护实际情况与具体要求,分阶段将不同行政单元、地理单元的社会生态系统进行分类,督导各级政府制定实施有针对性的水资源生态补偿政策法规,进一步完善区域信息系统,及时传送上报相关信息,实现信息共享,及时处理调整在水资源生态补偿运行过程中效率不高的问题。建立区域间联席会议制度,加强区域间合作,定期研究解决长江经济带水资源补偿运行过程中存在的突出问题,统一协调,合理配置资源,实现长江经济带水资源补偿机制有效运行,形成多层次、多阶段的长江经济带水资源生态补偿一体化协同机制。

第三节　研究展望

本书在理清长江经济带水资源利用与保护情况、空间正义视角下长江经济带水资源生态补偿协同机制机理、水资源生态补偿绩效、水资源生态补偿效率的基础上,分别以补偿绩效——存量利益与补偿效率——增量利益为量化分析的突破口,对空间正义视角下长江经济带水资源生态补偿机制进行了较为深入的研究。在深入了解长江经济带水资源生态补偿绩效与效率的时序演变、空间特征与省市动态变化特征的基础上,探讨了空间正义因素对长江经济带水资源生态补偿绩效与效率的影响机理,引入空间正义视角检视长江经济带水资源生态补偿绩效与效率的影响因素。在对长江经济带水资源生态补偿绩效研究分析中,通过构建空间权重矩阵构建了空间正义视角下长江经济带水资源生态补偿绩效影响因素的空间计量模型;在对长江经济带水资源生态补偿效率研究中,检视了空间正义对长江经济带水资源生态补偿效率的影响;结合水资源生态补偿机制的实证研究分析,还构建了推进长江经济带水资源生态补偿协同耦合机制体系,引入了协同水平指标构建计量模型,并提出了针对性的机制构建与优化的路径。最后通过对长江经济带水资源生态补偿机制的演化博弈分析,构建多组博弈关系,运用数理推导与数值模拟的方法,验证并找到最优水资源生态补偿机制策略。研究为进一步健全长江经济带水资源生态补偿机制提供了重要的理论依据与政策参考。

总体而言,本书虽然力图将研究做得全面、深入、细致,但受到数据的可获得性以及研究领域与范围的限制,书中仍存在一些不足,在分析这些不足的同时尽力提出改进的方向,主要体现在以下四个方面:

第一,在长江经济带水资源生态补偿绩效体系的编制方面,着眼于水资源生态保护投入、水资源生态补偿经济——社会——生态综合效益、水资源生态环境质量三个维度,目的是能够更加客观地评价长江经济带水资源生态补偿绩效这一存量利益,也是为水资源生态补偿协同耦合机制体系的构建提供研究基础。综合来看,侧重主观评价会忽视水资源生态补偿绩效客观实际效果,而侧重客观评价会使评价指标的选择异化(导致一些数据无法反映指标的真实情况)。本书在测度水资源生态补偿绩效时,包含了三个子系统维度,导致在综合评价长江经济带水资源生态补偿绩效三个维度的权重设置时,造成了一定的赋权难度,子系统所占比重无法客观测度,根据已有文献,本书使用了主观建构与客观测度相结合的方法,在科学合理的前提下采取惯常的做法将三个维度平均赋权,尽可能减少指标评价体系的认知与测量偏差。

第二,空间正义维度的分解方面,空间正义理论内涵丰富,研究将空间正义理论分解为生产性正义、分配性正义、消费性正义与生态性正义四个维度研究显得不够充分,无法全部覆盖空间正义理论的内涵。本书认为,空间正义的维度不仅仅可以衍生出已经提及的四个空间正义维度,对于社会治理、教育公平、文化传播、社会保障等维度也可以有所体现,尽可能的将空间正义的维度扩大分析。但是,无限地扩大研究视角可能会对本研究产生更多的不确定性,影响了空间正义理论在水资源生态补偿机制研究领域的适用性,并且增加了相关指标的测度、实证模型估计与稳健性检验的难度。因此,本书的空间正义维度选择既不能脱离空间正义相关理论体系的框架,也不能脱离水资源生态补偿研究的适用范围,故而将空间正义理论分解为生产性正义、分配性正义、消费性正义与生态性正义四个与研究适配的维度。

第三,在研究对象范围选取上,本书对长江经济带各省市内部的水资源生态补偿机制状况的分析相对缺乏,主要原因是本研究的目的在于考察长江经济带整体的水资源生态补偿绩效情况,以整体论视角立论必然会导致个体还原论的相对缺失。未来研究中,可以在对长江经济带水资源生态补偿绩效与效率有了全面分析的情况下,采用个体还原主义思想,对各省水资源生态补偿绩效与效率进行进一步解构,还可以从各州、市发布的生态补偿具体政策出发,测算区域内在准自然实验的条件下水资源生态补偿机制实施的效果。

第四,由于目前对于空间正义理论的经济学视角的研究还没有形成学术共识,缺乏完善的理论体系,本书仅是试图探索空间正义对长江经济带水资源生态补偿机制的影响关系,虽然从理论来源上梳理了运用空间正义视角对研究长江经济带水资源生态补偿问题的适用性,但本书缺少更为详细地分析空间正义因素的变动将依据何种明确的经济学数理逻辑关系来影响长江经济带水资源生态补偿机制效果,故而本研究运用规范分析与验证性分析结合的方法验证影响关系。未来尚需从经济学以及生态学其他相关层面继续深入探索空间正义与长江经济带经济水资源生态补偿机制之间的内在因果联系。

参 考 文 献

1.《习近平著作选读》第一卷,人民出版社 2023 年版。

2.《习近平著作选读》第二卷,人民出版社 2023 年版。

3.《习近平谈治国理政》第一卷,外文出版社 2018 年版。

4.《习近平谈治国理政》第二卷,外文出版社 2017 年版。

5.《习近平谈治国理政》第三卷,外文出版社 2020 年版。

6.《习近平谈治国理政》第四卷,外文出版社 2022 年版。

7. 成刚:《数据包络分析方法与 MaxDEA 软件》,知识产权出版社 2014 年版。

8. 付云鹏:《基于空间计量人的人口因素对资源环境的影响效应研究》,经济科学出版社 2018 年版。

9.《GB3838—2002,中华人民共和国国家标准——地表水环境质量标准》,中国标准出版社 2002 年版。

10. 郝芳华等:《非点源污染模型:理论与方法应用》,中国环境科学出版社 2006 年版。

11. 胡鞍钢:《中国:创新绿色发展》,中国人民大学出版社 2012 年版。

12. 石广明、王金南:《跨界流域生态补偿机》,中国环境出版社 2014 年版。

13. 张婕等:《流域生态补偿机制研究:基于主体行为分析》,科学出版社 2017 年版。

14. 郑海霞:《中国流域生态服务补偿机制与政策研究》,中国经济出版社 2010 年版。

15. 中国 21 世纪议程管理中心,《生态补偿原理与应用》,社会科学文献出版社 2009 年版。

16. 鲍超等:《基于空间计量模型的河南省用水效率影响因素分析》,《自然资源学报》2016 年第 7 期。

17. 蔡邦成等:《生态补偿机制建立的理论思考》,《生态经济》2005 年第 1 期。

18. 曹现强、顾伟先:《公共服务空间研究的维度审视:反思、框架及策略》,《理论探讨》2017 年第 5 期。

19. 曹现强、张福磊:《空间正义:形成、内涵及意义》,《城市发展研究》2011 年第 4 期。

20. 曾昭、刘俊国:《北京市灰水足迹评价》,《自然资源学报》2013 年第 7 期。

21. 曾贤刚等:《社会资本对生态补偿绩效的影响机制研究——以锡林郭勒盟草原生态补偿为例》,《中国环境科学》2019 年第 2 期。

22. 陈海江等:《政府主导型生态补偿的多中心治理——基于农户社会网络的视角》,《资源科学》2020 年第 5 期。

23. 陈海江、司伟:《长三角区域环境污染第三方治理:现状、问题与对策建议》,《环境保护》2020 年第 20 期。

24. 陈伟等:《政府主导型流域生态补偿效率测度研究——以长江经济带主要沿岸城市为例》,《江淮论坛》2018 年第 3 期。

25. 陈卫平:《中国农业生产率增长、技术进步与效率变化:1990～2003 年》,《中国农村观察》2006 年第 1 期。

26. 陈晓、车治辂:《中国区域经济增长的绿色化进程研究》,《上海经济研究》2018 年第 7 期。

27. 陈忠、爱德华·索亚:《空间与城市正义:理论张力和现实可能》,《苏州大学学报(哲学社会科学版)》2012 年第 1 期。

28. 成金华、吴巧生:《中国环境政策的政治经济学分析》,《经济评论》2005 年第 3 期。

29. 崔广平:《我国流域生态补偿立法思考》,《环境保护》2011 年第 1 期。

30. 崔继新:《如何理解"空间转向"概念? ——以阿尔都塞理论为视角》,《黑龙江社会科学》2014 年第 4 期。

31. 崔丽华:《大卫·哈维空间理论的三个视角》《南京社会科学》2019 年第 11 期。

32. 戴其文等:《生态补偿对象空间选择的研究进展及展望》,《自然资源学报》2009 年第 10 期。

33. 邓集文:《中国城市环境治理信息型政策工具选择的政治逻辑——政府环境治理能力向度的考察》,《中国行政管理》2012 年第 7 期。

34. 邓建新等:《缺失数据的处理方法及其发展趋势》,《统计与决策》2019 年第 23 期。

35. 邓远建等:《绿色农业产地环境的生态补偿政策绩效评价》,《中国人口·资源与环境》2015 年第 1 期。

36. 杜群:《生态补偿的法律关系及其发展现状和问题》,《现代法学》2005 年第 3 期。

37. 段学军等:《长江经济带开发构想与发展态势》,《长江流域资源与环境》2015 年第 10 期。

38. 付云鹏等:《人口规模、结构对环境的影响效应——基于中国省际面板数据的实证研究》,《生态经济》2015 年第 3 期。

39. 付云鹏、马树才:《城市资源环境承载力及其评价——以中国 15 个副省级城市为例》,《城市问题》2016 年第 2 期。

40. 葛鹏飞等:《中国农业绿色全要素生产率测算》,《中国人口·资源与环境》2018 年第 5 期。

41. 耿涌等:《基于水足迹的流域生态补偿标准模型研究》,《中国人口·资源与环境》2009 年第 6 期。

42. 郭世英、赵东海:《习近平关于空间正义重要论述的系统探析》,《系统科学学报》2020 年第 3 期。

43. 国务院发展研究中心和世界银行联合课题组等:《中国:推进高效、包容、可持续的城镇化》,《管理世界》2014 年第 4 期。

44. 韩海彬、赵丽芬:《环境约束下中国农业全要素生产率增长及收敛分析》,《中国人口·资源与环境》2013 年第 3 期。

45. 韩琴等:《1998—2012 年中国省际灰水足迹效率测度与驱动模式分析》,《资源科学》2016 年第 6 期。

46. 韩增林等:《东北三省创新全要素生产率增长的时空特征及其发展趋势预测》,《地理科学》2017 年第 2 期。

47. 洪开荣等:《中部地区资源——环境——经济——社会协调发展的定量评价与比较分析》,《经济地理》2013 年第 12 期。

48. 何雪松:《空间、权力与知识:福柯的地理学转向》,《学海》2005 年第 6 期。

49. 赫曦滢:《马克思空间正义思想及其当代价值》,《理论探索》2018 年第 3 期。

50. 胡鞍钢、刘生龙:《交通运输、经济增长及溢出效应——基于中国省际数据空间经济计量的结果》,《中国工业经济》2009 年第 5 期。

51. 胡鞍钢等:《考虑环境因素的省级技术效率排名(1999—2005)》,《经济学(季刊)》2008 年第 3 期。

52. 胡鞍钢等:《供给侧结构性改革——适应和引领中国经济新常态》,

《清华大学学报（哲学社会科学版）》2016 年第 2 期。

53. 胡鞍钢、周绍杰：《绿色发展：功能界定、机制分析与发展战略》，《中国人口·资源与环境》2014 年第 1 期。

54. 胡雪萍、梁玉磊：《治理雾霾的政策选择——基于庇古税和污染权的启示》，《科技管理研究》2015 年第 8 期。

55. 黄林楠等：《水资源生态足迹计算方法》，《生态学报》2008 年第 3 期。

56. 黄彦臣：《基于共建共享的流域水资源利用生态补偿机制研究》，华中农业大学 2014 年硕士学位论文。

57. 姜蓓蕾等：《中国工业用水效率水平驱动因素分析及区划研究》，《资源科学》2014 年第 11 期。

58. 靳乐山、甄鸣涛：《流域生态补偿的国际比较》，《农业现代化研究》2008 年第 2 期。

59. 靳乐山、朱凯宁：《从生态环境损害赔偿到生态补偿再到生态产品价值实现》，《环境保护》2020 年第 17 期。

60. 兰绍清等：《基于生态保护红线制度的流域生态补偿研究——以永泰县大樟溪流域生态补偿为例》，《福建论坛（人文社会科学版）》2016 年第 12 期。

61. 兰燕卓、高新军：《水资源生态补偿法律制度的完善——基于具体案例的思考》，《湖南社会科学》2014 年第 2 期。

62. 李春敏：《列斐伏尔的空间生产理论探析》，《人文杂志》2011 年第 1 期。

63. 李德炎：《资本的空间生产及其伦理意蕴探析——从＜1857—1858 年经济学手稿＞到当代》，《理论月刊》2018 年第 9 期。

64. 李谷成、冯中朝：《中国农业全要素生产率增长：技术推进抑或效率驱动——一项基于随机前沿生产函数的行业比较研究》，《农业技术经济》

2010 年第 5 期。

65. 李谷成:《技术效率、技术进步与中国农业生产率增长》,《经济评论》2009 年第 1 期。

66. 李国平等:《生态补偿的理论标准与测算方法探讨》,《经济学家》2013 年第 2 期。

67. 李国平等:《南水北调中线工程生态补偿标准研究》,《资源科学》2015 年第 10 期。

68. 李惠梅、张安录:《生态环境保护与福祉》,《生态学报》2013 年第 3 期。

69. 李婧等:《中国区域创新生产的空间计量分析——基于静态与动态空间面板模型的实证研究》,《管理世界》2010 年第 7 期。

70. 李宁等:《我国实践区际生态补偿机制的困境与措施研究》,《人文地理》2010 年第 1 期。

71. 李宁、丁四保:《我国建立和完善区际生态补偿机制的制度建设初探》,《中国人口·资源与环境》2009 年第 1 期。

72. 李宁:《长江中游城市群流域生态补偿机制研究》,武汉大学 2018 年博士学位论文。

73. 李敏:《城市化进程中邻避危机的公民参与》,《东南学术》2013 年第 2 期。

74. 李秋萍、李长健:《流域水资源生态补偿效率测度研究——以中部地区城市宜昌市为例》,《求索》2015 年第 10 期。

75. 李秋萍:《流域水资源生态补偿制度及效率测度研究》,华中农业大学 2015 年博士学位论文。

76. 李珊等:《中国各省区工业用水效率影响因素的空间分异》,《长江流域资源与环境》2019 年第 11 期。

77. 李文华、刘某承:《关于中国生态补偿机制建设的几点思考》,《资源科学》2010 年第 5 期。

78. 李秀玲:《空间正义理论的基础与建构——试析爱德华·索亚的空间正义思想》,《马克思主义与现实》2014 年第 3 期。

79. 李云驹等:《松华坝流域生态补偿标准和效率研究》,《资源科学》2011 年第 12 期。

80. 李长健、苗苗:《长江中游城市群土地利用效率测算:现实机理与时空分异》,《中国人口·资源与环境》2017 年第 12 期。

81. 李长健等:《基于 CVM 的长江流域居民水资源利用受偿意愿调查分析》,《中国人口·资源与环境》2017 年第 6 期。

82. 李长健等:《水资源可持续发展与区域经济发展互促关系研究——以鄱阳湖生态经济区为例》,《江西社会科学》2010 年第 4 期。

83. 李长健、赵田:《水生态补偿横向转移支付的境内外实践与中国发展路径研究》,《生态经济》2019 年第 8 期。

84. 李长健:《论农民权益的经济法保护——以利益与利益机制为视角》,《中国法学》2005 年第 3 期。

85. 李政通等:《长江流域经济发展效率与生态环境补偿机制研究》,《统计与决策》2016 年第 24 期。

86. 林家宝等:《环境不确定性下农产品电子商务能力对企业绩效影响的实证研究》,《商业经济与管理》2018 年第 9 期。

87. 林成:《从市场失灵到政府失灵:外部性理论及其政策的演进》,辽宁大学 2007 年博士学位论文。

88. 刘宝勤等:《虚拟水研究的理论、方法及其主要进展》,《资源科学》2006 年第 1 期。

89. 刘昌明、王红瑞:《浅析水资源与人口、经济和社会环境的关系》,《自然资源学报》2003 年第 5 期。

90. 刘春腊等:《生态补偿的地理学特征及内涵研究》,《地理研究》2014

年第 5 期。

91. 刘桂环等:《基于生态系统服务的官厅水库流域生态补偿机制研究》,《资源科学》2010 年第 5 期。

92. 刘红光等:《基于灰水足迹的长江经济带水资源生态补偿标准研究》,《长江流域资源与环境》2019 年第 11 期。

93. 刘海霞、王宗礼:《习近平生态思想探析》,《贵州社会科学》2015 年第 3 期。

94. 刘华军等:《中国能源消费的空间关联网络结构特征及其效应研究》,《中国工业经济》2015 年第 5 期。

95. 刘晶、葛颜祥:《我国水源地生态补偿模式的实践与市场机制的构建及政策建议》,《农业现代化研究》2011 年第 5 期。

96. 刘丽娜:《城乡居民消费结构影响因素实证研究》,《商业经济研究》2016 年第 19 期。

97. 刘那日苏、王迪:《中国区域资源开发的空间溢出及其影响因素——基于网络分析方法》,《资源开发与市场》2018 年第 8 期。

98. 刘生龙、胡鞍钢:《基础设施的外部性在中国的检验:1988—2007》,《经济研究》2010 年第 3 期。

99. 刘伟:《长江经济带区域经济差异分析》,《长江流域资源与环境》2006 年第 2 期。

100. 卢杰、王勇:《国外典型大河大湖区域治理开发经验及对鄱阳湖开发的思考》,《生态经济》2010 年第 10 期。

101. 卢新海、柯善淦:《基于生态足迹模型的区域水资源生态补偿量化模型构建——以长江流域为例》,《长江流域资源与环境》2016 年第 2 期。

102. 陆大道:《建设经济带是经济发展布局的最佳选择——长江经济带经济发展的巨大潜力》,《地理科学》2014 年第 7 期。

103. 罗能生、王玉泽:《财政分权、环境规制与区域生态效率——基于动态空间杜宾模型的实证研究》,《中国人口·资源与环境》2017 年第 4 期。

104. 罗毅民:《南水北调中线水源区农业生态补偿效益问题研究——基于湖北省十堰市的数据》,《价格理论与实践》2016 年第 12 期。

105. 吕捷等:《惯性约束下的中国经济增长转型》,《经济理论与经济管理》2013 年第 6 期。

106. 吕捷等:《"碎片化"还是"耦合"? 五年规划视角下的央地目标治理》,《管理世界》2018 年第 4 期。

107. 吕忠梅等:《"绿色原则"在民法典中的贯彻论纲》,《中国法学》2018 年第 1 期。

108. 毛春梅、曹新富:《大气污染的跨域协同治理研究——以长三角区域为例》,《河海大学学报(哲学社会科学)》2016 年第 5 期。

109. 毛显强等:《生态补偿的理论探讨》,《中国人口·资源与环境》2002 年第 4 期。

110. 孟雅丽等:《基于生态系统服务价值的汾河流域生态补偿研究》,《干旱区资源与环境》2017 年第 8 期。

111. 穆怀中等:《基于人口年龄结构的生态补偿理论研究》,《经济学家》2017 年第 4 期。

112. 潘安娥、陈丽:《湖北省水资源利用与经济协调发展脱钩分析——基于水足迹视角》,《资源科学》2014 年第 2 期。

113. 潘忠文、徐承红:《我国水资源利用与经济增长脱钩分析》,《华南农业大学学报(社会科学版)》2019 年第 2 期。

114. 彭小辉、史清华:《"卢卡斯之谜"与中国城乡资本流动》,《经济与管理研究》2012 年第 3 期。

115. 普书贞等:《中国流域水资源生态补偿的法律问题与对策》,《中国人口·资源与环境》2011 年第 2 期。

116. 蒲向军:《基于生态效益的城乡耦合特征研究——以武汉市为

例》,武汉大学 2017 年博士学位论文。

117. 齐振宏、王培成:《博弈互动机理下的低碳农业生态产业链共生耦合机制研究》,《中国科技论坛》2010 年第 11 期。

118. 钱水苗、王怀章:《论流域生态补偿的制度构建——从社会公正的视角》,《中国地质大学学报(社会科学版)》2005 年第 5 期。

119. 秦书生、杨硕:《习近平的绿色发展思想探析》,《理论学刊》2015年第 6 期。

120. 秦腾、章恒全:《农业发展进程中的水环境约束效应及影响因素研究——以长江流域为例》,《南京农业大学学报(社会科学版)》2017 年第 2 期。

121. 秦尊文:《推动长江经济带全流域协调发展》,《长江流域资源与环境》2016 年第 3 期。

122. 曲超等:《长江经济带国家重点生态功能区生态补偿环境效率评价》,《环境科学研究》2020 年第 2 期。

123. 任娟:《多指标面板数据聚类方法及其应用》,《统计与决策》2012年第 4 期。

124. 任俊霖等:《基于主成分分析法的长江经济带省会城市水生态文明评价》,《长江流域资源与环境》2016 年第 10 期。

125. 任平:《走向空间正义:中国城市哲学原创出场十年史的理论旨趣》,《探索与争鸣》2020 年第 12 期。

126. 任政:《资本、空间与正义批判——大卫·哈维的空间正义思想研究》,《马克思主义研究》2014 年第 6 期。

127. 石培基等:《基于复合系统的城市可持续发展协调性评价模型》,《统计与决策》2010 年第 14 期。

128. 石晓然等:《中国沿海省市海洋生态补偿效率评价》,《中国环境科学》2020 年第 7 期。

129. 时润哲、李长健:《空间正义视角下长江经济带水资源生态补偿利益协同机制探索》,《江西社会科学》2020 年第 3 期。

130. 时润哲、李长健:《生产要素下乡促进研究——以乡村发展利益与利益机制为视角》,《农村经济》2019 年第 12 期。

131. 时润哲、李长健:《长江经济带水资源生态补偿效率测度及其影响因素研究》,《农业现代化研究》2021 年第 6 期。

132. 史丹:《绿色发展与全球工业化的新阶段:中国的进展与比较》,《中国工业经济》2018 年第 10 期。

133. 宋旭光、赵雨涵:《中国区域创新空间关联及其影响因素研究》,《数量经济技术经济研究》2018 年第 7 期。

134. 苏利阳等:《中国省际工业绿色发展评估》,《中国人口·资源与环境》2013 年第 8 期。

135. 孙才志等:《中国水资源绿色效率测度及空间格局研究》,《自然资源学报》2017 年第 12 期。

136. 陶建平:《长江中游平原农业洪涝灾害风险管理研究》,华中农业大学 2004 年博士学位论文。

137. 谭术魁等:《基于 RF-MLP 集成模型的耕地生态安全预警系统设计与应用》,《长江流域资源与环境》2022 年第 2 期。

138. 唐国平等:《全球气候变化下水资源脆弱性及其评估方法》,《地球科学进展》2000 年第 3 期。

139. 唐鸣、杨美勤:《习近平生态文明制度建设思想:逻辑蕴含、内在特质与实践向度》,《当代世界与社会主义》2017 年第 4 期。

140. 唐萍萍等:《水源地生态补偿绩效评价指标体系构建与应用——基于南水北调中线工程汉江水源地的实证分析》,《生态经济》2018 年第 2 期。

141. 田云:《中国低碳农业发展:生产效率、空间差异与影响因素研究》,华中农业大学 2015 年博士学位论文。

142. 万军等:《中国生态补偿政策评估与框架初探》,《环境科学研究》2005 年第 2 期。

143. 汪克亮等:《基于环境压力的长江经济带工业生态效率研究》,《资源科学》2015 年第 7 期。

144. 王兵、颜鹏飞:《技术效率、技术进步与东亚经济增长——基于 APEC 视角的实证分析》,《经济研究》2007 年第 5 期。

145. 王浩等:《水资源评价的发展历程和趋势》,《北京师范大学学报(自然科学版)》2010 年第 3 期。

146. 王会等:《"绿水青山"与"金山银山"关系的经济理论解析》,《中国农村经济》2017 年第 4 期。

147. 王金南等:《中国环境保护战略政策 70 年历史变迁与改革方向》,《环境科学研究》2019 年第 10 期。

148. 王金南等:《构建中国生态保护补偿制度创新路线图——<关于健全生态保护补偿机制的意见>解读》,《环境保护》2016 年第 10 期。

149. 王金南等:《"绿水青山就是金山银山"的理论内涵及其实现机制创新》,《环境保护》2017 年第 11 期。

150. 王金南等:《关于我国生态补偿机制与政策的几点认识》,《环境保护》2006 年第 19 期。

151. 王金南等:《国内首个跨省界水环境生态补偿:新安江模式》,《环境保护》2016 年第 14 期。

152. 王军锋、侯超波:《中国流域生态补偿机制实施框架与补偿模式研究——基于补偿资金来源的视角》,《中国人口·资源与环境》2013 年第 2 期。

153. 王利军等:《资源环境经济领域政策模拟综述》,《资源与产业》2012 年第 6 期。

154. 王恕立、胡宗彪：《中国服务业分行业生产率变迁及异质性考察》，《经济研究》2012 年第 4 期。

155. 王伟新等：《长江经济带现代农业——区域经济——生态环境耦合关系的时空分异》，《农业现代化研究》2020 年第 1 期。

156. 王奕淇、李国平：《基于能值拓展的流域生态外溢价值补偿研究——以渭河流域上游为例》，《中国人口·资源与环境》2016 年第 11 期。

157. 王勇：《流域水环境保护的市场型协调机制：策略及评价》，《社会科学》2010 年第 4 期。

158. 王玉龙：《城市转型发展中空间善治的内涵与实现路径探析》，《东岳论丛》2018 年第 7 期。

159. 王志刚：《马克思主义空间正义的问题谱系及当代建构》，《哲学研究》2017 年第 11 期。

160. 吴春梅、庄永琪：《协同治理：关键变量、影响因素及实现途径》，《理论探索》2013 年第 3 期。

161. 武鹏等：《数值分布、空间分布视角下的中国区域经济发展差距（1952—2008）》，《经济科学》2010 年第 5 期。

162. 谢高地等：《中国生态系统服务的价值》，《资源科学》2015 年第 9 期。

163. 谢守红、周驾易：《中国县级市经济发展的空间差异及影响因素》，《经济地理》2015 年第 1 期。

164. 谢艳乐等：《新型城镇化与都市农业发展耦合关系及时序特征研究——以武汉市为例》，《中国农业资源与区划》2021 年第 6 期。

165. 徐大伟、李斌：《基于倾向值匹配法的区域生态补偿绩效评估研究》，《中国人口·资源与环境》2015 年第 3 期。

166. 徐丽媛：《生态补偿中政府与市场有效融合的理论与法制架构》，《江西财经大学学报》2018 年第 4 期。

167. 徐依婷等:《水资源稀缺性、灌溉技术采用与节水效应》,《农业技术经济》2022 年第 2 期。

168. 薛稷:《空间批判与正义发掘——大卫·哈维空间正义思想的生成逻辑》,《马克思主义与现实》2018 年第 4 期。

169. 薛勇民、张建辉:《环境正义的局限与生态正义的超越及其实现》,《自然辩证法研究》2015 年第 12 期。

170. 闫晴等:《资源配置视角下的城市空间正义研究——以长春市为例》,《资源开发与市场》2018 年第 9 期。

171. 杨彩艳等:《效益认知对农户绿色生产技术采纳行为的影响——基于不同生产环节的异质性分析》,《长江流域资源与环境》2021 年第 2 期。

172. 杨光明、时岩钧:《基于演化博弈的长江三峡流域生态补偿机制研究》,《系统仿真学报》2019 年第 10 期。

173. 杨中文等:《水生态补偿财政转移支付制度设计》,《北京师范大学学报(自然科学版)》2013 年第 1 期。

174. 叶超等:《"空间的生产"理论、研究进展及其对中国城市研究的启示》,《经济地理》2011 年第 3 期。

175. 易醇、张爱民:《城乡一体化背景下的城乡产业融合协同发展模式研究》,《软科学》2018 年第 4 期。

176. 尹朝静:《气候变化对中国水稻生产的影响研究》,华中农业大学 2017 年博士学位论文。

177. 尹朝静等:《气候变化、科技存量与农业生产率增长》,《中国农村经济》2016 年第 5 期。

178. 尹雷、沈毅:《农村金融发展对中国农业全要素生产率的影响:是技术进步还是技术效率——基于省级动态面板数据的 GMM 估计》,《财贸研究》2014 年第 2 期。

179. 尤艳馨:《我国国家生态补偿体系研究》,河北工业大学 2007 年博士学位论文。

180. 于斌斌:《产业结构调整与生产率提升的经济增长效应——基于中国城市动态空间面板模型的分析》,《中国工业经济》2015 年第 12 期。

181. 于法稳:《中国农业绿色转型发展的生态补偿政策研究》,《生态经济》2017 年第 3 期。

182. 于法稳、方兰:《黄河流域生态保护和高质量发展的若干问题》,《中国软科学》2020 年第 6 期。

183. 余亮亮、蔡银莺:《生态功能区域农田生态补偿的农户受偿意愿分析——以湖北省麻城市为例》,《经济地理》2015 年第 1 期。

184. 虞慧怡等:《生态补偿绩效及其影响因素研究进展》,《生态经济》2016 年第 8 期。

185. 于鹏:《多元共治下的民间水资源生态保护补偿:社会意愿与治理模式》,《城市发展研究》2019 年第 11 期。

186. 张董敏、齐振宏:《农村生态文明水平评价指标体系构建与实证》,《统计与决策》2020 年第 1 期。

187. 张佳:《大卫·哈维的空间正义思想探析》,《北京大学学报(哲学社会科学版)》2015 年第 1 期。

188. 张俊飚等:《中国农业低碳经济效率的时空差异及影响因素研究——基于"碳投入"视角》,《环境经济研究》2017 年第 2 期。

189. 张林秀等:《中等收入陷阱的人力资本根源:中国案例》,《中国人民大学学报》2014 年第 3 期。

190. 张晓涛、于法稳:《黄河流域经济发展与水资源匹配状况分析》,《中国人口·资源与环境》2012 年第 10 期。

191. 张艳玲等:《西部水资源开发利用中存在的问题及对策》,《水资源保护》2001 年第 4 期。

192. 张晏:《国外生态补偿机制设计中的关键要素及启示》,《中国人口·资源与环境》2016 年第 10 期。

193. 章锦河等:《九寨沟旅游生态足迹与生态补偿分析》,《自然资源学报》2005 年第 5 期。

194. 赵静华:《空间正义视角下城乡不平衡发展的治理路径》,《理论学刊》2018 年第 6 期。

195. 赵良仕等:《中国省际水资源利用效率与空间溢出效应测度》,《地理学报》2014 年第 1 期。

196. 赵雪雁:《生态补偿效率研究综述》,《生态学报》2012 年第 6 期。

197. 赵银军等:《流域生态补偿理论探讨》,《生态环境学报》2012 年第 5 期。

198. 周睿:《长江经济带沿线省市生态现代化综合评价》,《现代经济探讨》2019 年第 9 期。

199. 郑海霞等:《金华江流域生态服务补偿机制及其政策建议》,《资源科学》2006 年第 5 期。

200. 郑云辰等:《流域多元化生态补偿分析框架:补偿主体视角》,《中国人口·资源与环境》2019 年第 7 期。

201. 周成等:《区域经济—生态环境—旅游产业耦合协调发展分析与预测——以长江经济带沿线各省市为例》,《经济地理》2016 年第 3 期。

202. 周大杰等:《流域水资源管理中的生态补偿问题研究》,《北京师范大学学报(社会科学版)》2005 年第 4 期。

203. 周大杰等:《中国可持续发展下水资源管理政策研究》,《中国人口·资源与环境》2004 年第 4 期。

204. 周光迅、胡倩:《从人类文明发展的宏阔视野审视生态文明——习近平对马克思主义生态哲学思想的继承与发展论略》,《自然辩证法研究》2015 年第 4 期。

205. 祝树金、汤超:《企业上市对出口产品质量升级的影响——基于中国制造业企业的实证研究》,《中国工业经济》2020 年第 2 期。

206. Allan J A.Virtual Water:A Strategic Resource Global Solutions to Regional Deficits.*Groundwater*,2010,36(4).

207. Andrei Israel. A Review of "Scales of Justice:Reimagining Political Space in a Globalizing World". *Annals of the Association of American Geographers*,2010,100(3):710-712.

208. Anselin L, Ibnu Syabri, Youngihn Kho. GeoDa:An Introduction to Spatial Data Analysis.*Geographical Analysis*,2006.

209. Bai YL,Wang RS,Jin JS.Water eco-service assessment and compensation in a coal mining region-A case study in the Mentougou District in Beijing. *Ecological Complexity*,2011,8(2):144-152.

210. Barney Warf.The Spatial Turn:Interdisciplinary Perspectives.*New German Critique*,2009(115):27-48.

211. Beggs J J,Nerlove M.Biases in dynamic models with fixed effects.*Economics Letters*,1988,26(1):29-31.

212. Bennett,E. M., G. D. Peterson, and L. J. Gordon. "Understanding relationships among multiple ecosystem services",*Ecology letters*,12(2009):12.

213. Bickerstaff K, Agyeman J. Assembling Justice Spaces:The Scalar Politics of Environmental Justice in North-east England.*Antipode*,2010,41(4): 781-806.

214. Boyd J,Banzhaf H S.What Are Ecosystem Services? *Discussion Papers*, 2011,63(6):15-34.

215. Boyd J,Banzhaf S1 *What are ecosystem services? The need for standardized environmental accounting units* 1 *Resources for the Future*,Washington D C, 2006,discussion paper:6-2.

216. Bulsink F,Hoekstra A Y,Booij M J.The water footprint of Indonesian

provinces related to the consumption of crop products. *Hydrology and Earth System Sciences*, 2010, 14(1): 119-128.

217. Chapagain A K, Hoekstra A Y, Savenije H H G, et al. The water footprint of cotton consumption: An assessment of the impact of worldwide consumption of cotton products on the water resources in the cotton producing countries. *Ecological Economics*, 2006, 60(1): 186-203.

218. Cheng B, Li H. Agricultural economic losses caused by protection of the ecological basic flow of rivers. *Journal of Hydrology*, 2018.

219. Chung Y H, Fare R, Grosskopf. Productivity and Undesirable Outputs: A Directional Distance Function Approach. *Journal of Environmental Management*, 1997, 51(3): 229-240.

220. Chunla, Weidong, Dadao, et al. Eco-compensation and Harmonious Regional Development in China. *Chinese Geographical Science*, 2016, 26(3): 283-294.

221. Ciccarese L, Mattsson A, Pettenella D. Ecosystem services from forest restoration: thinking ahead. *New Forests*, 2012, 43(5-6): 543-560.

222. Cooper W W, Seiford L M, Tone K. *Data Envelopment Analysis: A Comprehensive Text with Models, Applications, References and DEA-Solver Software*. Kluwer Academic Publishers, 2007.

223. Cosgrove(Chair) W, Connor(Rapporteur) R, Kuylenstierna(CoRapporteur) J. Workshop 3 (synthesis): climate variability, water systems and management options. *Water ence & Technology A Journal of the International Association on Water Pollution Research*, 2004, 49(7): 129.

224. Driscoll, J.C, and A.C.Kraay. 1998. Consistent covariance matrix estimation with spatiall dependent panel data. *Review of Economics and Statistics*, 80: 549-560.

225. Daily, G., et al. "Ecosystem Services in Decision Making: Time to Deliver." *Social Science Electronic Publishing*.

226. Engel Stefanie, Pagiola Stefano, Wunder Sven Designing payments for environmental services in theory and practice: An overview of the issues. *Ecological Economics*, 2008, 65:663~674.

227. Ercin A E, Aldaya M M, Hoekstra A Y. Corporate water footprint accounting and impact assessment: The case of the water footprint of a sugar-containing carbonated beverage. *Water Resources Management*, 2011, 25(2):721-741.

228. Ettlinger N. Cultural Economic Geography and a Relational and Microspace Approach to Trusts, Rationalities, Networks and Change in Collaborative Workplaces. *Journal of Economic Geography*, 2003, 3(2):145-171.

229. Huang K. Evolutionary Games in Economics. *Econometrica*, 1991, 59.

230. Färe R, Grosskopf S, Lindgren B, et al. Productivity changes in Swedish pharamacies 1980-1989: A non-parametric Malmquist approach. *Journal of Productivity Analysis*, 1992, 3(1):81-97.

231. F Baronti, Roncella R, Saletti R. Performance comparison of active balancing techniques for lithium-ion batteries. *Journal of Power Sources*, 2014, 267: 603-609.

232. F Jiménez-Sáez, Zabala-Iturriagagoitia J M, JL Zofío. Who leads research productivity growth? Guidelines for R&D policy-makers. *Scientometrics*, 2013, 94(1):273-303.

233. Fang YP, Qin DH, Ding YJ. Frozen soil change and adaptation of animal husbandry: a case of the source regions of Yangtze and Yellow Rivers. *Environmental Science & Policy*, 2011, 14(5):555-568.

234. Ferraro P J, Pattanayak S K. Money for nothing? A call for empirical evaluation of biodiversity conservation investments. *PLoS Biology*, 2006, 4(4):

e105-e105.

235. Fu Chengwei, Shi Zulin.Study on Development Process and Mechanism of Ecological Compensation in Beijing and Hubei Province. *Chinese Journal of Population, Resources and Environment*, 2012, 10(4):69.

236. Fu Y, Du X, Ruan B, et al.Agro-ecological compensation of watershed based on emergy. *Water Science & Technology*, 2017, 76(10):2830-2841.

237. Gaither C J.Smokestacks, Parkland, and community composition: examining environmental burdens and benefits in Hall County, Georgia, USA. *Environment & Behavior*, 2014, 47(10):1127-1146.

238. Gao C, Liu J, Liu XY, et al.Compensation Mechanism of Water Surface Ratio and Pervious Surface Proportion for Flood Mitigation in Urban Areas. *Disaster Advances*, 2012, 5(4):1646-1650.

239. Grossman, G.M., and A.B.Krueger. "Economic Growth and the Environment." *Nber Working Papers*, 110.2(1995):353-377.

240. Gossling S, Hansson C B, Horstmeier O, et al.Ecological footprint analysis as a tool to assess tourism sustainability. *Ecological Economics*, 2002, 43 (2-3):199-211.

241. Han Ze, Song Wei.Progress in the Research on Benefit-sharing and Ecological Compensation Mechanisms for Transboundary Rivers. *Journal of Resources and Ecology*, 2017, 8(2):129-140.

242. Heal G M, Daily G, Ehrlich P, et al. *Protecting Natural Capital through Ecosystem Service Districts*.Social Science Electronic Publishing.

243. Hexem, R.W, Heady, E.O. *Water production functions for irrigated agriculture*.Water Production Functions for Irrigated Agriculture, 1978.

244. Hill M S. *Understanding Environmental Pollution*. Cambridge, U K: Cambridge University Press, 1997.

245. Hoekstra A Y, Chapagain A K, Aldaya M M, et al. *The Water Footprint Assessment Manual: Setting the Global Standard*. London, U K: Earthscan, 2011.

246. Hoekstra A Y. *The concept of"virtual water"and its applicability in Lebanon*, Virtual Water Trade: Proceedings ofthe International Expert Meeting on Virtual Water Trade. The Netherlands: IHE DELFT, 2003: 171–182.

247. Hoekstra, Arjen Y. Globalization of water: sharing the planet's freshwater resources By Arjen Y Hoekstra and Ashok K Chapagain. *Geographical Journal*, 2010, 175(1): 85–86.

248. Holifield R, Porter M, Walker G. Introduction Spaces of Environmental Justice: Frameworks for Critical Engagement. *Antipode*, 2010, 41(4): 591–612.

249. Jahrl I, Rudmann C, Pfiffner L, et al. Motivations for the implementation of ecological compensation areas. *Agrarforschung Schweiz*, 2012, 3(4): 208–215.

250. Jennifer R. Wolch, Jason Byrne, Joshua P. Newell. Urban green space, public health, and environmental justice: The challenge of making cities 'just green enough'. *Landscape and Urban Planning*, 2014, 125: 234–244.

251. Jothiprakash V, Nirmala J, Arunkumar R. Performance assessment of storage policies of the Vaigai Reservoir using a simulation model. *Water International*, 2012, 37(3): 319–333.

252. Kenneth M Chomitz, Keith Alger, Timothy S Thomas, et al1. Opportunity costs of conservation in a biodiversity host spot: The case of southern Bahia Envrionment and Development Economics, *Cambridge University Press*, 2005, 10: 293–312.

253. Kuik O. REDD + and international leakage via food and timber markets: a CGE analysis. *Mitigation and Adaptation Strategies for Global Change*, 2014, 19(6): 641–655.

254. L. C. Rodriguez, R. Reid. Private farmers' compensation and viability of protected areas: the case of Nairobi National Park and Kitengela dispersal corridor. *International Journal of Sustainable Development & World Ecology*, 2012, 19 (1): 34-43.

255. Leitner H, Sheppard E, Sziarto K M. The spatialities of contentious politics Blackwell Publishing-Ltd. *Transactions of the Institute of British Geographers*, 2008, 33(2): p.157-172.

256. Levrel H, Pioch S, Spieler R. Compensatory mitigation in marine ecosystems: Which indicators for assessing the "no net loss" goal of ecosystem services and ecological functions?. *Marine Policy*, 2012, 36(6): 1202-1210.

257. Lopa D, Mwanyoka I, Jambiya G, et al. Towards operational payments for water ecosystem services in Tanzania: a case study from the Uluguru Mountains. *Oryx*, 2012, 46(1): 34-44.

258. Ma X, Ma Y. The spatiotemporal variation analysis of virtual water for agriculture and livestock husbandry: A study for Jilin Province in China. *Science of the Total Environment*, 2017, 586: 1150-1161.

259. Mahieu PA, Riera P, Giergiczny M. Determinants of willingness-to-pay for water pollution abatement: A point and interval data payment card application. *Journal of Environmental Management*, 2012, 108: 49-53.

260. Mahmood A, Marpaung COP. Carbon pricing and energy efficiency improvement-why to miss the interaction for developing economies? An illustrative CGE based application to the Pakistan case. *Energy Policy*, 2014, 67: 87-103.

261. Maille P, Collins A R. An index approach to performance-based payments for water quality. *Journal of environmental management*, 2012, 99: 27-35.

262. Malone SL, Starr G, Staudhammer CL, et al. Effects of simulated drought on the carbon balance of Everglades short-hydroperiod marsh. *Global*

Change Biology,2013,19(8):2511-2523.

263. Manderscheid K. Planning Sustainability: Intergenerational and Intra-generational Justice in Spatial Planning Strategies. *Antipode*, 2012, 44(1): 197-216.

264. Manthrithilake H, Liyanagama B S. Simulation model for participatory decision making: water allocation policy implementation in Sri Lanka. *Water International*,2012,37(4):478-491.

265. Mark Purcell. A Review of "Seeking Spatial Justice". *Annals of the Association of American Geographers*,2011,101(3):690-692.

266. McIntyre O. Benefit-sharing and upstream/downstream cooperation for ecological protection of transboundary waters: opportunities for China as an upstream state. *Water International*,2015,40(1):48-70.

267. Mekonnen M M, Hoekstra A Y. The green, blue and grey water footprint of crops and derived crop products. *Hydrology and Earth System Sciences*,2011, 15(5):1577-1600.

268. Morris J, Gowing D J G, Mills J, Dunderdale J A L. Reconciling agricultural economic and environmental objectives: the case of recreating wetlands in the Fenland area of eastern England. Agriculture, *Ecosystems and Environment*, 2000,79(2/3):245-257.

269. Nahlik A M, Kentula M E, Fennessy M S, et al. Where is the consensus? A proposed foundation for moving ecosystem service concepts into practice. *Ecological Economics*,2012,77(none):27-35.

270. Naidoo R, Balmford A, Costanza R, et al. Ecosystem Services Special Feature: Global mapping of ecosystem services and conservation priorities. *Proceedings of the National Academy of ence*,2008,105(28):9495-9500.

271. Nicholas Low, Brendan Gleeson. Justice, Society and Nature: an explo-

ration of political ecology.*Routledge*,1998,34(3):483-484.

272. Novotny V,Olem H.*Water Quality:Prevention,Identification,and Management of Diffuse Pollution.*New York:Van Nostrand Reinhold Company,1993.

273. Ochuodho TO,Lantz VA.Economic impacts of climate change in the forest sector:a comparison of single-region and multiregional CGE modeling frameworks.*Canadian Journal of Forest Research-Revue Canadienne De Recherche Forestiere*,2014,44(5):449-464.

274. Oluduro O.Oil exploration and ecological damage:the compensation policy in Nigeria.*Canadian Journal of Development Studies-Revue Canadienne D Etudes Du Developpement*,2012,33(2):164-179.

275. Ottawa C,Swayne D A,Yang W,et al.International Environmental Modelling and Software Society(iEMSs)2010 International Congress on Environmental Modelling and Software Modelling for Environment's Sake,Fifth Biennial Meeting Towards model component reuse for the design of simulation models-a case study for ICZM,*2010 International Congress on Environmental Modelling and Software.*2010.

276. Pagiola S,Arcenas A,Platais G.Can Payments for Environmental Services Help Reduce Poverty? An Exploration of the Issues and the Evidence to Date from Latin America.*World Development*,2005,33(2):237-253.

277. Stefano P,Jordi H R,Jaume F G,et al.Evaluation of the Permanence of Land Use Change Induced by Payments for Environmental Services in Quindío, Colombia.*Plos One*,2016,11(3):e0147829.

278. Pagiola S.*Assessing the Efficiency of Payments for Environmental Services Programs:a framework for analysis.*Washington DC:WorldBank,2005.

279. Persson A,Munasinghe M.Natural resources management and economywide policies in Costa Rica:A computable general equilibrium (CGE)

modeling approach.*World Bank Economic Review*,1995,9(02):259-285.

280. Pettenella D, Vidale E, Gatto P, et al. Paying for water-related forest services:a survey on Italian payment mechanisms.*Iforest-Biogeosciences and Forestry*,2012,5:210-215.

281. Price ARG, Donlan MC, Sheppard CRC, et al. Environmental rejuvenation of the Gulf by compensation and restoration.*Aquatic Ecosystem Health & Management*,2012,15:7-13.

282. R, Färe, S, et al. Productivity changes in Swedish pharamacies 1980-1989:A non-parametric Malmquist approach.*Journal of Productivity Analysis*,1992.

283. Raudsepp-Hearne C, Peterson G D, Bennett E M. Ecosystem service bundles for analyzing tradeoffs in diverse landscapes.*Proceedings of the National Academy of ences of the United States of America*,2010,107(11):5242-5247.

284. Review by: Daniel A. Griffith. Spatial Econometrics: Methods and Models.*Economic Geography*,1988,65(2):160-162.

285. Rodríguez Jon Paul, Douglas B T, Bennett E M, et al. Trade-offs across Space, Time, and Ecosystem Services.*ECOLOGY AND SOCIETY*,2005,11(1):709-723.

286. Rodriguez LC, Henson D, Herrero M, et al. Private farmers' compensation and viability of protected areas:the case of Nairobi National Park and Kitengela dispersal corridor.*International Journal of Sustainable Development and World Ecology*,2012,19(1):34-43.

287. Roger Claassena, Andrea Cattaneo, Robert Johansson.Cost effective design of agri environmental payment programs:US experience in theory and practice.*Ecological Economics*,2008,65(4):737-752.

288. Roy Boyd, Khosrow Doroodian.The economic impact of a subsidy on

mexican grains and forestry: a CGE analysis. *Forest Science*, 1998, 44 (4): 578-586.

289. Shestalova V.Sequential Malmquist Indices of Productivity Growth: An Application to OECD Industrial Activities.*Journal of Productivity Analysis*,2003.

290. Sierra R, Russman E.On the efficiency of environmental service payments: a forest conservation assessment in the Osa Peninsula, Costa Rica.*Ecological Economics*,2006,59(1):131-141.

291. Sterman J D.Learning in and about complex systems.*System Dynamics Review*,2010,10(2-3):291-330.

292. Sun LN, Lu WX, Yang QC, et al.Ecological Compensation Estimation of Soil and Water Conservation Based on Cost-Benefit Analysis.*Water Resources Management*,2013,27(8):2709-2727.

293. Tone K.A slacks-based measure of efficiency in data envelopment analysis.*European Journal of Operational Research*,2001,130(3):498-509.

294. Veenstra G, Kelly S.Comparing objective and subjective status: gender and space(and environmental justice?).*Health & Place*,2007,13(1):57-71.

295. Voces R, Diaz-Balteiro L, Romero C.Characterization and explanation of the sustainability of the European wood manufacturing industries: A quantitative approach. *Expert Systems with Applications*, 2012, 39 (7): 6618-6627.

296. Wackernagel, Mathis.*Our ecological footprint: reducing human impact on the earth*.New Society Publishers,1996.

297. Walker G. Beyond Distribution and Proximity: 87 Exploring the Multiple Spatialities of Environmental Justice.*Antipode*,2010,41(4):614-636.

298. Warf, Barney, Arias, Santa.Introduction: the reinsertion of space in the humanities and social sciences.*Spatial Turn Interdiplinary Perspectives*,2009.

299. Wnscher T, Engel S, Wunder S. Spatial targeting of payments for environmental services: a tool for boosting conservation benefits. *Ecological Economics*, 2008, 65(4): 822-833.

300. Wolch J R, Byrne J, Newell J P. Urban green space, public health, and environmental justice: The challenge of making cities 'just green enough'. *Landscape & Urban Planning*, 2014, 125: 234-244.

301. Xiaohong D, Zhongmin X, Jian Y. Green Auctions and Reduction of Information Rents in Payments for Environmental Services: An Experimental Investigation in Sunan County, Northwestern China. *Plos One*, 2015, 10(3): e0118978.

302. Y. H. Dennis Wei, Xinyue Ye. Beyond Convergence: Space, Scale, And Regional Inequality in China. *Tijdschrift Voor Economische En Sociale Geografie*, 2009, 100.

303. Yin K, Zhao QJ, Li XQ, et al. A New Carbon and Oxygen Balance Model Based on Ecological Service of Urban Vegetation. *Chinese Geographical Science*, 2010, 20(2): 144-151.

304. You L, Li YP, Huang GH, et al. Modeling regional ecosystem development under uncertainty-A case study for New Binhai District of Tianjin. *Ecological Modelling*, 2014, 288: 127-142.

305. Zofio J L. Malmquist productivity index decompositions: a unifying framework. *Applied Economics*, 2007, 39(16-18): p.2371-2387.

附　　录

一、本书第三章的相关数据资料

2004—2018 年长江经济带 11 省市水资源承载力计算结果　（单位:万人）

	上海	江苏	浙江	安徽	江西	湖北	湖南	重庆	四川	贵州	云南
2004	2768	12315	4868	4913	4769	5686	7583	1580	4929	2210	3442
2005	2815	12064	4873	4829	4829	5882	7624	1652	4928	2257	3408
2006	2690	12394	4724	5486	4665	5870	7434	1660	4880	2268	3284
2007	2729	12679	4791	5269	5333	5875	7363	1758	4859	2226	3407
2008	2691	12546	4868	5985	5263	6083	7272	1860	4666	2290	3441
2009	2801	12287	4424	6529	5397	6296	7211	1908	4999	2246	3415
2010	2812	12296	4521	6527	5338	6413	7241	1924	5127	2259	3284
2011	2747	12270	4380	6500	5799	6546	7202	1915	5151	2116	3238
2012	2561	12196	4375	6463	5356	6610	7261	1832	5431	2227	3353
2013	2711	12691	4364	6514	5827	6421	7317	1846	5336	2025	3294
2014	2377	13270	4328	6106	5819	6471	7460	1806	5316	2139	3353
2015	2338	12939	4192	6502	5536	6786	7442	1779	5980	2196	3381
2016	2400	13218	4147	6654	5617	6455	7563	1774	6118	2296	3439
2017	2411	13601	4129	6677	5704	6677	7519	1780	6174	2381	3602
2018	2399	13732	4032	6630	5818	6887	7817	1791	6010	2477	3612

2004—2018 年长江经济带 11 省市水足迹计算结果 （单位:亿立方米）

	上海	江苏	浙江	安徽	江西	湖北	湖南	重庆	四川	贵州	云南
2004	204	1709	823	1269	759	1225	1296	407	1359	434	885
2005	206	1690	805	1230	799	1260	1328	424	1415	453	873
2006	195	1684	737	1223	805	1212	1253	338	1319	419	870
2007	192	1687	725	1248	859	1243	1296	390	1364	425	952
2008	188	1709	733	1325	898	1303	1322	424	1393	447	985
2009	202	1744	720	1386	936	1378	1373	429	1442	459	989
2010	217	1759	697	1404	938	1411	1390	439	1481	453	987
2011	235	1786	685	1432	1001	1452	1431	446	1504	431	1059
2012	240	1806	673	1480	1005	1515	1474	446	1538	501	1130
2013	254	1839	629	1492	1048	1546	1473	456	1564	498	1163
2014	270	1859	577	1528	1062	1580	1505	458	1582	527	1186
2015	268	1831	546	1601	1059	1645	1522	465	1640	544	1176
2016	290	1805	439	1491	1059	1608	1529	475	1670	561	1162
2017	356	1796	404	1490	1047	1608	1524	456	1666	572	1193
2018	444	1777	307	1496	1047	1616	1541	450	1682	568	1233

长江经济带 11 省市水足迹构成情况表 （单位:亿立方米）

	虚拟水	生活用水	农业用水	工业用水	生态用水
上海	69.48	23.19	16.59	74.84	1.10
江苏	1252.50	51.27	286.65	217.92	5.59
浙江	608.80	39.69	92.88	56.26	8.69
安徽	1138.77	29.77	149.17	87.89	3.44
江西	718.60	25.76	153.43	57.68	2.25
湖北	1163.28	37.56	145.48	96.53	0.46
湖南	1090.91	43.67	193.94	87.39	2.99
重庆	366.78	18.36	22.37	37.80	0.71
四川	1275.26	40.47	135.74	55.96	3.30
贵州	388.11	16.56	52.31	29.51	0.64
云南	905.83	21.07	104.31	22.59	2.18

2004—2018 年长江经济带 11 省市灰水足迹计算结果　（单位:亿立方米）

	上海	江苏	浙江	安徽	江西	湖北	湖南	重庆	四川	贵州	云南
2004	114	1045	393	621	317	817	689	280	753	251	428
2005	115	1072	403	628	322	817	711	281	743	257	433
2006	114	1064	396	637	324	809	719	279	760	263	450
2007	110	1051	381	632	314	814	714	282	765	264	466
2008	108	1032	371	626	303	841	701	289	766	265	489
2009	90	1029	362	624	297	856	704	292	774	267	491
2010	84	1011	353	621	297	866	698	286	769	262	514
2011	105	1124	454	766	395	1014	851	339	914	321	614
2012	97	1091	445	757	386	1010	842	335	902	326	629
2013	94	1063	433	749	381	973	825	332	885	320	646
2014	91	1043	412	735	375	935	809	331	879	322	655
2015	85	1024	395	712	373	887	776	328	867	324	660
2016	72	931	332	610	325	757	623	292	735	301	630
2017	68	898	314	591	303	733	608	285	712	285	610
2018	66	871	302	567	284	662	590	279	689	255	573

二、本书第五章的相关数据资料

2004—2018 年长江经济带 11 省市生态投入水平子系统绩效

	上海	江苏	浙江	安徽	江西	湖北	湖南	重庆	四川	贵州	云南
2004	0.32	0.23	0.17	0.06	0.04	0.12	0.08	0.08	0.08	0.02	0.05
2005	0.34	0.26	0.16	0.07	0.05	0.13	0.07	0.10	0.08	0.02	0.06
2006	0.34	0.29	0.17	0.07	0.06	0.14	0.10	0.11	0.09	0.03	0.06
2007	0.36	0.30	0.20	0.10	0.07	0.15	0.10	0.13	0.12	0.04	0.07
2008	0.43	0.36	0.33	0.14	0.08	0.16	0.12	0.15	0.15	0.05	0.09
2009	0.45	0.38	0.24	0.16	0.11	0.19	0.16	0.22	0.18	0.06	0.13
2010	0.39	0.43	0.30	0.19	0.16	0.21	0.17	0.29	0.19	0.09	0.16

续表

	上海	江苏	浙江	安徽	江西	湖北	湖南	重庆	四川	贵州	云南
2011	0.38	0.47	0.32	0.20	0.21	0.26	0.19	0.33	0.19	0.14	0.17
2012	0.36	0.50	0.39	0.25	0.26	0.29	0.26	0.30	0.22	0.17	0.20
2013	0.44	0.59	0.43	0.35	0.25	0.31	0.29	0.31	0.27	0.24	0.25
2014	0.51	0.64	0.48	0.35	0.28	0.38	0.32	0.34	0.32	0.31	0.23
2015	0.49	0.67	0.51	0.37	0.29	0.44	0.45	0.39	0.32	0.33	0.27
2016	0.51	0.64	0.63	0.39	0.36	0.57	0.42	0.46	0.39	0.38	0.29
2017	0.53	0.68	0.58	0.41	0.43	0.61	0.45	0.55	0.43	0.56	0.35
2018	0.54	0.66	0.58	0.42	0.40	0.59	0.49	0.56	0.43	0.64	0.35

2004—2018 年长江经济带 11 省市水资源生态补偿经济——社会——生态效益子系统绩效

	上海	江苏	浙江	安徽	江西	湖北	湖南	重庆	四川	贵州	云南
2004	0.18	0.16	0.18	0.06	0.08	0.09	0.08	0.08	0.10	0.04	0.07
2005	0.18	0.20	0.22	0.08	0.10	0.11	0.10	0.10	0.12	0.05	0.09
2006	0.24	0.21	0.22	0.11	0.12	0.15	0.11	0.12	0.14	0.06	0.09
2007	0.27	0.27	0.27	0.16	0.16	0.18	0.14	0.19	0.18	0.09	0.13
2008	0.30	0.30	0.31	0.17	0.20	0.20	0.17	0.25	0.21	0.10	0.15
2009	0.32	0.32	0.35	0.19	0.23	0.21	0.19	0.30	0.23	0.10	0.19
2010	0.33	0.35	0.39	0.22	0.27	0.24	0.21	0.35	0.27	0.14	0.22
2011	0.36	0.39	0.44	0.27	0.30	0.28	0.24	0.44	0.31	0.18	0.26
2012	0.39	0.43	0.49	0.29	0.33	0.31	0.27	0.48	0.34	0.23	0.29
2013	0.42	0.46	0.53	0.32	0.34	0.34	0.30	0.50	0.37	0.29	0.32
2014	0.47	0.49	0.57	0.36	0.36	0.36	0.33	0.53	0.41	0.34	0.35
2015	0.50	0.52	0.61	0.37	0.38	0.37	0.36	0.56	0.41	0.38	0.36
2016	0.55	0.56	0.67	0.40	0.40	0.41	0.39	0.61	0.44	0.44	0.40
2017	0.59	0.59	0.71	0.43	0.43	0.43	0.40	0.64	0.48	0.47	0.42
2018	0.66	0.62	0.79	0.48	0.46	0.47	0.43	0.68	0.54	0.51	0.49

2004—2018 年长江经济带 11 省市生态补偿绿色化水平子系统绩效

	上海	江苏	浙江	安徽	江西	湖北	湖南	重庆	四川	贵州	云南
2004	0.73	0.72	0.63	0.64	0.59	0.55	0.54	0.83	0.66	0.65	0.69
2005	0.70	0.69	0.65	0.62	0.58	0.55	0.51	0.85	0.73	0.64	0.67
2006	0.72	0.69	0.61	0.59	0.58	0.50	0.43	0.82	0.66	0.57	0.64
2007	0.74	0.70	0.66	0.63	0.60	0.53	0.50	0.82	0.72	0.62	0.68
2008	0.75	0.73	0.68	0.64	0.61	0.54	0.52	0.85	0.73	0.63	0.68
2009	0.83	0.75	0.70	0.68	0.64	0.57	0.56	0.83	0.73	0.68	0.72
2010	0.88	0.77	0.70	0.70	0.66	0.58	0.61	0.81	0.72	0.71	0.71
2011	0.80	0.63	0.53	0.41	0.40	0.30	0.30	0.56	0.40	0.47	0.51
2012	0.83	0.66	0.51	0.45	0.43	0.32	0.35	0.59	0.43	0.60	0.53
2013	0.85	0.67	0.51	0.49	0.47	0.36	0.37	0.64	0.50	0.62	0.55
2014	0.86	0.70	0.53	0.52	0.49	0.40	0.39	0.66	0.56	0.72	0.55
2015	0.88	0.73	0.57	0.56	0.54	0.47	0.41	0.68	0.59	0.74	0.61
2016	0.90	0.81	0.68	0.70	0.67	0.66	0.71	0.90	0.83	0.79	0.73
2017	0.90	0.81	0.74	0.70	0.65	0.67	0.72	0.91	0.85	0.82	0.78
2018	0.92	0.82	0.76	0.71	0.67	0.69	0.72	0.92	0.86	0.83	0.80

2004—2018 年长江经济带 11 省市水资源生态补偿综合绩效

	上海	江苏	浙江	安徽	江西	湖北	湖南	重庆	四川	贵州	云南
2004	0.41	0.37	0.33 0.33	0.25	0.24	0.25	0.23	0.33	0.28	0.23	0.27
2005	0.40	0.38	0.34	0.25	0.24	0.26	0.23	0.35	0.31	0.24	0.27
2006	0.43	0.39	0.33	0.25	0.25	0.26	0.21	0.35	0.30	0.22	0.26
2007	0.45	0.42	0.37	0.29	0.27	0.28	0.25	0.38	0.34	0.24	0.29
2008	0.49	0.46	0.44	0.32	0.30	0.30	0.27	0.41	0.36	0.26	0.30
2009	0.53	0.48	0.42	0.34	0.33	0.32	0.30	0.45	0.38	0.28	0.34
2010	0.53	0.52	0.46	0.37	0.36	0.34	0.33	0.48	0.39	0.31	0.36
2011	0.51	0.50	0.43	0.29	0.30	0.28	0.24	0.44	0.30	0.26	0.31
2012	0.52	0.53	0.46	0.33	0.34	0.30	0.29	0.46	0.33	0.33	0.34
2013	0.57	0.57	0.49	0.39	0.35	0.34	0.32	0.48	0.38	0.38	0.37
2014	0.61	0.61	0.52	0.41	0.38	0.38	0.35	0.51	0.43	0.45	0.38

	上海	江苏	浙江	安徽	江西	湖北	湖南	重庆	四川	贵州	云南
2015	0.62	0.64	0.56	0.43	0.40	0.43	0.40	0.54	0.44	0.48	0.41
2016	0.65	0.67	0.66	0.50	0.48	0.55	0.50	0.65	0.55	0.53	0.47
2017	0.67	0.69	0.67	0.51	0.50	0.57	0.52	0.69	0.58	0.62	0.51
2018	0.70	0.70	0.71	0.54	0.51	0.58	0.54	0.72	0.61	0.65	0.54

2004—2018 年长江经济带 11 省市生产性正义指标（人均固定资产投资存量）

（单位:万元/人）

	上海	江苏	浙江	安徽	江西	湖北	湖南	重庆	四川	贵州	云南
2004	10.1	3.2	5.0	0.9	1.3	1.2	0.9	1.8	1.2	0.6	0.9
2005	10.7	4.0	5.7	1.3	1.6	1.6	1.3	2.3	1.5	0.9	1.2
2006	11.3	4.8	6.6	1.7	2.1	2.0	1.7	2.9	1.8	1.1	1.6
2007	11.8	5.9	7.4	2.3	2.6	2.5	2.1	3.7	2.3	1.4	2.0
2008	12.4	7.1	8.3	3.1	3.3	3.2	2.7	4.6	2.9	1.8	2.5
2009	13.2	8.8	9.5	4.4	4.5	4.3	3.6	6.0	4.0	2.3	3.2
2010	13.6	10.7	10.5	5.9	5.9	5.6	4.6	7.6	5.3	3.0	4.1
2011	14.0	12.8	11.9	7.2	7.2	7.0	5.8	9.2	6.4	3.9	4.9
2012	14.7	15.5	13.9	9.1	8.9	9.0	7.4	11.2	7.9	5.1	6.1
2013	15.4	18.5	16.3	11.2	10.8	11.4	9.3	13.5	9.6	6.7	7.6
2014	16.3	21.9	19.1	13.6	13.0	14.2	11.4	16.2	11.5	8.6	9.2
2015	17.5	25.8	22.3	16.3	15.7	17.3	13.9	19.4	13.5	10.8	11.2
2016	18.6	29.6	25.4	19.0	18.4	20.7	16.7	22.7	15.6	13.5	13.4
2017	19.7	32.8	28.0	21.4	21.0	23.8	19.4	25.7	17.6	16.2	15.8
2018	20.7	36.3	30.6	23.9	23.9	27.1	22.4	29.0	19.9	19.4	18.6

2004—2018 年长江经济带 11 省市分配性正义指标
（农村居民人均可支配收入/城镇居民人均可支配收入）

	上海	江苏	浙江	安徽	江西	湖北	湖南	重庆	四川	贵州	云南
2004	0.42	0.45	0.41	0.33	0.37	0.36	0.33	0.27	0.33	0.24	0.21
2005	0.44	0.43	0.41	0.31	0.36	0.35	0.33	0.27	0.33	0.23	0.22
2006	0.44	0.41	0.40	0.30	0.36	0.35	0.32	0.25	0.32	0.22	0.22

	上海	江苏	浙江	安徽	江西	湖北	湖南	重庆	四川	贵州	云南
2007	0.43	0.40	0.40	0.31	0.35	0.35	0.32	0.28	0.32	0.22	0.23
2008	0.43	0.39	0.41	0.32	0.37	0.35	0.33	0.29	0.33	0.24	0.23
2009	0.43	0.39	0.41	0.32	0.36	0.35	0.33	0.28	0.32	0.23	0.23
2010	0.44	0.40	0.41	0.33	0.37	0.36	0.34	0.30	0.33	0.25	0.25
2011	0.44	0.41	0.42	0.33	0.39	0.38	0.35	0.32	0.34	0.25	0.25
2012	0.44	0.41	0.42	0.34	0.39	0.38	0.35	0.32	0.34	0.25	0.26
2013	0.43	0.43	0.47	0.39	0.41	0.43	0.37	0.37	0.38	0.29	0.30
2014	0.43	0.44	0.48	0.40	0.42	0.44	0.38	0.38	0.39	0.30	0.31
2015	0.44	0.44	0.48	0.40	0.42	0.44	0.38	0.39	0.39	0.30	0.31
2016	0.44	0.44	0.48	0.40	0.42	0.43	0.38	0.39	0.40	0.30	0.32
2017	0.44	0.44	0.49	0.40	0.42	0.43	0.38	0.39	0.40	0.30	0.32
2018	0.45	0.44	0.49	0.41	0.43	0.43	0.38	0.39	0.40	0.31	0.32

2004—2018 年长江经济带 11 省市消费性正义指标
（农村居民人均消费支出/城镇居民人均消费支出）

	上海	江苏	浙江	安徽	江西	湖北	湖南	重庆	四川	贵州	云南
2004	0.50	0.41	0.44	0.32	0.39	0.33	0.36	0.23	0.32	0.24	0.23
2005	0.53	0.41	0.44	0.34	0.41	0.36	0.37	0.25	0.33	0.25	0.26
2006	0.54	0.43	0.45	0.33	0.40	0.37	0.37	0.23	0.32	0.24	0.30
2007	0.51	0.45	0.48	0.32	0.38	0.36	0.38	0.26	0.32	0.25	0.33
2008	0.47	0.44	0.50	0.34	0.38	0.39	0.38	0.26	0.32	0.26	0.33
2009	0.47	0.44	0.46	0.36	0.36	0.36	0.37	0.26	0.38	0.27	0.29
2010	0.44	0.46	0.50	0.35	0.37	0.36	0.36	0.27	0.32	0.28	0.31
2011	0.44	0.48	0.49	0.38	0.40	0.38	0.39	0.30	0.34	0.30	0.33
2012	0.46	0.49	0.49	0.37	0.40	0.40	0.40	0.30	0.36	0.31	0.33
2013	0.40	0.48	0.51	0.49	0.49	0.51	0.46	0.41	0.46	0.38	0.35
2014	0.42	0.50	0.53	0.50	0.50	0.52	0.49	0.44	0.47	0.39	0.37
2015	0.44	0.52	0.56	0.52	0.51	0.54	0.50	0.45	0.48	0.39	0.39
2016	0.43	0.55	0.58	0.52	0.52	0.55	0.50	0.47	0.49	0.39	0.39
2017	0.43	0.56	0.57	0.54	0.51	0.55	0.50	0.48	0.52	0.41	0.41
2018	0.43	0.56	0.57	0.59	0.52	0.58	0.51	0.50	0.54	0.44	0.42

2004—2018 年长江经济带 11 省市生态性正义指标（人均灰水足迹）

（单位：立方米/人）

	上海	江苏	浙江	安徽	江西	湖北	湖南	重庆	四川	贵州	云南
2004	620	1389	798	997	739	1434	1029	1002	931	643	969
2005	607	1412	807	1026	747	1431	1124	1003	905	690	974
2006	580	1389	780	1042	746	1422	1134	995	931	714	1005
2007	534	1362	739	1033	719	1428	1124	1003	941	727	1032
2008	505	1329	712	1020	689	1473	1099	1019	941	736	1077
2009	407	1317	686	1017	671	1496	1099	1022	946	754	1073
2010	364	1285	647	1043	666	1512	1063	991	956	754	1116
2011	447	1423	831	1283	879	1761	1291	1163	1135	926	1325
2012	408	1378	812	1264	856	1747	1269	1139	1117	934	1350
2013	391	1339	788	1242	842	1678	1234	1118	1092	913	1377
2014	375	1311	748	1209	825	1608	1201	1108	1080	919	1390
2015	351	1284	714	1158	816	1516	1144	1088	1057	917	1391
2016	296	1164	594	984	708	1287	914	960	890	846	1321
2017	283	1118	556	945	655	1242	887	928	857	797	1270
2018	271	1082	526	897	611	1119	856	901	826	709	1186

2004—2018 年长江经济带 11 省市技术市场成交额　（单位：亿元）

	上海	江苏	浙江	安徽	江西	湖北	湖南	重庆	四川	贵州	云南
2004	172	89.8	58.2	9.1	9.4	46	40.8	59.6	17	1.4	21.6
2005	232	100.8	38.7	14.3	11.1	50	41.7	35.7	19	1.1	15.9
2006	310	68.8	40.0	18.5	9.3	44	45.5	55.4	26	0.5	8.3
2007	355	78.4	45.4	26.5	10.0	52	46.1	39.6	30	0.7	9.8
2008	386	94.0	58.9	32.5	7.8	63	47.7	62.2	44	2.0	5.1
2009	435	108.2	56.5	35.6	9.8	77	44.0	38.3	55	1.8	10.3
2010	431	249.3	60.4	46.2	23.1	91	40.1	79.4	55	7.7	10.9
2011	481	333.4	71.9	65.0	34.2	126	35.4	68.2	68	13.7	11.7
2012	519	400.9	81.3	86.2	39.8	196	42.2	54.0	111	9.7	45.5
2013	532	527.5	81.5	130.8	43.1	398	77.2	90.3	149	18.4	42.0
2014	592	543.2	87.3	169.8	50.8	581	97.9	156.2	199	20.0	47.9

	上海	江苏	浙江	安徽	江西	湖北	湖南	重庆	四川	贵州	云南
2015	664	572.9	98.1	190.5	64.9	789	105.1	57.2	282	26.0	51.8
2016	781	635.6	198.4	217.4	79.0	904	105.6	147.2	299	20.4	58.3
2017	811	778.4	324.7	249.6	96.2	1033	203.2	51.4	406	80.7	84.8
2018	1225	991.5	590.7	321.3	115.8	1204	281.6	188.4	997	171.1	89.5

2004—2018 年长江经济带 11 省市第三产业增加值占比

	上海	江苏	浙江	安徽	江西	湖北	湖南	重庆	四川	贵州	云南
2004	0.31	0.20	0.19	0.23	0.24	0.26	0.26	0.25	0.24	0.22	0.24
2005	0.30	0.19	0.20	0.23	0.22	0.24	0.24	0.24	0.24	0.21	0.24
2006	0.29	0.18	0.21	0.23	0.20	0.24	0.23	0.24	0.22	0.21	0.23
2007	0.27	0.17	0.21	0.22	0.18	0.21	0.21	0.23	0.21	0.19	0.21
2008	0.29	0.17	0.21	0.22	0.18	0.20	0.21	0.21	0.20	0.19	0.21
2009	0.32	0.19	0.23	0.21	0.18	0.20	0.22	0.22	0.20	0.21	0.22
2010	0.32	0.19	0.23	0.19	0.17	0.19	0.20	0.21	0.19	0.21	0.22
2011	0.36	0.20	0.24	0.18	0.16	0.19	0.19	0.18	0.18	0.23	0.21
2012	0.39	0.22	0.25	0.19	0.18	0.20	0.19	0.19	0.19	0.24	0.21
2013	0.41	0.23	0.26	0.19	0.18	0.21	0.22	0.19	0.20	0.23	0.21
2014	0.42	0.26	0.30	0.20	0.20	0.22	0.24	0.20	0.21	0.23	0.23
2015	0.44	0.30	0.33	0.23	0.23	0.25	0.26	0.23	0.23	0.26	0.27
2016	0.43	0.30	0.33	0.23	0.24	0.25	0.27	0.25	0.25	0.28	0.29
2017	0.45	0.32	0.35	0.24	0.26	0.28	0.30	0.31	0.26	0.28	0.31
2018	0.42	0.33	0.33	0.22	0.25	0.27	0.31	0.31	0.26	0.27	0.27

2004—2018 年长江经济带 11 省市第二产业增加值占比

	上海	江苏	浙江	安徽	江西	湖北	湖南	重庆	四川	贵州	云南
2004	0.48	0.56	0.54	0.39	0.45	0.41	0.39	0.45	0.39	0.41	0.42
2005	0.47	0.57	0.53	0.42	0.47	0.43	0.40	0.45	0.42	0.41	0.41
2006	0.47	0.56	0.54	0.44	0.50	0.44	0.41	0.48	0.43	0.41	0.43
2007	0.45	0.56	0.54	0.46	0.51	0.44	0.42	0.51	0.44	0.39	0.43

	上海	江苏	浙江	安徽	江西	湖北	湖南	重庆	四川	贵州	云南
2008	0.43	0.55	0.54	0.47	0.51	0.45	0.44	0.53	0.46	0.38	0.43
2009	0.40	0.54	0.52	0.49	0.51	0.47	0.44	0.53	0.47	0.38	0.42
2010	0.42	0.53	0.52	0.52	0.54	0.49	0.46	0.55	0.50	0.39	0.45
2011	0.41	0.51	0.51	0.54	0.55	0.50	0.48	0.55	0.52	0.38	0.43
2012	0.39	0.50	0.50	0.55	0.54	0.50	0.47	0.52	0.52	0.39	0.43
2013	0.36	0.49	0.48	0.54	0.54	0.48	0.47	0.45	0.51	0.41	0.42
2014	0.35	0.47	0.48	0.53	0.52	0.47	0.46	0.46	0.49	0.42	0.41
2015	0.32	0.46	0.46	0.50	0.50	0.46	0.44	0.45	0.44	0.39	0.40
2016	0.30	0.45	0.45	0.48	0.48	0.45	0.42	0.45	0.41	0.40	0.38
2017	0.30	0.45	0.43	0.48	0.48	0.44	0.42	0.44	0.39	0.40	0.38
2018	0.29	0.45	0.44	0.41	0.44	0.42	0.38	0.41	0.37	0.36	0.35

2004—2018 年长江经济带 11 省市人均能源工业投资　（单位：元/人）

	上海	江苏	浙江	安徽	江西	湖北	湖南	重庆	四川	贵州	云南
2004	118	595	360	163	96	269	149	100	303	217	213
2005	139	560	478	294	133	287	249	164	431	269	371
2006	137	443	443	370	155	365	271	244	573	293	491
2007	219	316	458	516	155	364	329	224	655	319	574
2008	198	406	366	528	179	403	421	225	677	380	674
2009	326	487	434	453	300	495	406	276	824	397	792
2010	199	479	430	527	281	512	496	316	1050	467	832
2011	145	598	529	481	331	518	601	343	1315	704	891
2012	160	840	623	624	298	491	607	483	1427	513	1086
2013	143	908	756	606	350	511	677	575	1429	586	1184
2014	165	1019	881	614	368	510	774	680	1574	584	1073
2015	145	1455	919	757	464	643	733	633	1603	622	1364
2016	163	1584	998	910	710	760	744	463	1660	648	1005
2017	158	1570	1030	1081	623	928	828	393	1563	537	689
2018	161	1691	1117	1250	719	1021	944	436	1774	576	754

三、本书第六章的相关数据资料

2004—2018 年长江经济带 11 省市固定资产投资存量 （单位:万亿元）

	上海	江苏	浙江	安徽	江西	湖北	湖南	重庆	四川	贵州	云南
2004	1.85	2.42	2.45	0.59	0.55	0.70	0.63	0.51	0.94	0.25	0.40
2005	2.02	3.00	2.87	0.78	0.71	0.90	0.82	0.65	1.19	0.33	0.53
2006	2.22	3.70	3.34	1.05	0.90	1.14	1.05	0.82	1.51	0.41	0.69
2007	2.43	4.52	3.82	1.44	1.13	1.45	1.34	1.04	1.90	0.52	0.89
2008	2.64	5.48	4.31	1.91	1.45	1.82	1.72	1.30	2.35	0.64	1.13
2009	2.91	6.89	5.01	2.67	2.00	2.44	2.32	1.71	3.28	0.82	1.48
2010	3.12	8.43	5.71	3.51	2.65	3.19	3.03	2.20	4.25	1.04	1.88
2011	3.29	10.12	6.48	4.32	3.23	4.05	3.85	2.70	5.19	1.34	2.29
2012	3.49	12.28	7.64	5.43	3.99	5.19	4.91	3.30	6.38	1.78	2.84
2013	3.72	14.72	8.98	6.77	4.89	6.62	6.20	4.02	7.79	2.34	3.55
2014	3.96	17.46	10.53	8.30	5.92	8.25	7.69	4.86	9.36	3.01	4.35
2015	4.23	20.59	12.33	10.02	7.15	10.13	9.45	5.85	11.07	3.83	5.30
2016	4.51	23.64	14.19	11.78	8.43	12.16	11.37	6.91	12.90	4.80	6.40
2017	4.75	26.32	15.82	13.38	9.71	14.04	13.30	7.91	14.62	5.80	7.59
2018	5.03	29.19	17.53	15.13	11.11	16.03	15.47	9.00	16.57	7.00	9.00

2004—2018 年长江经济带 11 省市年末劳动力人数 （单位:万人）

	上海	江苏	浙江	安徽	江西	湖北	湖南	重庆	四川	贵州	云南
2004	743	1340	1484	674	509	737	793	390	898	281	467
2005	822	1686	1530	725	558	778	827	406	985	299	529
2006	847	1830	1657	820	608	814	851	412	1090	318	558
2007	870	2031	1869	811	638	869	867	464	1139	337	608
2008	928	2339	1895	788	690	954	894	514	1218	356	660
2009	974	2498	2042	820	735	1065	951	562	1293	375	712
2010	1009	2768	2223	944	833	1142	1068	594	1336	393	764
2011	1158	2936	2475	1010	976	1365	1237	781	1409	457	864
2012	1268	3064	2616	1083	1046	1510	1289	902	1525	546	956

	上海	江苏	浙江	安徽	江西	湖北	湖南	重庆	四川	贵州	云南
2013	1400	4046	2832	1225	1118	1853	1398	1049	1801	644	1048
2014	1573	4218	3073	1338	1242	2151	1566	1195	1792	733	1120
2015	1721	4343	3501	1433	1345	2242	1643	1347	2140	822	1087
2016	1822	4611	3627	1573	1370	2285	1303	1472	2193	895	1168
2017	1977	4879	3750	1749	1394	2388	1366	1575	1758	985	1219
2018	2112	5077	3657	2002	1446	2491	1505	1673	1910	1036	1274

2004 年（基期）长江经济带 11 省市水资源生态补偿效率

地区	水资源生态补偿效率
上海	1.498185
江苏	1.07829
浙江	0.937633
安徽	0.920321
江西	0.920399
湖北	0.896173
湖南	1.056272
重庆	0.888444
四川	0.885811
贵州	0.827811
云南	0.8978

2004—2018 年长江经济带 11 省市水资源生态补偿效率变化指数（MI）

	上海	江苏	浙江	安徽	江西	湖北	湖南	重庆	四川	贵州	云南
2005	0.91	0.99	1.04	0.96	0.97	1.06	0.96	0.96	0.99	0.99	0.97
2006	1.08	1.00	1.03	0.91	0.98	0.99	1.00	0.90	0.97	0.98	0.92
2007	1.08	1.05	1.05	0.91	0.97	1.07	1.02	0.98	0.98	0.99	0.96
2008	1.10	1.03	1.09	0.98	0.98	1.08	1.05	1.01	1.02	1.06	0.98
2009	1.08	0.87	1.00	0.97	0.93	0.84	0.70	0.97	0.92	0.92	0.93
2010	1.07	1.01	1.04	1.03	1.00	0.98	0.97	1.05	1.00	0.97	0.97

	上海	江苏	浙江	安徽	江西	湖北	湖南	重庆	四川	贵州	云南
2011	1.00	1.04	1.00	1.06	1.02	1.00	1.01	0.99	1.06	0.98	1.00
2012	1.02	1.43	1.00	1.03	1.03	1.02	1.24	1.02	1.03	1.01	1.00
2013	1.02	0.70	1.02	1.01	1.03	0.98	1.18	1.00	0.99	1.01	1.02
2014	1.06	1.03	1.02	1.01	1.00	0.99	0.95	1.01	1.04	1.02	1.02
2015	1.03	1.02	1.00	1.00	1.00	1.02	1.27	1.00	0.97	1.01	1.04
2016	1.17	1.13	1.06	1.02	1.05	1.05	1.35	1.03	1.04	1.02	1.01
2017	1.03	1.13	1.04	1.00	1.03	1.02	0.95	1.02	1.29	1.02	1.02
2018	1.12	1.14	1.10	1.07	1.04	1.08	0.99	1.04	1.13	1.04	1.08

2004—2018 年长江经济带 11 省市水资源生态补偿纯效率变化指数（PEC）

	上海	江苏	浙江	安徽	江西	湖北	湖南	重庆	四川	贵州	云南
2005	1.08	0.96	0.98	0.96	0.94	0.99	0.96	0.95	0.97	1.02	0.96
2006	0.93	0.97	1.01	0.91	0.94	0.89	1.00	1.00	0.95	0.99	0.91
2007	1.00	1.01	1.01	0.89	0.93	0.98	1.01	0.85	0.94	1.01	0.93
2008	1.10	1.01	1.00	0.93	1.00	0.94	1.00	0.98	0.91	1.04	0.95
2009	1.06	0.96	0.98	0.97	0.88	0.84	0.71	0.96	0.93	0.93	0.91
2010	0.98	1.04	1.02	0.96	0.96	0.96	0.93	1.01	1.01	1.04	0.94
2011	0.96	1.00	0.98	1.04	0.95	1.02	1.01	0.86	1.03	0.84	0.95
2012	0.91	0.97	1.00	1.03	1.02	1.02	1.04	0.96	1.03	0.93	0.98
2013	1.05	1.00	1.00	1.01	1.03	1.01	1.41	0.96	1.00	0.95	1.01
2014	0.95	0.99	1.00	1.01	1.01	1.00	0.79	1.01	1.04	0.96	1.03
2015	1.00	0.99	1.00	1.00	1.00	1.01	1.26	1.00	0.96	0.96	1.03
2016	1.00	1.03	1.01	0.99	1.03	1.01	1.16	1.00	1.00	0.99	1.01
2017	1.00	0.99	1.00	1.00	1.03	1.00	0.88	1.02	1.22	0.99	1.02
2018	1.00	0.99	1.00	1.00	1.02	1.01	0.98	1.00	1.15	1.04	1.07

2004—2018 年长江经济带 11 省市水资源生态补偿纯技术效率变化指数（PTC）

	上海	江苏	浙江	安徽	江西	湖北	湖南	重庆	四川	贵州	云南
2005	1.00	1.07	1.13	1.01	1.01	1.06	1.00	1.02	1.03	1.00	1.00

续表

	上海	江苏	浙江	安徽	江西	湖北	湖南	重庆	四川	贵州	云南
2006	1.04	1.05	1.12	1.01	1.02	1.12	1.00	1.05	1.02	1.02	1.01
2007	1.00	1.06	1.13	1.02	1.04	1.10	1.01	1.02	1.04	1.02	1.02
2008	1.00	1.11	1.13	1.03	1.03	1.15	1.05	1.03	1.11	1.04	1.02
2009	1.02	1.03	1.03	1.01	1.01	1.00	1.00	1.01	1.01	1.01	1.00
2010	1.09	1.09	1.11	1.03	1.02	1.02	1.03	1.03	1.05	1.01	1.01
2011	1.01	1.10	1.08	1.00	1.00	1.03	1.02	1.00	1.03	1.00	1.02
2012	1.04	1.03	1.02	1.00	1.00	1.02	1.19	1.00	1.02	1.00	1.00
2013	1.00	1.01	1.04	1.00	1.00	1.02	1.00	1.00	1.02	1.00	1.00
2014	1.03	1.03	1.05	1.00	1.00	1.02	1.00	1.00	1.02	1.00	1.00
2015	1.00	1.02	1.05	1.00	1.00	1.00	1.01	1.00	1.02	1.00	1.00
2016	1.04	1.08	1.12	1.03	1.02	1.05	1.17	1.03	1.05	1.00	1.01
2017	1.00	1.09	1.08	1.00	1.00	1.03	1.08	1.00	1.05	1.00	1.00
2018	1.00	1.07	1.10	1.06	1.02	1.07	1.01	1.03	1.04	1.00	1.01

2004—2018 年长江经济带 11 省市水资源生态补偿规模效率变化指数(SEC)

	上海	江苏	浙江	安徽	江西	湖北	湖南	重庆	四川	贵州	云南
2005	0.67	0.99	0.85	0.98	0.97	1.00	1.00	0.94	0.98	0.94	0.99
2006	1.09	1.01	0.97	1.00	1.02	1.11	1.00	0.88	1.02	0.98	1.01
2007	1.00	0.98	0.99	0.98	0.97	1.01	1.00	1.13	1.01	0.95	1.01
2008	0.92	0.80	1.00	1.01	1.00	1.00	1.00	1.00	0.99	0.93	0.98
2009	0.98	0.90	0.98	0.99	1.05	0.99	1.00	0.99	0.98	0.99	1.03
2010	0.98	0.95	0.98	1.03	1.00	1.01	1.00	1.01	0.96	0.92	1.01
2011	1.02	1.04	1.01	1.02	1.08	0.97	0.98	1.15	1.02	1.15	1.02
2012	1.09	1.48	0.99	1.00	1.01	1.00	1.00	1.06	1.00	1.09	1.02
2013	0.94	0.69	1.02	0.99	1.00	0.97	0.84	1.05	0.99	1.07	1.02
2014	1.08	1.03	1.01	1.00	1.00	0.99	1.20	1.00	1.00	1.06	1.00
2015	0.99	1.03	0.98	1.00	1.00	1.01	1.01	1.00	1.01	1.05	1.00
2016	1.07	1.03	0.99	1.01	0.99	1.02	0.99	0.99	1.02	1.02	1.00
2017	0.93	1.12	1.02	1.00	0.99	1.01	1.01	1.00	1.03	1.03	1.00
2018	1.03	0.97	1.01	1.00	0.98	1.00	1.00	0.99	0.94	0.96	0.97

2004—2018 年长江经济带 11 省市水资源生态补偿规模技术变化指数（STC）

	上海	江苏	浙江	安徽	江西	湖北	湖南	重庆	四川	贵州	云南
2005	1.27	0.97	1.10	1.02	1.05	1.01	1.00	1.05	1.02	1.03	1.02
2006	1.03	0.97	0.93	0.99	1.00	0.89	1.00	0.98	0.99	0.98	1.00
2007	1.08	1.00	0.93	1.01	1.03	0.99	0.99	1.01	1.00	1.01	1.01
2008	1.09	1.15	0.97	1.01	1.02	1.00	1.00	1.01	1.02	1.06	1.04
2009	1.02	0.98	1.01	1.01	1.01	1.00	1.00	1.01	0.99	0.99	1.00
2010	1.02	0.94	0.94	1.01	1.01	1.00	1.01	1.01	0.98	1.01	1.01
2011	1.01	0.91	0.93	1.00	1.00	0.99	0.99	1.00	0.97	1.02	1.01
2012	0.99	0.97	1.00	1.00	1.00	0.98	1.00	1.00	0.98	1.00	1.00
2013	1.03	1.00	0.97	1.00	1.00	0.98	1.00	1.00	0.98	1.00	1.00
2014	1.00	0.97	0.96	1.00	1.00	0.98	1.00	1.00	0.98	1.00	1.00
2015	1.04	0.98	0.97	1.00	1.00	0.98	0.99	1.00	0.98	1.03	1.00
2016	1.06	1.00	0.95	0.99	1.01	0.97	1.00	1.01	0.97	1.01	0.99
2017	1.10	0.94	0.94	1.00	1.01	0.98	1.00	0.99	0.97	1.01	1.00
2018	1.08	1.11	0.99	1.00	1.02	1.00	1.00	1.02	1.01	1.04	1.03

四、本书第七章的相关数据资料

2004—2018 年长江经济带 11 省市水资源生态补偿绿色化发展系统耦合协调度

	上海	江苏	浙江	安徽	江西	湖北	湖南	重庆	四川	贵州	云南
2004	0.59	0.54	0.52	0.36	0.36	0.42	0.39	0.41	0.42	0.29	0.36
2005	0.59	0.57	0.53	0.38	0.38	0.45	0.39	0.45	0.44	0.30	0.38
2006	0.62	0.59	0.53	0.41	0.40	0.46	0.41	0.47	0.45	0.31	0.38
2007	0.64	0.62	0.57	0.46	0.43	0.49	0.44	0.52	0.50	0.35	0.42
2008	0.68	0.65	0.64	0.50	0.46	0.51	0.46	0.56	0.53	0.38	0.46
2009	0.70	0.67	0.62	0.52	0.50	0.53	0.50	0.61	0.56	0.40	0.51
2010	0.69	0.70	0.66	0.55	0.55	0.55	0.53	0.66	0.57	0.45	0.54
2011	0.69	0.70	0.65	0.53	0.54	0.53	0.49	0.65	0.53	0.47	0.53
2012	0.70	0.72	0.67	0.57	0.58	0.55	0.54	0.66	0.56	0.53	0.56
2013	0.73	0.75	0.70	0.62	0.58	0.58	0.56	0.68	0.61	0.59	0.59

	上海	江苏	浙江	安徽	江西	湖北	湖南	重庆	四川	贵州	云南
2014	0.76	0.78	0.72	0.63	0.61	0.62	0.59	0.70	0.64	0.65	0.60
2015	0.77	0.80	0.75	0.65	0.62	0.65	0.64	0.72	0.65	0.67	0.62
2016	0.79	0.81	0.81	0.69	0.68	0.73	0.70	0.79	0.72	0.71	0.66
2017	0.81	0.83	0.82	0.70	0.70	0.75	0.71	0.82	0.74	0.78	0.69
2018	0.83	0.83	0.84	0.72	0.70	0.76	0.73	0.84	0.76	0.80	0.72

2004—2018 年长江经济带 11 省市水资源生态补偿绿色化发展系统耦合协调类型

	上海	江苏	浙江	安徽	江西	湖北	湖南	重庆	四川	贵州	云南
2004	c_1	c_1	c_1	i_4	i_4	i_5	i_4	i_5	i_5	i_3	i_4
2005	c_1	c_1	c_1	i_4	i_4	i_5	i_4	i_5	i_5	i_4	i_4
2006	c_2	c_1	c_1	i_5	i_5	i_5	i_5	i_5	i_5	i_4	i_4
2007	c_2	c_2	c_1	i_5	i_5	i_5	i_5	c_1	i_5	i_4	i_5
2008	c_2	c_2	c_2	i_5	i_5	c_1	i_5	c_1	c_1	i_4	i_5
2009	c_3	c_2	c_2	c_1	c_1	c_1	c_1	c_2	c_1	i_5	c_1
2010	c_2	c_2	c_2	c_1	c_1	c_1	c_1	c_2	c_1	i_5	c_1
2011	c_2	c_2	c_2	c_1	c_1	i_5	c_2	c_1	i_5	c_1	
2012	c_3	c_3	c_2	c_1	c_1	c_1	c_1	c_2	c_1	c_1	c_1
2013	c_3	c_3	c_2	c_2	c_1	c_1	c_1	c_2	c_2	c_1	c_1
2014	c_3	c_3	c_3	c_2	c_2	c_2	c_1	c_2	c_2	c_2	c_1
2015	c_3	c_3	c_3	c_2	c_2	c_2	c_2	c_3	c_2	c_2	c_2
2016	c_3	c_4	c_4	c_2	c_2	c_3	c_2	c_3	c_3	c_3	c_2
2017	c_4	c_4	c_4	c_2	c_3	c_3	c_3	c_3	c_3	c_3	c_2
2018	c_4	c_4	c_4	c_3	c_3	c_3	c_3	c_4	c_3	c_4	c_3

后　记

在本书的最后,我首先想向读者们表达我最诚挚的感谢,感谢你们对于长江经济带相关问题的关注。这本书是我对于长江经济带水资源生态补偿协同机制问题深入研究和探索的结晶。在撰写本书的过程中,我充分地发掘了目前长江经济带水资源生态补偿领域的相关研究,并结合相关的理论和实践,探索创新性的跨区域水资源生态补偿协同机制,旨在解决长江经济带水资源利用与生态保护的矛盾,促进长江经济带经济可持续发展和生态环境的良性互动循环。

在研究的过程中,我遇到了许多挑战和困难,这也激发了我的创新思维和实践能力。我尝试了不同的方法和技术,并进行了大量的实证研究和案例调查,以验证本书提出的水资源生态补偿协同机制的有效性和可行性。在攻读博士学位期间,我与导师华中科技大学法学院李长健教授进行了数十次的讨论、交流,试图找出水资源生态补偿机制对协调长江经济带区域协同发展与经济——社会——生态协调发展的内在作用关系,并尝试系统性地提出运用空间正义、时空正义视角研究长江经济带水资源生态补偿协同机制这一问题,为本书的写作构筑了主体研究视角。在本书的写作过程中,笔者提出了多种对于水资源生态补偿效果综合评估及其机制优化的方法,以期实现长江经济带水资源的高效利用和水资源生态补偿机制的公平合理优化。此外,本书还探讨了跨区域政府之间多方参与和合作的机制,以期建立起长江经济带横向水资源生态补偿机制的有效实施办法与管理体系。希望本书尝试的创新性研究能为长江经济带水资源管理和生态保护的决策制定者、研究者和实践者提供一定的参考。同时,也期望它能够引发理论界和实务界对于优化、健全水资源生态补偿机制相关问题的关注和讨论。

本书的形成经历了多年相关调研活动,特别是 2017—2021 年五年间,笔者随课题组围绕"长江流域生态补偿、水资源治理""水资源保护以及长江经济带经济社会发展情况""长江经济带水资源生态补偿绿色化协同机制""长江经济带中上游地区经济——社会——生态与绿色产业发展"等主题先后开展了十余次社会调研,足迹遍布鄂、湘、渝、苏、浙、皖、赣等多个省市。如在对湖北省调研期间,笔者充分了解了长江中上游流域的水患治理与水环境监测治理运行状况,通过与湖北省宜昌市农业农村局、宜昌市水利局进行水资源生态补偿专题研讨,了解了三峡坝区长江中上游流域的经济社会生态运行状况,学习了关于黄柏河流域水资源生态补偿机制的优秀经验;通过对湖北省鄂州市的调研,从鄂州市水利和湖泊局了解了长江流域鄂州地区湖泊生态保护、污染防治的优秀经验;通过对湖北省黄石市调研,了解了长江中游地区资源枯竭型城市的新发展方式与经济增长点;通过对湖北省恩施土家族苗族自治州调研,深入学习了湖北省清江流域水生态环境保护条例立法经验……全面且系统的调查研究为本书研究问题分析的现实性、合理性以及客观性提供了重要的参考。

在撰写本书的过程中,我得到许多人的帮助和支持。我要感谢我的博士生导师李长健教授,在整个研究过程中,他给予了我无私的指导和宝贵的建议;感谢我的工作单位河北省社会科学院,院里十分支持我的研究并全力资助本研究成果顺利出版;感谢从事长江经济带水资源生态补偿研究的相关机构和专家们,他们的专业知识和经验对我的研究起到了关键的推动作用,为我的研究提供了丰富而准确的数据和信息资源;感谢人民出版社编辑茅友生老师,他不仅对本书内容进行了仔细的审读和悉心的批注,还提出了许多有益意见和建议,使得本书的观点更加清晰、科学,他认真、负责且严谨的态度令我印象深刻。

最后,我要祝福所有阅读本书的读者,你们的支持和关注是我写作的最大动力,我希望本书能为您带来有价值的参考,并在您的工作和学术研究中起到积极的作用。

时润哲

2024 年 5 月

责任编辑：茅友生

封面设计：王春峥

图书在版编目（CIP）数据

长江经济带水资源生态补偿协同机制研究:基于空间正义视角/时润哲 著. —北京：
  人民出版社,2024.6
ISBN 978－7－01－026378－6

Ⅰ.①长…　Ⅱ.①时…　Ⅲ.①长江经济带-水资源保护-补偿机制-研究
  Ⅳ.①T213.4

中国国家版本馆 CIP 数据核字(2024)第 052176 号

长江经济带水资源生态补偿协同机制研究
CHANGJIANG JINGJIDAI SHUIZIYUAN SHENGTAI BUCHANG XIETONG JIZHI YANJIU
——基于空间正义视角

时润哲　著

人民出版社 出版发行
(100706　北京市东城区隆福寺街 99 号)

北京新华印刷有限公司印刷　新华书店经销

2024 年 6 月第 1 版　2024 年 6 月北京第 1 次印刷
开本:710 毫米×1000 毫米 1/16　印张:19.5
字数:298 千字　印数:0,001-5,000 册

ISBN 978－7－01－026378－6　定价:128.00 元

邮购地址 100706　北京市东城区隆福寺街 99 号
人民东方图书销售中心　电话 (010)65250042　65289539